学术新视野

当代科学技术论译丛

The Practice Turn in Contemporary Theory

当代理论的实践转向

主编 【美】西奥多·夏兹金(Theodore R. Schatzki)
【美】卡琳·诺尔·塞蒂纳(Karin Knorr Cetina)
【德】埃克·冯·萨维尼(Eike von Savigny)

译 柯文 石诚

苏州大学出版社
SOOCHOW UNIVERSITY PRESS

图书在版编目(CIP)数据

当代理论的实践转向/(美)夏兹金,(美)塞蒂纳,(德)萨维尼主编；柯文,石诚译.—苏州：苏州大学出版社,2010.9

(学术新视野:当代科学技术论译丛)

书名原文:The Practice Turn in Contemporary Theory

ISBN 978-7-81137-535-0

Ⅰ.①当… Ⅱ.①夏…②塞…③萨…④柯…⑤石… Ⅲ.①科学学—文集 Ⅳ.①G301-53

中国版本图书馆 CIP 数据核字(2010)第 182611 号

著作合同登记号 图字：10-2008-417 号

The Practice Turn in Contemporary Theory / by Theodore R. Schatzki, Karin Knorr Cetina, Eike von Savigny / ISBN 0-415-22814-X

Authorised translation from the English language edition published by Routledge, a member of the Taylor & Francis Group

书　　名	**当代理论的实践转向**
主　　编	[美] 西奥多·夏兹金
	[美] 卡琳·诺尔·塞蒂纳
	[德] 埃克·冯·萨维尼
译　　者	柯文　石诚
责任编辑	康敬奎
出版发行	苏州大学出版社
	(地址：苏州市十梓街 1 号　215006)
经　　销	江苏省新华书店
印　　刷	丹阳市教育印刷厂
开　　本	700 mm×1 000 mm　1/16
字　　数	270 千
印　　张	18.5
版　　次	2010 年 9 月第 1 版
	2010 年 9 月第 1 次印刷
书　　号	ISBN 978-7-81137-535-0
定　　价	36.00 元

苏州大学出版社网址　http://www.sudapress.com

致　谢

本文集来自于一次名为“实践与社会秩序”的会议，本次会议由德国比勒菲尔德大学的跨学科研究中心(ZIF)举办(1996 年 1 月 4 日—6 日)。我们非常感谢中心的热情款待与慷慨的财政资助，还有德国研究学会所提供的可观的财政资助。我们同样要感谢所有出席会议的学者，特别是那些与会但其论文并没有被收入本文集的学者。

没有来自美国列克星敦的杰夫·尼古拉斯(Jeffery Nicholas)与卡蒂·巴雷特(Katie Barrett)、德国比勒菲尔德的吉塞拉·迪克默尔(Gisela Diekmeier)与亨德里克·沃特曼(Hendrik Wortmann)的帮助，本文集也不可能问世。整个文集同样也得益于匿名评论家的点评。

目　录
Contents

序

正是通过在实践中的行动与相互作用，心灵、理性和知识得以构成，社会生活得以组织、再现和变迁。在过去的 20 年中，实践理论的出现，对有关人类生命和社会性的流行的思维方式提出了强有力的挑战，这种流行的思维方式至今仍侧重于个体心灵和行动，或社会结构、系统和话语。《当代理论的实践转向》是第一本把科学哲学家、科学社会学家和科学论学者聚集起来，让他们去探索实践在人类生活中重大意义的论文集。

论文集中的论文主要关注三大主题：社会秩序的特征及其建立、人类活动的心理基础和当代后人类主义者的挑战。部分文章也讨论了诸如维特根斯坦和海德格尔等在实践理论形成中具有重要影响的哲学家的思想。在审视这些主题和思想家的思想时，本集的论文用证据表明了实践理论是如何反对许多著名的思维模式，这些模式包括诸如个人主义、理智主义、结构主义、系统论以及许多类型的人类主义和后结构主义。对于所有关注实践在我们生活中所扮演的角色、关注实践跨学科(包括哲学、社会学、科学的社会与文化研究、文化理论、历史学和人类学)研究的人们来说，《当代理论的实践转向》一书具有无可估量的价值。

西奥多·夏兹金
(美国肯塔基大学哲学教授)
卡琳·诺尔·塞蒂纳
(美国芝加哥大学社会学教授)
埃克·冯·萨维尼
(德国比勒菲尔德大学哲学教授)

中文版序言

这本文集戴上了20世纪90年代在北美人文社会科学思想中广泛流行的术语“实践”的桂冠。它试图展现某种典型的理论——实践理论来把握实践。如今，术语“实践”仍然标志着这些学科分支。然而，我不再相信我在本文集原来的导言中所阐述的观点，即实践理论能够表明我如今趋向于称为“实践说明”的所有解释与研究的理论维度。

在那一导言中，我写道：“实践解释与如下信念相关联，即诸如知识、意义、人类活动、科学、权力、语言、社会机构和历史变迁这类现象发生在实践领域内，并且也是实践领域的组成部分。”我仍然相信关键的实践理论家仍然赞同这一种观念。然而，我如今认为这一观念是一种误导。20世纪90年代展现并伴随术语“实践”的广泛传播的理论思想——如今仍然展现与伴随其继续传播——时常是简单的或含糊的。除此之外，上述引言的学术旨趣是某些被称为“实践理论”的内容或组成部分，它们不必被压缩进“实践分析”的研究范畴与概念。

实践理论强调的是某些实践概念的中心性，即这些实践概念对理论家理解或分析他们所强调的问题或现象是关键的。然而，必须强调的是这些理解几乎不可能吻合实践的具体活动。在实践的操作如何准确展开的问题上，它们同样也出现了歪曲。对于某些理论家(Anthony Giddens是一位主要的代表)来说，术语“实践”选择出某些世界中的实体，这些实体对人类的存在是关键的，成为理解人类活动与社会事务的基础。对其他的理论家来说(Hubert Dreyfus and Pierre Bourdieu 是主要的代表)，这一术语概括了一种研究的途径，它超越了主客体传统的二分：从理性、意志、意识、命题知识转向了决定活动的技能、能力与习惯等因素。同时，对许多理论家来说，术语“实践”只不过表明了这样一个信号，即诸如身份、语言、性别、科学、社会与社会组织这样的现象最好被理解为根植于活动，或作为活动的形式。因此，今天我将说短语“实践转向”或“实践途径”所指的是当代思想中的一种一般趋势，它指通过、或借助于、或依据某些实践的概念来思考人类的生活、特别是社会生活的机构与运转。

相应地，短语“实践理论”所指的不过是一个对人类生活的抽象的、普遍的解释的家族——特别是一个对社会机构与运转的抽象的、一般的解释——每一种解释关注着某种实践的概念。这些解释清晰地阐明了关键的理论思想，这些思想鼓励、伴随或联系着普遍的实践的分析。这些理论出现在社会学、人类学、哲学、科学技术论之中。它们在特征上显示出坚定的跨学科特征，时常突现于这些学科的交界处。这些理论同样趋向于哲学上的思考，就像任何人文或社会思想中的理论一样。但它包含的普遍化实践的做法是危险的。

这本文集问世后，我自己已经很少关注实践理论，而更多关注对特殊现象的实践分析。我所指的是在 20 世纪 70、80 年代，直到 90 年代由 Giddens, Bourdieu, Dreyfus, and Charles Taylor 等思想家发展出来的实践理论，对于当前研究者来说，仍然保持着关键的主导作用，在对人类或社会现象进行分析时，这些研究者关注的是如何阐明实践的概念。然而，这些分析中所强调的主题一直稳定地扩展着，这种普遍化的趋势渗入到各学科之中。人们仍然捕捉一组更广泛的理论问题，如个体的与集体的身份、意义与语言的本性、科学研究的动态发展、性别与性、交流与学习的本性、作为人类社会的特征的时间与空间、社会结构与组织的特征背后的实践思想。同时，在实践理论的发展中，用来概念化、描述、说明与解释其主题的经验研究一直都在激增着。这毫无疑问会危及实践研究的未来发展。有充分理由相信"实践转向"的持续思考与分析会转向这种趋势:少关注理论的范畴,多关注对特殊实践现象的分析,即由"实践理论"转向"实践分析"。

西奥多·夏兹金

2009-05-27

University of Kentucky

导　言

西奥多·夏兹金

当命名最为一般的社会事物时，思想家过去所谈论的就是“结构”、“系统”、“意义”、“生活世界”、“事件”和“行动”。如今，许多理论家给予“实践”以可相提并论的荣耀。实践的不同所指有待于当代不同学科（从哲学、文化理论和历史学到社会学、人类学及科学技术论）的学者去研究。

隐藏在许多这类所指之下的是这样的冲动，它们推动着这些学科去超越如今已经陷入困境的二元论思维方式。例如，在哲学上强调实践的思想家维特根斯坦（Ludwig Wittgenstein 1958）、德雷福斯（Hubert Dreyfus 1991）与泰勒（Charles Taylor 1985: part one）就主张实践同样构成主体和客体的基础，并强调了非命题知识，阐明了可理解性的条件。[1]当谈论实践时，社会学理论家布尔迪厄（Pierre Bourdieu 1977, 1990）、吉登斯（Anthony Giddens 1979, 1984）和常人方法论学者（如 Lynch 1993）表示出这样一些愿望，即希望使活动免于客体化的社会结构和系统的确定性控制，质疑把个体行动和他们的状态作为社会现象的基本的构成单位，并主张超越行动—结构的严格对立。[2]对于其他文化理论家如米歇尔·福柯（Michel Foucault 1976, 1980）与让—弗朗索瓦·利奥塔（Jean-François Lyotard

---

〔1〕 当然，维特根斯坦并未使用过某种可以被翻译为可数名词“实践”的表达方式。他对 Sprachspiele（*语言游戏*）的使用也仅仅指向了诸多的实践现象。顺便提一句，德雷福斯与泰勒的观点深受海德格尔（Heidegger 1978）的影响。

〔2〕 对 Bourdieu and Giddens 工作的重要性的讨论，见 Ortner（1984）。

1984, 1988)来说,谈论实践就是把语言描述为一种话语活动,这与结构主义、符号学和后结构主义视实践为结构、系统或抽象话语的观念相反。可见,推动科学技术的实践理论研究的目的(如 Rouse 1996b; Pickering 1995a)是提出作为活动的科学概念,以反对人本主义者对人和非人实体二分的表征和反思。

在上述方向上开展的各学科研究中,研究实践的理论家为不同问题的当代理解作出了明确的贡献。这些贡献包括人类活动在哲学和社会科学上的重要意义;主体性、具身性、合理性、意义和规范性的本性;语言、科学和权力的特征;以及社会生活的组织、再现和变迁。因此,实践进路反对当
【1】代流行的诸多思考路径,包括理智主义、表征主义、个人主义(如理性选择理论、方法论个人主义、网络分析)、结构主义、结构—功能主义、系统论、符号学与许多类型的人类主义和后结构主义。

鉴于动机、问题和对立的多样性,没有统一的实践进路也不足为奇。许多研究实践理论的思想家认为实践在最低限度上是各种系列的活动。然而,不仅他们关于活动的概念以及在这些活动之间的联系纽带上各持异见,而且某些理论家将实践定义为支撑活动的技能或默会知识和预设(如 Turner 1994; Dreyfus 1991)。再者,大多数理论家,尤其是哲学和传统社会科学理论家把相关的活动确定为人类的活动,即实践是各种系列的人类活动。然而,集中在科学技术论领域的一种重要"后人类主义"('posthumanist')倾向的少数派学者主张实践中的活动也应包括非人类的活动,如机器和科学研究对象的活动。可见,虽然几乎所有实践的理论家赞成活动是具身的,赞同实践关系以人造物、异质物和自然客体为中介,但是在关于具身性的本性、分析实践时什么样的主题才更为切题以及作为活动中介的各类实体是否与实践活动相关(即这些实体不仅仅是人类活动的中介)等方面仍存在着各种分歧。

尽管存在着种种分歧,但是实践解释与如下信念相关联,即诸如知识、意义、人类活动、科学、权力、语言、社会结构和历史变迁这些现象发生在实践领域内,并且也是实践领域的组成部分。实践领域是相互联系的人类实

践的总联结。因此,“实践进路”可以定位在如下分析基础之上:(1)在实践的领域或其亚领域(如科学)中提出对实践的说明;或者(2)视实践的领域为研究其主题的本性和变迁的场所。[1]注意这种定位使得实践领域的概念成为实践进路的关键。

此外,研究实践的理论家的一个核心观点是设想实践是具身的、是以物质为中介的各种系列的人类活动。围绕着对共有实践的理解,这些人类活动被集中组织起来。如20世纪后期的许多思想家(尤其是女性主义者)所强调的,形容词“具身的”是指人类活动的形式是与人体的特征紧密联系在一起的。另外,强调具身化的实践理论家通常认为身体和活动在实践内被“构成”。例如,福柯(Foucault 1976:138)描述了现时活动(present-day)的构成主要存在于规训实践内对体态(如他们行为的自然倾向)的不断塑造之中。依照这些实践理论家的观点,实践是重要的和直接的语境。在这里,对社会生活来说体态特征的优势(preponderance)得以形成是至关重要的。这些特征不但包括技能和活动,而且包括身体体验、外表呈现,甚至还包括身体结构。当然,“身体”是在某种社会基质(matrix)里“构成”的思想, 【2】
不是实践理论的独创。但是这一进路仍然有助于表明当代有关身体—活动—社会复合体的思想的前沿。

同时,所有的实践理论家承认活动依赖于共有的技能或理解(通常被视为具身的),如果他们之间存在分歧的话,那不是指共有的理解,而是指必须用什么来解释实践。尽管存在分歧,但是实践理解的重要性支持如下命题:实践的持续,因而社会生活的继续和变迁集中依赖于共有的具身性能知的成功灌输。如下面所讨论的,具有技能的身体要求实践理论关注心灵和活动、个体活动和社会的共同交会点。

实践理论也引入了种种“唯物主义”的进路,它们强调组合的活动如何与有序化的非人类实体交织在一起。确实,由于人类活动受惠于其得以进行的非人类环境,因此理解特定的实践总是要涉及理解各式各样的物质构

〔1〕(1)的事例包括 Bourdieu (1977, 1990), Giddens (1979, 1984), 和 Rouse (1996b);(2)的事例包括 Swidler (1986)对作为文化的实践的说明(反对信念、思想或价值)和 Boltanski and Thévenot's (1991) 对作为辩护的实践的分析。

造。例如，常人方法论学者考察了活动得以扩展的直接场所，而科学技术论的研究者绘制了广阔的人类—非人类的网络，在其中活动得以形成和定位。哲学家思索着物质语境的意义是如何依赖于人类实践，而社会学家研究实践和意义的稳定性如何部分地反映出物质分布的稳定化惯性。

因此，在社会理论中，实践进路宣扬一种独特的社会本体论：社会是围绕着共有的实践理解而被集中组织起来的一个具身化的、与物质交织在一起的实践领域。这个观念与用具有特权的个体、(互动)行动、语言、赋意系统、生活世界、机构/角色、结构或系统去定义社会的想法截然不同。依实践理论家看来，这些现象只能由实践领域来分析。例如，行动就根植于实践之中，就像个体在实践中得以构成一样。再者，语言是一种活动(话语的)，因而是实践现象，而机构和结构是活动和实践的结果。不用说，实践理论家对于这些问题有不同的理解。更甚者，一些后人类主义的实践理论家主张非人类不但是中介，而且自身也在传播实践：在他们眼中，实践是由人类活动和非人类的活动所构成的。这个论题不仅挑战了社会本身这一概念，而且还挑战了想通过实践来分析社会的企图。

当前这本论文集阐明了各式各样的当代实践理论及其范围。在描述本文集内容之前，我想简要阐述"实践理论"的含义。简单地说，"理论"意味着普遍的和抽象的说明。X 的理论是对 X 的普遍的和抽象的说明。因此，一个理论要具有实践多样性，要么(1)指它为实践领域或其亚领域提供了普遍的和抽象的实践说明，要么(2)指它以实践为基础，给予各种各样的
【3】 主题(如经济、移民)以普遍的和抽象的说明。这一理论的定义显然背离了把理论与解释及预测联系在一起的那种曾经占支配地位的观念，背离了理论是假说的这种更为通俗化并依然盛行的观念，支持解释、预测和研究策略的一般化系统(或普遍陈述)是理论。当然，如社会现象类型学、社会事件模型、社会事务(如实践、机构)是什么的说明、为描述社会性而明确提出的概念框架以及对社会生活的描述也是理论——只要它们稍为倾向于普遍的、抽象的术语。本文集就引入了这种理论观念的各种例证。相互交替地使用"实践理论"、"实践思维"、"实践进路"来表明这种理论观念。此外，正是在这种"理论"的意义上，术语"社会理论"近来超越了社会学而得以自

我建立。虽然研究实践的思想家塑造了这类理论,但是我应该补充说明:他们对“理论”表达了社会生活为什么会如此的那种普遍解释通常持怀疑态度。

一、实践和社会秩序

社会秩序是现代社会思想一个突出的关注点。通过宣称只有君主的权力才能消除全面战争的不幸状态,随后通过将秩序等同于和平与安全,托马斯·霍布斯首先提出了这个主题。在过去的两个世纪,沿着霍布斯的秩序概念产生出其他秩序概念以反思社会科学对解释性和分析性的关注。这些概念把秩序看做关于社会生活布局的普遍本体论特征(参见 Parsons 的界定[1949:91],他把事实秩序定义为公认的组织)。最显著的这类特征是规则性或模式、相互依存的机能(在某些情况下是系统关联性)、稳定性和有序性。关键的问题是宏观秩序的本性:规则性和相互依赖性等存在于包含无数的个体及其相互作用的社会事件中。

就像秩序的概念一样,对什么导致了对秩序的说明也具有各式各样的版本。个人主义者的进路认为社会事态的布局归属于个体的特征及其个体间的直接相互作用。例如,共识(霍布斯)、共有的内在化规范(Durkheim, Parsons, and Habermas)、技能、相互理解、相互解释(常人方法论)、交流、协商、相互调整(符号交互论)、压迫和统治。另一种思想在理性选择或博弈论的倡导者中比较流行,它认为社会秩序(如市场)是由理性权衡所支配的行为所产生的无意识的副产品。

非个人主义者认为社会秩序不只是属于那些个体的特征及其个体间的直接相互作用的现象。典型地,这类现象决定秩序要么通过影响产生它的行动——引起,限制,形成它们的行动、组织人们在其中活动的与境;要么通过与人类无关的活动而直接决定秩序(如社会的某一宏观状态引起另 【4】
一种宏观状态)。一种当前流行的非个体主义的秩序化实体就是话语(语言上具有明晰意义的抽象网络),一些话语理论家把论述行为的形成归因于话语。类似地,在 20 世纪中叶,相似性、规则性、稳定性以及在活动和宏观制度中的相互依赖性被广泛地看做是由潜在的抽象结构所决定。甚至更长的整体主义历史(例如,Hegel, Malinowski, Parsons, and Luhmann)把活动和宏观制度的秩序化归结为社会整体(通常归结为社会),通过塑造社会亚领域和机构的方式,社会决定了发生在其中的行动和相互作用。

无论如何设想,社会秩序的实践径路把秩序归属于实践领域。这意味着:第一,秩序被理解为实践领域的一种或多种特征;第二,实践领域的各成分和方面被认为能保证秩序的建立。尽管对此究竟如何准确运作具有各式各样的说明,就像理论家对实践领域的描述那样,但所有这些说明通过利用个体主义和非个体主义双方的自身特征来消除传统上二者之间的区分。实践思想家们通常不仅承认技能和解释的基本意义,而且还承认共识、协商以及其他相互作用的结构化和协作化的基本重要性。然而,他们认为这些现象是实践的特征或者内在于实践之中,因此它们从属于实践或是实践的要素。结果,相互作用、技能和解释(它们本身被秩序化了)决定着作为实践特征的秩序。实践径路同样倾向于缩小理性的范围和秩序化的力量。他们是通过摒弃传统上把理性视为本能心智的观念来做到这一点的,理性被重新观念化为一种实践现象:(1)作为一种依赖实践从而在实践中发生变化的方式;或者(2)作为在实践中运作的各种方式,如理性的程序和论证(参看 Winch 1977; Toulmin 1958, 1972)。

同时,正如巴里·巴恩斯在他的论文中讨论的那样,尽管实践没有还原到个人,但是作为各种活动系列,它们与个体,而不是与更为宏观社会思想的秩序和建立秩序的现象更具紧密的联系。例如,尽管在限制个人活动和组织人们行动的与境上,实践与宏观现象相似,但它们决不具有被归结于结构的和整体主义的现象的独特存在性和近乎万能性。实践思想也从不支持不受个人干预影响的宏观决定因素。总之,秩序归属于实践联结的特征使实践思维脱离了个体主义和传统的非个体主义的约束。把社会看成活动联结的径路,人们可能会认为此路径挪用了各式各样的个体主义的解释因素,但这种做法是把这些因素置于超个体主义的现象之中,从而使这些因素完全不同于传统社会思想中的那些同样名称的因素(如社会和
【5】系统)。

把社会视为实践的一个领域,这同样打开了有关秩序的新问题。一组问题强调微观和宏观之间的区别与联系。正如杰夫·库尔特在他的论文中所指出的:实践理论可能脱离作为个体及其相互作用的通常的微观解释,而把它设想为实践的领域。那么,实践径路可能分析(a)共同体、社会和文化,(b)政府、市政当局和军队,(c)统治和压迫作为实践的特征、集合或被置于实践之中的例证现象。另一组问题关注着在实践自身领域的秩序化,也就是在其中所展现的模式和相互依赖性(等)。安·史威德勒对某些实践是否支配并组织其他的实践的研究阐明了这第二个研究领域。最后,个体实践也呈现出相互依赖性、秩序性等。因此,在劳伦特·泰弗诺和我自己(还有约瑟夫·劳斯)的论文中所讨论的是什么秩序化了个体实践这一更进一步的问题。

第一部分的开头两篇文章一方面考察了实践(如素食主义、骑马的姿态及特定语言表达的使用)之间的本体论关系,另一方面考察了个体之间或宏观现象之间的本体论关系。巴里·巴恩斯从主张实践是不受个人主义分析影响的真正的集体实体着手。他首先挑战了一个熟悉的实践径路——把共有的活动仅归咎于人们之间相同的个体能力(比如,共同的技能)。在没有否认共同能力的重要性的情况下,他主张(不像泰弗诺的和我自己的论文)要说明实践就需要援引其他现象:尤其是目标、命题知识和对行动场所的主动监控。随后巴恩斯解释他所批评的具有偏见的实践途径为何是一种形式的个体主义,正如斯蒂芬·特勒认为实践是个体习惯(见他在这本书里的论文)那样。相反,他认为实践是人们通过相互作用和相互适应而保持的集体财产和成就。杰夫·库尔特紧跟着提出"微观—宏观问题的实践解决"。他首先考察在马克斯·韦伯和交互论中发现的宏观现象的微观说明,发现二者都有说明过于简单的错误,此外,交互论中还残存着宏观事物具体化的误置。就把微观视为实践领域而言,他把宏观事物的存在与(合理地)将个人和行动归结为宏观范畴的日常实践联系在一起。他主张宏观现象存在并贯穿于其实践的实例化之中,即它们首先存在并贯穿于这样的时机——描述带有宏观范畴的人们与行动的特征是相关的和合理的——之中。

接下来，我强调实践的组织以及社会秩序的本质和确立。我首先认为秩序不应当被设想为规则性，而应为人、人造物和事情的安排。我接着主
【6】张的是社会实践支配着被安排的实体的意义以及产生安排的行为，并且这一支配是社会秩序的基础。为了证实这些论点，我(1)把实践分析为几组开放的非规则性的行动，这些行动是通过实践的理解、规则和情感目的(teleoaffectivity)而被组织起来的；(2)表明这样设想的实践是如何通过支配安排的意义和确立来决定秩序的。在随后的论文里，劳伦特·泰弗诺同样反驳了把实践解释为类似习俗的规则性以及把活动仅奠基在共同的习惯或习性之中的那些实践理论。他(不像巴恩斯)声称这类的径路忽视世界是如何对人类的干预做出反应从而秩序化了人类活动。这些径路也同样错误地把支配人类活动的善(the good)观念还原为行动者遵循的社会规范。为了纠正这些缺陷，泰弗诺提出他的一个实用主义制度的想法。利用了支配人类活动的善的概念，一种实用主义制度结合了行动者与世界之间相互交流样式。泰弗诺暗示社会秩序起源于实用主义制度的共享，通过这种共享，人类协作的模式得以确立。他也通过检验三个这种独特的制度来具体论证了这些论点。

第一部分以安·史威德勒考察实践领域的组织的论文而结束。在首先表明实践理论如何解决了文化社会学中长期存在的问题后，她提出实践是社会因果关系所有方面的基础的看法。随后，史威德勒询问是否存在某些实践，它们组织、控制或限制着其他实践。通过三个案例研究，她考察了两组秩序化实践的范畴：一组范畴是通过控制对于行动者和现象来说具有决定意义的"构成性规则"，构成话语、活动模式和社会关系的实践；另一组范畴是协调社会生活中广泛活动的实践。

二、实践之内

第二部分考察了对许多实践径路都至关重要的具身性概念的心理学方面问题。在过去的三十年，在视什么为活动的主要心理学基础问题上，分析者出现了一个根本的转变。尽管哲学家和社会研究者曾引用诸如信

念、欲望、情绪和目的这样的精神实体,实践理论家代之强调具身化的能力,如能知、技能、默会理解和倾向。

在某种程度上,采用这些另类的决定性因素是当代学术文化中一种普遍的反笛卡尔主义的组成部分,反笛卡尔主义者认为“精神状态”必然会被对它们的笛卡尔式的解释所污染,笛卡尔主义把“精神状态”解释为一种独特的空间或领域的占据者。它同时也反映了实践分析能从中突现出来的特殊传统。例如,对吉登斯的实践解释的关键影响是维特根斯坦哲学、舒茨式(Schützian)现象学与海德格尔式现象学的综合。这些有关理解技能的一种基础图景的哲学资源也塑造了德雷福斯和常人方法论者的工作。更进一步的相关语境是美国实用主义(例如约翰·杜威[John Dewey]与乔 【7】
治·赫伯特·米德[George Herbert Mead]),它将人类活动根植于习惯之中。

包含具身化认知能力的实践理论也是对结构主义和主观主义的一种批判。例如,布尔迪厄(Bourdieu)拒绝把人类活动归属于列维－斯特劳斯(Lévi-Strauss)的抽象结构,或者萨特式(Sartrean)的人类主观性方案,他把实践设想为自组织和自传播的活动流形(manifolds)。然而,他寻求通过操作构成性活动的个体来控制这些流形,同时忽视作为主观附带现象的精神状态。相应地,人类的身体把自己显现为个体和社会流形的连接点。于是,习性(实践的理解)成为理想的确定现象,习性为避免物理决定论而变成十足的心理现象,习性被具身化时变成十足的非心理现象,习性在说明许多并非完全是人类活动时变得充分灵活。实践理论包含的具身化理解根源于这种意识,即身体是心灵与活动、个人活动及社会流行的交会点。

这种诉诸技能性实践的理解引发了这样的问题:仅用共有的技能就能充分地解释一系列活动吗?在这一问题上各种实践径路出现分歧。比如,与布尔迪厄对习性的充分性的肯定主张相反,巴恩斯(吉登斯和其他人)就主张技能被感知,被命题知识、理性和目标的某种结合所补充。某些理论家也声称必须把明确的规则带入这种结合中。这是一个需慎重处理的问题,因为研究实践的理论家们强烈反对用明确规则去支配众多(如果不是几乎所有的话)社会活动的思想。通过把实践理解分析为对默会或隐性规则的遵循(含蓄命题的应用),他们同样抵制捍卫规则的普遍性解释。毕竟,鼓励这种抵制的是维特根斯坦在“哲学研究”中的观察,他发现任何一种(例如,语言或心智的)内容在缺乏公认的利用/应用它们的方式时,内容本身并不能决定性地支配活动。追随维特根斯坦(Wittgenstein 1958: sections 86, 139—141),某些理论家甚至走得更远,他们甚至主张实践的理解不能被社会调查者或者像迈克尔·林奇在本文集中强调的那样不能被行动者本人用语词来充分阐明。[1](正如H. M. 柯林斯在他的论文中所指出的,在诸如科学这样一种确定的实践领域中,这种主张必须与经验观察区别开来。明确的阐述超越了一种具身化的实践维度,这种实践维度实际上无法得到清楚明确的阐述。就所涉及的实践而言,期待它将得到明确的阐述,这是不合理的。)这些理论家认为,想充分表征在恰当的人类活动中所涉及的技能,这是不可能的。

必须强调的是,这些对实践的理解的主张既没有否定在持继活动中明确阐述的存在性,也没有否定其功效性。技能和明确命题共同合作才有
【8】效。而且,在不同实践场所,占优势地位的这些合作也不同。在这一与境下,实践径路强调两个中心要点。第一点是理解的优先性:技能在人类活动中不但是普遍的,而且指导人们做什么的阐述能力也依赖于对技能的使用和理解。第二点是技能是共有的,即在不同的个体中,技能是一样的。活动的关联源于共同的理解,尽管这并非大部分理论家的看法。

身体是心灵与活动、个体活动与社会流形之间的中介。因为对实践的理解突出了身体的这种中介位置,于是理解在两极间扩展:身体是一极,社会世界是另一极。尽管思想家们对实践理解是否具有因果关系的控制力量在看法上存在着分歧,但他们通常一致认为实践理解只能具身化在个体中而存在。然而,个体只有在参加社会实践时才具有实践理解力(见大卫·布鲁尔论文)。因此,实践理解是一组身体能力,它来源于参与实践,同时也使参与实践成为可能。由此可知,由于社会秩序取决于以具身化理解

〔1〕维特根斯坦对决定实践的因素进行过评论,对这种评论的含义的讨论,见 Stern (1994), Barnes (1995: Chapter 2), Pleasants (1996), Schatzki (1996: Chapters 2 and 5), and Bloor (1997)。

为基础的实践，所以社会秩序直接根植于人的身体。

第二部分的文章包含许多这样的问题。大卫·布鲁尔一开始就利用安斯柯布（G. E. M. Anscombe）的反身性行动的说明去思考维特根斯坦有关遵循规则的开拓性的评论。依据对原著的谨小慎微的解释，他认为维特根斯坦把遵循规则理解为一种社会机构，一种围绕着行为的模式以及规范的口头"说明"的社会机构。把遵循规则分析为一种社会机构，布鲁尔进一步主张：（1）强化了社会就是一组这类机构的广泛论题；（2）消解了知识社会学的一个中心障碍，即不能对遵循规则提供一个令人信服的分析（由此，不能对数学和逻辑提供一个令人信服的分析）。接着，柯林斯审视了科学知识社会学所追求的三种默会知识径路：运动—技能隐喻，规则—回归模型以及生活形式。他主张这些径路认为许多人类知识所具有的默会性并非反映出知识自身的本性，相反却反映出人类是如何被建构的。不论其哲学上如何重要，不可否认的事实是对默会知识的承认已经带给科学实践研究重要的转变。柯林斯在讨论中总结道：计算机和人类活动的神经—网络模型无法理解的东西是被嵌入在社会语境中的知识和行动（Collins 1990）。

在接下来的论文中，斯蒂芬·特勒扩展了他近年出版的书（Turner 1994）中的观点，即反对依据共有的默会规则来把实践解释为行为的规律性。基于学习语法的联结主义说明，他暗示任何实践的说明要受制于实践所具有的习得性成分的事实。他对学习的解释强调在既定的实践领域中【9】信息的量和结构化，以及把握实践的不同个体的不同目的和经验上的经历。社会实践所产生的最简单主义的概念（minimalist 这一概念来自于迈克尔·林奇，他认为实践没有什么固定的结构与固定的组成成分——译者注）使得实践完全产生于人们所学（信息和习惯）的会聚。第二部分以迈克尔·林奇的论证结束，尽管行动者在成功应付社会生活时所采用的"方法"可以通过描绘人们的所做（在完成的过程之中）来表达，但是不可能在清楚阐明实践逻辑的抽象的、类似规则的程序中来掌握这些方法。科学方法的规则，分析对话者的对话规则和方法就是这类程序的事例。林奇的策略就是揭示出反复出现在方法与抽象的明确阐述之间的裂缝。通过分析辛普森(O. J. Simpson)案件的审问情节,他表明了明确阐述的缺点不仅仅出现在社会科学家的陈述中,而且还出现在那些解释其自身实践的参与者所提供的陈述之中。

三、后人类主义的挑战

无论作何解释,现代西方思想的一个关键特征是人类主义,即人类的“独白”(‘self-assertion’)(Blumenberg 1983)。这种文化立场源于15和16世纪的欧洲,当时人类被赞美为思想家、创造者和行动者。人类地位的提升反映出这样一种日益增长的情感,即人类既不受惠于上帝、存在之链,也不受惠于无法改变的宇宙秩序——人类可以创造概念和物质结构并对它们负责,这些概念和物质结构的壮丽反过来赞美人类的能力和权力。后来,更加激进的无神论完全摆脱了上帝或自然,并声明人类是意义、价值、真理和存在的唯一源泉。

在21世纪之初,人类主义者保持着一个令人信服的文化立场。人类创造的意义、价值和真理等观念在不同的知识语境,包括在道德中持续存在着。在其中,人们试图重新把道德和合理性联系起来;认识论则是相对主义和“内在实在论”的天下;科学确信人类能够彻底把握自然;在社会思想中,通常人类处在中心,对于许多思想家来说,人类是唯一的焦点。然而,各种不同的自称的后人类主义者已经开始从不同方面来挑战现代主义者的教条。

有两种后人类主义与实践理论有关。第一种可以称作“客观主义”。客观主义提醒理论家不要过多关注人类,关注人类与其生活中存在的非人类之间的联系。“客观主义”主张人类和非人类彼此共同决定;再者,在概念或因果关系上,人类没有完全控制非人类因素,或主导着非人类因素对人类世界的影响。安德鲁·皮克林与卡琳·诺尔·塞蒂纳在本文集中的
【10】论文论述了一条客观主义者的研究径路:研究非人类的作用及其在引导人类实践、形成并稳定人类世界时的力量。值得注意的是,通过承认非人类因素是人类社会秩序的组成成分和决定性因素,这条研究径路对社会的概

念提出了疑问,并挑战了社会作为人们之间关系的传统描述。

现今,许多不同学派的实践理论家承认非人类实体有助于构建人类的社会性(sociality)。如上所指,实践通常被分析为以物质为中介的活动关联。然而,在这种思考中,大多数实践理论家还继续关注人类。在以下问题上,他们并没有听从他们的后人类主义者的同事:(a)赞成诸如卡伦与拉图尔(如 Callon 1986; Callon and Latour 1992)所提出来的对称性原则,即迄今一直为人类所特有的概念——力量、意向、目的、知识、声音等也适用于非人类;以及或者(b)将人类和非人类(它们的力量和特征)看做都是突现于一种称作"实践"的事先存在的基质或场所 (Rouse 1996b, Pickering 1995a)。对于这些人类主义理论家来说,实践是各种系列的活动,所涉及的活动是人类的活动。因此,他们的说明也假定了人类力量的相对统一和整合。人类主义理论家可以充分接受后人类主义的看法,承认人类力量既源于人体系统,也与人类以及非人类的"外部"安排有关。然而依照他们的观点,这些事实既没有用这些系统或安排的行动取代了人类力量、也没有将其分解成这些系统或排列的行动。大多数实践理论家同样可能接受其他听似后人类主义的论点,如现代主义者视野中的具有自我意识的主体并不能完全掌握人类行为,非人类在这种语词的意义上是行动者。

在实践理论中具有广泛学术市场的是第二类后人类主义者的议程,即实践优于个体(或个人主体)。例如,个体的许多特征被认为是源于人们进入社会实践的合作。更普遍的是,正是在合作中,人成为了人,也就是说,通过这种合作,人就具有了活动、心灵、身份和性别。[1]个体活动的形成取决于人们参与其中的实践,这一思想就是这个论题的一个例证。这本身就明确地拒绝心灵是人类生活的中心现象这一现代信念:即心灵是意义的源泉、知识和真理的容器、活动的源头和实在的共同或独立的建构者。依照实践理论,至少在很大的程度上,心灵是在实践中"被构造的"。然而,大量组成和定义心灵的内容及特征有其生理学来源,有持续的神经生理学基

〔1〕 人类是由人体与某些社会事务的结合而构成的,这种思想被当代许多思想而不是实践理论所提倡。对此的一般的讨论,请参见 Schatzki and Natter (1996)。

础，在因果关系和本体论上，它们都取决于参与社会实践。(Coulter 1989)因此，人类作为“主体”(和“行动者”)的身份一定要与实践关联。总之，实
【11】践取代心灵作为人类生活的中心现象。

实践优于心灵带来了一个知识观念上的转变。如上所述，知识(和真理)不再是心灵的自发的自明财产。相反，知识与真理，包括其科学的版本，是通过人们之间的相互作用，通过世界中的安排过程而达到的。[1]结果，知识不再为个体所拥有，而是群体的特征及其物质场所。科学和其他知识也不再等同于堆积的表征。实践的理解、进行的方式与物质环境的设计共同地表现了知识的形式——命题知识预设并依赖于它们。

如上所述，在削弱了个体主体作为意义和规范(也包括价值)的源泉的问题上，实践思想也整合了其他当代思潮。实践理论家代之主张实践是意义、语言和规范的源泉和传递者。[2]这些现象的产生、维持和转变是现有实践的成果，这些成就在实践开拓的行动以及相互作用的公共领域得以实现。个体不再从其自身的资源中去影响和保持规范、意义和语言，相反却被整合进(在不同程度)具有现实特征的实践的过程之中，在其中，这些事物被保存，并开始出现创新和转变。事实上，因为实践总是至少包含着各种复杂的社会性，因此在不同程度上，所有(所有种类的)规范、意义和语言在根本上都是从社会现象意义上来说的，实践几乎总是社会的。注意如劳斯在他的论文中所强调的，把语言、意义和规范定位在实践之中，这就打开了影响实践的社会因素(如权力和政治)决定这些现象的大门。在其强有力的反对表征说明之中，这些主题的实践路径得到总结：意义和语言，源于并依赖于持续的活动，不能被嵌入表征或心智内容之中，而正是由于人们

〔1〕 这一论题包括众多思想家(并不是所有的实践理论家)的看法，如 Knorr Cetina (1981), Bloor (1983), Hacking (1983), Latour (1987), Lave(1988), Pickering (1992a), and Rheinberger (1997)。

〔2〕 比较 Heidegger's (1978) and Mead's (1934)著作所讨论的物的实践意义的概念，维特根斯坦把意义讨论为用途，米德对语言起源的故事诗般的解释，Lyotard's (1984) and Foucault's (1976)著作中把语言作为话语的观念，Brandom's (1994)的规则性的理论(见 Rouse 在本文集中的文章)。对某些思想家来说，实践优位同样意味着语用论优位于语义学与语法学。非常不同的例子包括 Brandom 的理论与 Savigny's (1988)对语言意义的社会形态的说明。

如何使用和回应它们，后者自身才能获取其存在的特征。

第三部分以后人类主义者的客观主义的基本思想开始：(某些)客体独立于人类活动和认识。休伯特·德雷福斯在其论文中主张实践径路与一种坚定(robust)形式的实在论相容。他反对的主要是紧缩实在论(deflationary realism)，如唐纳德·戴维森(Donald Davidson)的实在论(如劳斯的理解)。依照紧缩实在论，实践、意义、客体和心智内容是紧密交织的，以至于事物处于自身状态的这种观念本身就说不通。他那较丰富的另类理论的基础是海德格尔在《存在和时间》中对工具、崩溃和客体的说明。德雷福斯区分了构成客体的实践能力和接近客体的实践能力，并利用海德格尔的形式指示代词的概念分析了后者的能力。然后他利用一种被称作“去熟悉化”(‘defamiliarization’)的经验提出了三种特征，只有具备这三种特征，科学实践才能接近存在于其自身之中的宇宙的功能性成分。

接下来的两篇论文强调客观主义。安德鲁·皮克林从重新发起他称之为后人类主义社会理论的呼吁着手，后人类主义社会理论——从一开 【12】
始——就认识到物质和人类力量之间的相互建构。他预想的力量的历史应该研究物质和人类之间相遇的关键研究场合，在论文中他考察了三个事例：19 世纪的合成染料工业、铁路和二战后的控制论，特别是人机交界面。皮克林主张这些事例说明了物质、概念与社会的共同进化，而在人文科学中，对这种共同进化缺乏语境的解释。卡琳·诺尔·塞蒂纳接着分析了基于知识的实践，这在当代知识社会尤其是在科学中已经显得引人注目。她主张将实践奠基于人类技能/习惯之中，认为实践是惯例的理论不能对这些认知实践的参差不齐的特征给出极为恰当的分析。相反，她主张这类实践的“主轴”应是连接主体和客体的“关系动力学”。特别在科学中，所涉及的客体是具有存在的不完全性和无穷的拓展能力的特征的“认知客体”。由于这类客体指向了更进一步的解释和拓展，因此，客体，连同客体决定的欲望的本能结构化，一起控制了实践的发展，控制着位于实践中心的主客关系的变化。

最后两篇论文考察了实践相对于个体的优位性。约瑟·劳斯从区分两种实践概念着手：作为行为或信念的规则性的实践，对行为的规范作出回答的各种系列活动的实践。与特勒对第一个概念的看法相反，劳斯探究了作为实践的一个特征和决定因素的规范性看似像什么，探讨了语言在实践中的重要性。随后转向科学论的讨论，劳斯在将人类活动(包括科学)视为规范实践之后概述了语言、知识和权力的哲学概念。论文以反思科学论的反身性立场结束。本文集的最后一篇论文是查理斯·斯宾诺沙的，他考察了个体为何没能控制实践的发展和命运的问题。斯宾诺沙主张不管实践的参与者的意向性如何，所有实践趋向于对自身的拓展，在这里"自主拓展"意味着更多的横向与纵向的延伸，伴随着对核心实践附加上一些新实践。他的论文讨论实践的两种可能的这类一般趋势：实践的自主拓展是一种扩散或播撒的过程(德里达)；另一种是指实践的自主拓展是对不明确的目的逐渐的关联(海德格尔)。斯宾诺沙偏爱海德格尔的解释，因为海德格尔为实践——特别是边缘实践——在社会生活中如何保证了局部的稳定性提供了较好的分析。

实践理论是当前社会思想的一个层面。本导言一直在力图表明这种路径是一个松散，但依然是一场确定的思想运动，它围绕着这样一种思想而被统一起来，即实践领域是一个研究诸如力量、知识、语言、伦理[1]、权
【13】 力和科学这类现象的场所。尽管有这种共同的看法，但实践思想包含着各式各样的、经常是相互冲突的直觉、观念和研究策略。本文集描绘了在实践中思考秩序、实践解释以及与后人类主义相关的各种问题时存在的一些分歧。这样做，本文集同样是想证明实践理论正在日益增加其力量和
【14】 范围。

---

〔1〕 本引言没有篇幅去审视实践概念如何加强了伦理的概念，如与康德的道德相对立的黑格尔的伦理。见 MacIntyre (1981) and Oakeshott (1992)。对于由实践概念体现的政治的观念，参阅 Oakeshott (1975), Mitchell (1991), and Spinosa, Flores, and Dreyfus (1996)。

第一部分

实践与社会秩序

作为集体行动的实践

巴里・巴恩斯

长期以来，社会学家的话语一直在描绘实践中的共有实践或共识的图景，近年来，这些图景显示出一种日益增强的重要性。社会系统一直被描述为具有大量持续的、自生的共有实践的特征，产生这类实践的结构化取向一直是理解每一种社会与文化现象的关键。在这种途径的极端的扩展中，人们可能讨论说，就社会学家而言，实践就是所有要研究与描述的一切。对这种发展的一种缺乏善意的解释可能认为"实践"是马克思主义瓦解中所出现的残骸部分，是那些在各式各样"后马克思主义"形式的社会学与社会理论的新家园中寻找自己归宿的无家可归的理论家们所采用的一个概念。然而，当前某些理论家对实践的兴趣提出了一种更为善意的解释，而且应该被接受。把社会性解释为实践，这可能被认为是试图矫正理论的理念论形式过于抽象的弱点，后者至今一直在这一语境中占主导地位。

在社会科学中，理论的中心任务之一就是具体阐明是什么把一种文化或集体的成员与其外部成员相区分开来，在什么样的基础上，他们维持着他们自己的秩序化行动与关系。时常，这被视为去识别出什么是一个共同体的成员所共有的东西，他们与其成员共享，而不会与外人共有的东西是什么。一种研究途径就是去描述那些所谓"控制着"其行为的共有的理论、思想、信念或抽象的具体规则或规范。这种途径通常有两个主要的困难：第一个困难是对个体来说，思想、信念、规范等通常被认为是内化的，因此是不可见的实体，对其所有的描述无疑具有高度的猜测性。第二个困难是这样一种事实，即这些规范几乎一成不变地充当秩序与共识的可疑的被动行动者的理论基础：规范被假定具有固定的与确定的含意，那些坚持它们的人就得依此来行动。相反，如果坚持所有秩序与共识的基础是在实践中的共识，就是指出了某些公共的与可见的，某些明显出现在其成员所做之中的东西。此外，对相关实践的秩序与共识的解释所预设的是主动的成
【16】员，而不是被动的行动者，主动的成员通过利用作为其生活过程中的一组资源的实践来重组共有实践的系统。[1]比起被动的行动者理论来说，人们通常会认为这种理论在经验上会更令人满意。

我自己对我刚才所描述的“实践”的这种转向持赞同的态度，特别赞同暗含的反对理念论的工作。但对相关文献的理论价值保持怀疑的态度，即使在最基本的方面，它未能清楚地表明社会实践是什么。“实践理论”的范围或力量的真知灼见无论如何都没有得到充分的解释。注意“实践”是这一文集讨论的中心，因此，这里的讨论将关注这些基本的问题。它将寻求解决一种共有实践存在于什么之中。它将强调对理解人类的行为甚至于那些有秩序或日常的行为来说，任何“实践的理论”都不可能充当一种充分的基础。但本文的结论是人们仍然有必要达到对共有实践本性的一种正确理解，如果那是我们的目标的话。

一、实践的例证

这篇论文的全部讨论会导致一种清楚的建议，它涉及我们应该如何理解与定义共有实践。但当没有什么实质性的关键内容显示出来时，人们仍然可能在文字定义问题上持异议。因此，我们最好不要下定义，而是考虑例子，利用几乎所有人都可能接受的实践的范例来开始我们的讨论。随后，我们首先考虑的例子是素食主义。这一特殊的例子清晰地突出了把共

〔1〕 在这里，常人方法论的贡献一直是决定性的，见 Garfinkel (1967) and Heritage (1984)。Giddens (1984)的著作作为传统社会学理论也具有类似的作用。

有活动视为由思想与理论“控制”的做法中的困难。素食主义者并没有利用科学专家或近代实验技术来分离动物与植物。一个素食主义者的共同体也不必遵从另一个素食主义者共同体规定的类似的饮食禁令。也不可能为素食主义提供一个规则系统，被表达在任何特殊的素食主义共同体之中：素食主义并不会依据抽象的文字规则所概括无遗的方式来吃饭。然而素食主义通常被公认为是有凝聚力的社会活动；我们遇到的是习惯与实践的素食主义，认同一个特殊的素食主义共同体的成员资格就会接受其独特的习惯与共有实践。

第二个例子使我们转向了一种秘传的技术活动。例如，在西方牙科中，通常将针灸法作为一种麻醉方法来使用。考虑到牙科医生可能会共用针灸疗法的实践，就把它作为一种技术传给新手，然而，他们并没有一个得到详细阐述的文字理论，表明针灸疗法是什么，或其为何有效。对于那些不用理论来定义实践的人来说，这是一个很好的例子，理论仿佛被视为强加在实践之上的一种理性化的假象。在从其发展的语境进入到西方医学的语境之中后，针灸疗法失去了其本土的理论包袱，获得了一种不同包装的注释。或许，人们会希望这样说。因为存在着一种另类的观念，按照这 【18】
种观念，针灸疗法现在是两种不同的实践，两种不同的实践活动与语言行为的组合，一种是西方的，另一种是东方的，每一种现在可能都在发展，但在不同方向上成长。

最后，让我举一个来自军事语境的例子。如一骑兵队伍中的军人，人们也可称他们是一个共有实践的拥有者：表现在其骑术中，在其对武器的使用中，通常也表现在马上的格斗术之中。这类实践可能是通过一种长期的军事训练而获得，并作为一种代代相传的军事文化而持续发展下去。选择这一例子的原因随后就会清楚。我们现在只要注意在一个骑兵队伍中，把握马上格斗的实践就是参与到一个群体的所做之中。

下面我将主要依靠这些例子，但在相关的例证中将保留我所偏爱的强调实践的方法，即这种实践值得用一种粗略的与易于表达的口头陈述来补充。实践是被社会认可的活动形式，依据成员从他人那里所学到的东西为基础来进行，能够被很好地或不好地，正确地或不正确地执行着。这是一个非常宽泛的描述，但它仍然未能进入当下的文献中所碰到的许多理解实践的理论视角，正是因为这一原因，它可能被证明是有用的。

二、实践的理论范围

如果我们现在继续下去，利用例子去探索实践能够做什么与不能做什么，那么我们将会越来越熟悉实践，熟悉在充分描述它们时所涉及的问题。正如西奥多·夏兹金评论道(在本文集中)，实践时常被等同于“最为普通的社会事务”。的确，它时常被称为仅是社会事务。这一主张在某些“实践理论”中扮演着主要的角色，其矛盾修饰法的特征看来在整体上还没有引起人们的重视。

或许，新出现的理论都会典型地夸张其主张的适用范围。但无论如何，重要的是要认识到在这里所涉及的夸张——一种“实践的理论”范围的更为适度的解释必须被接受。特别是，人们必须意识到：(a)“理论”与“实践”之间并不存在简单的对照；(b)在可见的外部实践与不可见的、内在的状态之间不能够确定一种固定不变的界线；(c)除实践外，任何试图想给社会生活一种满意的描述必须涉及更多的其他东西；(d)实践并不能够解释其自身的制造与复制。

让我们依次讨论这四点。针灸疗法就是讨论第一点的一个很好的依据。它很好地阐明了任何视理论优于实践，视后者不如前者所暗示的观点的错误。扎针灸并不是研究身体的纯粹理论的表现，而是把它视为一种平
【19】衡病人的阴与阳的努力，理解这点是很重要的，颠倒这种关系完全是错误的。当然，针灸疗法的实践也不是没有思想的纯粹扎针灸的实践。

实践应该包含着思想与行动，就这种情形来说，所包含的理论，可以说就是实践自身的组成部分。当然，这不是一个标准观点，但它是一个很重要的观点。的确，如果以这种方式来理解针灸疗法的实践，它将同样能够充当一种范例，表明在许多秘传的技术领域，置于“纯粹”自然科学中，实践中的共识表现了集体的特征。托马斯·库恩把科学范式等同于科学共同体中共识的关键焦点，这与上述观点是一致的。范式并不是理论，而是实

践,"实际科学实践的公认的范例"——它们包括定律、理论、应用与仪器在一起;它们是被选择作为典型成就的例子,在一种情形中解决问题的公认方法,在另一种情形中能够指导实践(Kuhn 1970: 10)。依据一种共有范式,某一特定领域中的科学家会在其实践中达成共识。他们在这一共识的基础上合作地推进他们的工作,而同时在哲学层次上,或在其抽象的理论思想上,相互间会持完全不同的观点,这完全是可能的。

就第二点来说,依据某些可观察的事物来对社会实践进行解释,这种做法具有显著的优点。但重要的是不要被一种实证主义者、现象学者或行为主义者对实践的辩护所诱惑。实践是行动的形式,这里,有关行动与行为之间的差异的所有熟悉的争论都是相关的。对作为实践的社会生活的描述,归根到底,就像其他任何描述一样,是"负载理论的"。同样值得指出的是,这也许的确是更为重要的一点,即普通成员在彼此相互适应的实践中采用理论的视角。当一位成员成功地参与实践时,这对他人所显示出来的东西是具备了一种能力或力量。从中我们能推理出此成员已从不熟练的操作活动发展到具有操作能力。因此,一个共同体的成员资格并不是被理解为操作活动的成员资格,而是带有操作能力的成员资格。也就是说,作为一组有能力的成员——具有能力的全体成员,就像许多社会学家本身用这种方式看待社会生活那样,不仅表明其成员的所做,而且还表明其成员能做更广范围内的一系列的事情。在最后的分析中,谈论实践就是谈论能力——社会能力的理论所面临的所有困难不得不接受实践理论的解释。〔1〕

参与实践就是锻炼一种能力。注意,同样的情况也适用于考虑上述的

〔1〕 一个共同体全体成员的能力存在于其常规所做,同时这一共同体的存在是与这种能力密不可分的。(Barnes 1988)这里,值得注意的是全体成员的社会能力极大地超越了独立的成员的内在的权力或能力,因为这些个体能力可能相互联系,并协调构成了只能以这种方式构成的能力。这就是为什么人们长期不相信社会能力的零和游戏的原因。能力突出于秩序之中:由于集体中的秩序的程度与本性不同,能力是不同的,因此能力不能够被视为具有固定的大小,集中在某一处,或由一位成员随意行使,在另一处就会失效,或其他成员无权行使。因此,社会能力并非是如此多的不同个体能力的总和。它是集体构成的能力,表现在全体成员持续的日常活动的实践之中。在最深刻的意义上,能力是共有实践。

第三点。主动的行为者按需求训练着能力：他们仿佛不断被转化为一种所需求的适应、倾向或任何其他东西。实践以同样的方式被实施着。或宁可说，那些被称为一种能力的主动训练的事务同样可被称为一种实践的安
【20】排。但社会学更感兴趣因素的整个范围是理解这种能力训练的关键。一队骑兵的冲锋陷阵就是能力的一种可怕的释放。它可能展现为一种习得的常规，一种共有社会实践的显现。但这种冲锋陷阵的目标与释放这种能力的信号也是社会学感兴趣的特征。这两件事内在于“共有实践”本身之中，必须借助更为广泛意义上的“成员的知识”来理解。一队骑兵知道应该依据其指挥官所发出的信号而冲锋陷阵。[1]指挥官在心目中选择进攻的目标，部分是依据地形的条件与敌人的分布，部分是依据军事策略中一组公认的与权威的知识，部分是对过去战斗的回忆。同样需要注意的是，这支骑兵队伍通过投入战斗来决定战斗过程，除此之外，也可待在原地，完全不进攻，但如果指挥官依据他们对这支队伍的潜在能力的深刻了解，从而决定下一步做什么，那么在这种意义上，可以认为这队骑兵也能决定这一战斗过程。这的确是在理解社会行动时必然要涉及知识与经验的一个敏感的信号。

一队骑兵的攻击必须不能被理解为纯粹的实践活动，而是有丰富知识的、见识广博的与有目标导向的行为。为了理解它，必然会涉及比实践更多的东西。事实上，理念论的作者时常会忽视实践在这种与境中的角色。完全依据一般原则的推理来描述军事活动(并依据一个“天才”原则与一个“愚蠢”原则来评价其结果)。但如果只通过关注实践的作用来反对这种极端，这种做法不过是又陷入了另一个极端。这等同于一种无根据的偏见，它偏爱于知其然而放弃了知其所以然，偏爱技巧与能力而放弃了信息与表征。在心理学的词汇中，存在着对这两者的有价值的经验研究，它实际上是一种对程序性记忆的唯一关注，以及忽视相应的描述性记忆。这两种形式的记忆需要得到解释；两者都是在社会中被构造，都被包含在社会行动

〔1〕 指挥官说出某些命令，使队伍投入战斗，这种能力依赖于队伍中的骑兵对这些命令的理解，特别是，明白指挥官有着把他们投入战斗的权威——这种理解不仅仅是行动。

之中。

同样的例子将同样被用作讨论第四点,即最后一点的基础。实践时常被引用来解释事物,包括其本身参与。如可以说,人们做某些事,是因在传统上,或日常中人们就是这样做,或者说,因为它是集体实践的一个组成部分,所以人们做这些事。为什么人类应该进行实践的问题因此完全被掩盖了? 骑兵得冲锋陷阵,一周或许两次,仿佛只是因为它能冲锋陷阵,对实践的活动,仿佛存在着某些自发的与机械的东西,没有必要考虑人们的相关动机与激励。[1]

三、什么是共有的实践

实践是由人来进行的,正是由于这一点,对人们所构成的社会生活的当下模式的理解来说,它们是不充分的基础。人们总是会问道:什么促使人们去实践他们的所做,如何做与何时做;他们的目的,他们的生活经验与他们传承下来的知识无疑在相关因素中占据着重要地位。但这不只是寻问什么样的偶然事件促使人们去进行或不进行实践,仿佛它们是作为像工具箱中的工具那样存在,这不过是在解释什么时候或为什么这种或那种工具被选用。实践与人的关系比这种说法更为密切与深奥。这篇文章的下面部分就要讨论这种关系。但为了察觉这种关系涉及什么,首先必须要更为深入地探索共有实践的本性。 【21】

斯蒂芬·特勒(Stephen Turner 1994)的一种广泛与详细的分析突出了这种语境中所面对的困难。如果存在着共有实践,那么共有的东西是什

〔1〕 在最一般的“宏观”层次上的社会理论中,存在着明显想避免这一问题的解释。(Giddens 1984)他们强调成员通常依赖于其社会中的现有的实践指令系统。成员可能具有无数的目标与利益,许多非常不同的信念与理论,但无论他们的目标是什么,无论他们达到这些目标的信念是什么,他们都得利用现有的指令系统,不存在别的东西。因此,实践系统实际上是通过被利用而重复自身,这种观点表明实践是自动重复自己,无须理解其中的特殊细节。其真正的存在的确能够解释其持续性:实践将解释实践。然而,这种论点很难符合这种毫无争议的观察,即实践的指令系统会随着时间而发生变化。这种明显的易变性显然暗示着实践并不能自我重复,在它们被重复的意义上,必须利用外在于实践的偶然事件,与重复实践的那些人相关的偶然事件来理解。

么？特勒向我们展现出一种困境：当必须面临对象/本质如何在传播中保持原状与不变的问题时，共有实践是一个单一的对象（它正在诱人地称，一种本质，虽然特勒并没有指明）吗？或当提及实践消除任何理论的兴趣时，共有实践仅仅是一种分离的单个因素的集合吗？特勒注意到社会学理论家特别倾向于把共有实践视为统一的、单一的对象。他们通过把共有实践想象为一种真实的集体存在物来解释其他事情。涂尔干与萨姆纳（Swmner）就持这样的观点，特勒有力地拒斥了他们的集体主义的途径，这种途径称“社会性”、“风俗”、“习惯”为带有控制力量的单一东西。并不存在这样的依据或理由，它们能支持相信存在着一种作为统一对象的共有实践的信念。特勒说，并不存在着这样的文化变迁与传播的理论，它们允许我们理解这样一种对象如何能不变地从一个人传给另一个人。我们所指的作为共有实践的东西实际上是一种复合物：它是由非常多的个体习惯所构成，对我们来说，这些充分类似的习惯使我们在此基础上融洽相处，但这是对个体的实体，而不是对各种集体的实体而言。因此，不应放弃对实践的思考，社会理论应该关注习惯并适应它。

特勒的书对社会理论提出了一种具有彻底的个人主义色彩的批评，如果被接受的话，它将会有深刻的意义。它将使人们不得不重新考虑被丢进垃圾箱中的“共有实践”；“生活”、“习惯”的“传统”形式，默会知识，还有其他许多“集体的”术语，或我们被告之如此。然而，我们应该毫不犹豫地接受特勒的第一个主张。在通常的意义上，共有实践不能被视为一个单一的真实对象。无疑它也不能被视为一种本质。不能用这种方式来看待它，就正如“规则”、“规范”或“思想”也不能这样处理一样。与这些存在物相关的反对本质主义的众所周知的常规论证能自然地将其扩展到共有实践之中。的确，人们通过例子很容易证明这一点。例如，我们所提及的一队骑兵的共有实践，如果骑兵的马、鞍或剑等所有的东西都在时常变化，那么就会直
【22】接导致战斗力的损失，至少是暂时性的。给每一位骑兵配备一种特殊的剑，一匹特殊的马：一队骑兵的共有实践显然是由不同的技巧与能力所组成，在不同的活动中有不同的表现。这里所指的共有实践表现出各式各样不同个体的能力的异质性组合。

特勒暗示在这里相关的个体能力是习惯，社会学理论不应该关注实践，而应该关注习惯与对习惯的适应。当然，他在这里并不是指成瘾的习惯，如吸烟与注射海洛因之类所引诱的适应。相反，他所强调的正是人们通过重复而把握的事情，使他们能够流畅地、容易地与完全有能力地做这些事情。对特勒来说，习惯是个体的能力，而不是个体的冲动。他的目的是把“共有实践”重新描述为各组个体习惯，正是由于它们是个体的，所以在细节上都是互不相同的。他要求我们在集体层次上把日常实践视为以自己的习惯而进行的大量不同的个体行为，通过共同的教学使这些行为为确定的目的而相互适应，从而使这些行为充分地类似，但不过仍然是个别的与不同的。

这种对“共有实践”非常详细的解释是正确的，它将揭示出在个体行为中所有种类的差异。对这一点的第一反应很可能是认为特勒的解释肯定是正确的，那就是共有实践不过是习惯性的个体行为。然而，利用例子，我们能很快揭示出这种极端的个人主义的途径的不充分性。考虑一下一队骑兵的“共有实践”的组成部分的日常活动，如骑术编队的日常实践。这种活动能够被重新概念化为一种个体行动的拼图，每一种可理解性能被理解为一种习惯的表现吗？无疑，所涉及的个体化习惯性技能将导致对日常实践的一种理解：没有编队上相关的个体技能骑术，人们就不可能理解这种实践。但另一方面，仅仅遵从习惯几乎不可能导致这种日常实践的活动。依据部分骑兵活跃地参与并与其他骑兵保持协调的行动的做法，编队上骑术的一种合理的解释无疑会涉及到慎重的计划，甚至创造性的想象：对习惯的不断调整与修改需要它们使协调成为可能。我们必须想象个体的骑兵要考虑到地形上的多变，观察其他人的行动与相应的配合，甚至于想象可能的情节，如在他们面前出现斜坡时，可能把速度放慢。也只有在这方面，协调将被保留，一种共有的实践被实施。也只有这样，一种社会权力将被行使。集体层次上的对日常活动的成功实施将会包括个体层次上的对日常活动的超越与修改。集体层次上的实践并不是在个体层次（习惯）上实践的简单积累。共有实践，正如常人方法论者所称，是一种集体的成就。

人们可能反对说，这里所举的例子并非完全是日常实践的例子，因为

【23】 只有当它不包括主动的有计划参与和自主过程时，所涉及事务的定义才是日常的。但这不应该是一个恰当的定义。依据这一点，通常被认为是集体层次上的任何日常事物几乎不可能被合理地理解为日常的。其次，人们也不能据此来描述一个集体的“日常实践”（的确，这同样有趣地反映出在日常个体行为中，人们几乎不可能据此描述任何事情。甚至在这一层次上，在自主的/习惯的行为与日常的行为之间肯定存在着一个明显的差异：每天以喝咖啡开始一天的生活，下楼梯走向大街，挤公共汽车去上班，对于个体来说是日常的活动，但其习惯的形成需要对那些自主的或习惯的行动进行不断主动修正。“习惯”实际上面临着特勒面对“共有实践”时所提出来的所有问题）。

特勒的观点值得详细地关注，因为它清晰阐明了一种被人们非常广泛持有的观念，即在个人主义者/心理主义者与集体主义者/建构主义者之间的一个根本差异。前者谈论不同个体与个体行动的集合；而后者谈论统一的集体实体。这种差异的一个标准的范例是理性选择理论与作为社会规范系统的社会性理论之间的对立。的确，许多理论家在读特勒的著作时可能会想起这种对立，视他提出的困境为非此即彼的理论形态。但这种广泛持有的观念事实上是一种误解，它未能把握一种研究社会生活的正确的社会学途径的本性。特勒的困境在本质上不过是一种个人主义者的思维模式的另类表达。在对带有差异性的实践进行分析的个人主义者的明确观点中，存在着由习惯所驱使的非常之多的独立个体。而在实践作为一个统一体的另类的所谓“建构主义者”的观点中，存在着由单一对象或本质所驱动的如此之多的个体。这两种观点都不能阐明诸如像骑马编队这类简单的集体活动。为理解这种实践，人们所需要的不是主要由其自身习惯所引导的个体，也不是由相同的集体目标所导向的个体，相反，它是由相互影响所导向的人类。人类能够以队列的形式骑马，不是因为他们是具有同样习惯的独立个体所组成，而是因为他们是相互联系的社会力量，由一种深刻的相互之间的感受性联系在一起[1],他们不断地调整他们的习惯性的个人反应,使他们与他人相互作用,以维持一种共有的实践。

在阐述其困境时,特勒忽视了这种理解人类活动的真实的社会学途径,就像在许多其他争论的语境之中,这种观点被人们所忽视一样。鲍曼(Zygmunt Bauman)曾正确地埋怨道:过多的理论家关注于个体与独特的社会秩序,完全遗忘了社会(1989 p. 179)。一旦这种错误得到矫正,就有可能走向对共有实践的一种充分的解释。它们的确不是一个稳定的统一的本质,但也不是各种习惯性个体的行动。共有实践是有能力的集体成员的成就。在一起行动的成员很容易获得这些成就,并且也是他们通常所期望 【24】的,但在每一种场合中,这些成就必须通过主动的行为者之间一直保持着的协调与联盟而产生。虽然它们在集体层次上是日常的,但在个体层次上不是日常的。这就是为什么在这点上,指实践为一个集体共同拥有(当然,在某种意义上,这里所提到的共有实践是一种具体化,出现在不同条件与情境下对所有成就的稍微有些不同的熟悉操作之中;但这是一种有用的并且是无害的具体化。非常类似于诸如在个体层次上的"技能"之类的有用概念)。

人们可能反对说,大量的案例是由单一的,可能并不具有代表性的例子所构成,如骑兵在队列中的骑术,因此有必要考查这种论点的适用范围。这里,作为答复,首先需要注意的是集体实施的共有实践的例子,如骑兵在队列中的骑术,是由大量的活动所组成的,它们包括一起战斗、一起打猎、一起航行、一起唱歌,甚至在当代世界中一起研究科学。完全个人主义的解释不能合理地解释这些例子。无论其最初如何被严格地反复灌输,个体的习惯会随时变化,它们无论如何也不能够解释持续的行动协调,这种协调只能体现在一种相互作用的集体的日常实践之中。

然而,许多实践有着独特的操作。针灸疗法通常是由一位牙科医生实

〔1〕 在这篇论文中,只谈论了社会行动者的相互依赖。在别处,我坚持这种相互依赖性采取了相互间的易感受性,是因果关系的。这种联系必须出自于因果性,而不是通过理性,因为它必须要解释相协调的理解,还有相协调的行动,而以理性为中介的联系(如通过理性所强调的口头上的交流)预设了相协调的理解,如果它不存在,就不会发生。见 Barnes (1995, 2000)。

施。一位素食者的膳食可能只有他独享。这类独特的实践活动如何解释?这里所给出的答案是它们根本就不能够被视为一类独特的实践:必须把这些例子视为与队形中骑马完全一样。如果借助于队形中骑马这一例子的设计,人们令人满意地表明了个人主义的局限性,那么,这些更进一步的例子将揭示出在个人主义的所有应用中,这些局限性具有普遍性。

骑术与针灸疗法是从他人那里所学到的实践,在这些例子中,从具有特殊专业背景的同行专家那里学会把握这些实践。在这两个例子中,在最初获得了“具有能力的成员”状态后,作为参与实践本身的一个组成部分,学习还要继续。学习它是什么与操作它是不能分离的,都是共有实践的组成部分。这就是为什么共有实践会变化的一个原因。随着一队骑兵的骑马实践的发展,他们就能够更好地把握骑术,甚至或许会到达这种程度,即被称作队形中骑马术在变化,去年的充分努力成就是今年被解释为错误的东西,并成为关注的原因。诸如针灸疗法这样的共有实践发展也是类似的,因此针灸疗法的技术会随时而改变,被称为针灸疗法的管理也会变化。并非所有好意的针灸都是针灸疗法:某些针灸法在这一实践之外,某些针灸法多少恰当地表达了这一实践,少数几个可能如此明显地表达了这一实践,以至于在扩展什么算作这一实践的当下观念时,它们扮演着主要的角
【25】 色。[1]

因此,虽然针灸疗法是个体所实施的,但它是被一个成员所实施的针灸疗法,这一成员明确意识到共有实践,必须对其他实践者正在做什么保持敏感。针灸医生必须与其同事互动,双方都自觉意识到并倾向于在这一实践方向上发展,以成为一位名副其实的实践者。只有通过具有相互理解与相互敏感特征的成员的相互作用,某些被认为是共有实践的东西才能被维持,其正确的操作不同于那些无效的或无能的操作。的确,我们可以利用这一点作为区分习惯与实践的清晰方法:习惯活动无所谓好与坏,但实践却不是如此。因此,队形上的骑马与扎针灸之间的差异不是本质的,当

〔1〕 这些看法的一种更令人满意的说明是麦金泰尔对实践问题的卓越的讨论(MacIntyre 1981)。然而,比起这里所采用的实践定义来说,他的实践的定义过于狭窄,无法满足本文的要求。这就是我为什么不利用他那具有高度特色,但具有惊人洞察力的解释。

然，维持实践的必要的相互作用更为集中与更为明显地体现在前者之中。我们可以说针灸医生只是以一种比骑兵更为松散的模式而操作。

当然，只有当实践明确表现在独立个体的行动中时，那么被包括在实践之中的个人主义的错误才能最充分地暴露出来。

不仅习惯一个人主义的，而且规则一个人主义，规范一个人主义与其他理念论形式的个人主义，都被利用来描述什么被包括于实践之中。类似的观点都是不能令人满意的，私下遵从规则的个体，很容易随时偏离其实践，就像私下遵从习惯的个人一样。规则从来不可能具有充分的信息，或被很好地范例化以维持遵守规则的行为的各种例子，使它们在遵从规则的不同情境中保持相关的一致。只有当行动者主动关注着并去恰当地修改其具有个性化的遵从规则的行动时，才能维持什么是遵从一个规则的一种共同的意义。在遵从规则中，什么算作共识，只能由遵守它的成员所产生，而不是“规则自身”的产物。〔1〕

因此，我们能够理解采用一种表面上简单的、令人感到安慰的对实践的社会生活解释，这具有深刻的理论意义。人们完全能够通过特勒对“实践理论”的挑战性批评来产生这些意义。特勒不仅消除了这类理论的大量假冒的例子，更为重要的是，他使我们理解到对“共有实践”的召唤，无论如何认真构想，都不可能与个人主义相容。一位个人主义者将极容易感觉到这样一种贡献的优点。但一位反个人主义者同样也可能对此表达谢意。从这一视角来看，特勒论证了“共有实践”与“实践中的共识”的概念只能被证明为社会生活的一种真实的社会学解释的组成部分，在这种解释中，“共有实践”与“实践中的共识”具有集体性介入以维持它们那些人类的成就的特征。这种人类不能够被理解为独立的精明个体；而是深深地相互依赖的、易相互影响的社会能动者。【26】

〔1〕 在这篇文章中，这种反对“实践的个人主义”的论点类似于反对“规则个人主义”的论点。对规则进行集体主义解释的代表有 Wittgenstein 1958，Kripke 1982，Bloor 1997。规则的集体主义也是我提倡的一种观点，可参见我 1995 的著作。这种观点出自对规则与意义的一种有限主义的理解，如我们在 1996 年的著中所提出的有限论。

人类实践与“宏观—社会”的可观察性

杰夫·库尔特

伽芬克尔(Garfinkel)提出的广受关注的社会学分析的创新模式,他称之为“常人方法论”(‘ethnomethodology’)[1]。近年来,这种模式一直在摆脱与社会理论中关键问题的历史联系,在很大程度上,这是由于“对话分析”技术领域的成功,这一领域来自于伽芬克尔的许多理论贡献。然而,常人方法论中一个广泛被认为的长期问题是社会秩序的本性,社会组织及其研究这些现象的恰当方法。当代社会理论家所面临的首要问题就是提出一种充分的理论框架,以描写“宏观—社会”秩序现象的本质。在这篇论文中,我指出常人方法论中提出的各式各样的主题,允许我们以一种新颖的方式来考察上述首要问题,通过对宏观—社会现象的本性及其与人们的日常行为的关系的沉思,使我们能够走向对这些问题的可行的解决。

“宏观与微观”相联系的问题,正如当代社会学理论所称为的那样[2],是需要透彻的逻辑分析的问题。然而,尽管对这些问题已经存在着各式各样的解决方案,我相信一种恰当的逻辑解决至今还没有出现,也许它存在,但我还没有意识到它。本文的目的就是想表明我将主张的观点是对这些核心问题的一种解决。要确定什么构成了“核心问题”,这本身就要求详细的分析。在我看来,这首先必须包括本体论问题的分析,这些问题起源于

〔1〕 Harold Garfinkel (1967).

〔2〕 对这一问题的分析,见 Jeffrey Alexander, Bernhard Giesen, Richard Munch, and Neil J. Smelser (eds) (1987),对这一问题的较早讨论,见 Randall Collins (1981)。

对宏观(还有微观)社会现象本质的思考,起源于可能会导致重要的方法论意义的解决。我以前曾经谈过这一问题[1],虽然这些较早期的讨论几乎无疑会被(那些读过它们的人)认为不过是对一种传统常人方法论的立场的重述。在本文中,我将推进一系列所设计的论证,想表明对“宏观—微观”关系问题解决的适当途径,它将会出现在对我们日常实践的一种系统的逻辑阐述之中。如果这意味着我们必须回到较早的“常人方法论”论题, 【29】
那么我所能说的只能是:亡羊补牢,犹未为晚。

一、“宏观—社会”现象

在反思古典社会学传统中的“社会”的概念的理性—历史的研究成果时,弗瑞斯比(Frisby)与萨耶(Sayer)概括道:

> 那么,对于问题:“社会学需要把自己奠基在一种社会概念的基础之上吗?”一种经验的答案将肯定是一种彻底的否定。没有社会,社会学显然也会很好地发展。的确,一种更为合理的例子已经表明,社会学知识已经进步到这样的程度,即这一学科至少已经使自己摆脱了对诸如社会这样的概念的无果的反思——无论如何设想——就是把自己的注意力转向人类社会化的真实例子的经验研究。[2]

人们能够给出具有说服力的例子来表明经典社会学的工作与“社会

[1] Jeff Coulter (1982)。在这篇论文中,我为这样一种立场而进行辩护,即阐明“宏观—社会”现象的本性的,这需要对宏观概念的语法进行充分的说明,而不是在所谓“宏观—微观关系”问题所刺激出来的许多争论中的娱乐,思索“关联问题”的常人方法论的最近讨论的版本见 Hilbert (1992:189—197)。他评论道,社会成员“他们自己倾向于一种宏观结构秩序……在他们的解释过程中具体化与重复它,在其发展过程中把其自身的实在强加在其他秩序之上”。(*ibid.*: 192)我将主张这种观点掩盖了对一种“宏观”秩序的成员来说的那种本质上的场所相关的特征,还为我们这些所有的实践主体引入了一种错误的客观化模式(毕竟,“具体化”是一种具体性误置的错误)。

[2] David Frisby and Derek Sayer (1986:122).

性”(‘society’)之间的联系,它把这一概念视为主要研究现象,这样做时,很显然,许多其他“宏观”范畴在当代的社会学家的研究与理论化中享受着一种丰富的生活。用弗瑞斯比与萨耶的话来说,许多这类宏观层次的探索通常并不会让自己进入人类社会中真实案例的经验研究的描述之中。在现代社会学的话语中,什么是公认的“宏观—社会”现象呢? 一系列这类现象肯定至少包括下列现象:国家、民族、政府、司法系统、健康系统、企业、公司、银行、大学、医院、军队、团体、人群、革命、社会阶级等。努力把现代(通常是工业的)的社会概念化为一个整体的“社会系统”,这种做法自帕森斯(Parsons)以来已经可能开始减弱。有某些例外,诸如卢曼(Luhmann)与亚历山大 (Alexander)的“新功能主义”,还有新马克思主义传统,它一直把资本主义视为一个系统,但仍然还有许多“分层系统”的研究。同样,存在着大量对官僚机构、大规模社会组织、国家、军队、资本主义市场(无论是基于国家进行分析,还是国际性的分析,特别是在曼德尔(Mandel)与瓦勒斯坦(Wallerstein)之后)的分析。宏观层次的研究采取了多种形式,很活跃并且效果良好。

在社会学中一种长期的宏观层次的分析传统是“比较历史”的途径,这可以追溯到马克思·韦伯对比较制度的分析。虽然时常被认为是“方法论个人主义”的经典提倡者,但韦伯的实践研究清楚地表明他对“多重因果的”(‘multicausal’)分析的中心范畴并不是“个人的”行动者,而是承携者的概念。在我们讨论宏观与微观相联系的问题时,我们有机会返回到这一概
【30】念上,虽然与韦伯所采用的意义稍有不同。正如卡尔博格(Kalberg)评论道:对于韦伯来说,承携者位于其多重因果性(multicausality)的中心,他反复提醒要注意它们。[1]因此,在对具有独特意义的“形式合理的”的北欧国家的资本主义社会组织的出现的解释中,韦伯关注着禁欲主义的加尔文式的新教学说的承携者。在谈到儒家学说在中国持续了2000多年的影响时,韦伯强调世袭的官僚机构与文人阶层的作用;在解释印度教在印度长

〔1〕 Stephen Kalberg (1994:58).

期持续的影响时，他关注着作为其承携者阶层的婆罗门教。〔1〕韦伯关注着认识特殊群体中活生生的、人类具体行动倾向的具身性，而不是假设只有“物质条件”（在马克思主义的时髦中或黑格尔之后作为历史推动力的自由的“概念因素”）。这些群体包括从指定的个体（如弗兰克林与巴克斯特在《新教伦理的论题》一书中的所指）到可具体确认的、具有“自我意识”的社会“阶层”（如政治团体、教堂、教派、国家、或由大量个体自发成立的组织——时常具有太长的历史——以至于无法把所有的都列举出来）。在韦伯的解释中卡尔博格观察到：

> 早期伊斯兰教的学说深深地渗透着其原初的承携者阶层的身份伦理：一种训练有素的十字军战士与征服者的骑士般的秩序。在古代，基督教的信念系统被其最初的承携者：巡回的工匠旅行者、不起眼的中产阶级贸易商、更为一般的市民阶层引人注目地塑造。〔2〕

对韦伯来说，通过谈及无论什么样的“宏观范畴”，当被习惯地指其实际的承携者时，即使这些范畴并非总是命名的或可数的，“方法论个人主义”意味着要避免“结构实体”的物化。在其杰作《经济与社会》的前面几段中，他明确指出要反对在社会学中物化结构概念的倾向。在讨论“国家”、“民族”、“企业”、“公司”、“家庭”与“军队”这些范畴时，韦伯写道：

> 这些在常识、法律与其他技术形式的思想中发现的集体机构的概念，是现实的人心目中的观念，部分是现在存在的观念，部分是带有规范权威的观念。这不仅对法官与官员，而且包括通常的观众是事实……因此，如，一个现代国家的存在的重要方面，完全是作为复杂的个人的社会相互影响，存在于这一事实之中，即各

〔1〕 见 Kalberg's discussion of these issues in 'Social Carriers' (Kalberg 1994:58-62).
〔2〕 见 Kalberg's discussion of these issues in 'Social Carriers' (Kalberg 1994:60).

> 式各样个体的行动是以这样的观念为取向的，国家的存在，或国
> 【31】家应该这样存在，其行动与规律在法律意义上是有效的。[1]
>
> 为避免对这些概念的"物化"，这一点必须永远坚持，如，一旦以意向为取向的行动按某种特定的方式进行的机会消失，从社会学相关的角度来看，"国家"就不复存在。[2]

我们将更进一步探索这种观点，对它进行某些修改，我们的分析将会是对这种观点的继承。

在一种相关的社会学探索传统中，"宏观"层次一直是许多社会(人们相互间)的相互作用的分析模式的领地，从各种"社会心理学"的量化研究到在不同场所中日常相互作用的常人学分析(芝加哥学派的启示)。布鲁默(Blumer)称之为符号联结主义的纲领就包含着对传统的分析宏观模式，特别是日常"宏观"概念的"操作"实践，把社会生活描绘为变动不居的做法的几点批评。[3]

对于几乎所有的符号联结主义者来说，所有的"宏观"现象或许抽象于，或存在于人们之间的社会相互作用的模式之中。[4]其中某些更为极端的学者会主张分析的"宏观范畴"在本质上联系着涂尔干社会学理论或马克思主义者所倡导的结构研究与理论化的模式，偶然也会声称只不过是"物化"(如具体性误置[fallacious concretizations])。任何"宏观范畴"都不会存在对应的存在或本体，因为所有在社会学意义上的存在应该都是以其

---

〔1〕 Max Weber (1921, 1978 edn: 14).

〔2〕 Max Weber (1921, 1978 edn: 27).

〔3〕 布鲁默讨论这些问题的论文出现在其标志性的文集(1969)中，但当前在社会学中宏观层次的分析家们很少强调或讨论这些论文。最近，Randall Collins讨论微观—宏观关联概念时有点相关的工作，他认为"宏观现象"是从人们之间"微观层次的"相互作用中"突现出来"。在这篇论文的主要内容中，我怀疑这种"突现"论题的真实性。

〔4〕 在其目前的著作(1995)中，John Searle达到了一个非常类似的立场(虽然他并没有在任何地方提到过符号联结主义的社会学传统)。在这本书的第75页，Searle写道："我们认为作为社会对象的东西，如政府、钱与大学，事实上只是活动模式的位置标志符。我希望人们能够理解主体性功能与集体的意向性的活动是持续活动的关键，是创造更多持续活动的关键。"我们将会更进一步明白这一点，即Searle把宏观—社会现象仅仅视为由活动的模式的"位置标志符"所组成，这种说法错误地表达了人类实践与这种宏观层次现象之间关联的逻辑。

相互作用的形式存在的。从严格的社会学观点来看，“宏观—社会”现象是相互作用的过程的不合法的存在物，无论是否是以日常的、常识的推理的状态出现。他们断言只存在微观层次。

常人方法论时常被定位在现象范围的“微观”的一端，但我将要详细表明这种定位是一种误导。相反，常人方法论的持续兴趣在于揭示出人们实践行为的逻辑（包括其在社会环境中的日常推理的逻辑），人们能够利用这种兴趣来消除从一开始就存在的“宏观”与“微观”社会现象的二分，这种二分已经引起了人们的怀疑。的确，在微观的相互作用过程中显现出来的对“宏观—社会”现象的大量谈论就提醒我这是一种误置。这种隐喻性的建构预设了一种识别出不同的间断“层次”的可能性（一种层次不知何故从［较低层次］中突现出来），会引起比它所能解决的更多的问题，模糊了能充分描述我们社会中“宏观”现象的各式各样的途径。

首先通过考虑在真实的、社会能动者生活的语境中，人们通常会毫无疑问地使用“宏观层次语言”的途径，就能提供阐明这一问题的一个主要步骤。首先，所谓“宏观”现象的事例表现出：在它们的性质如何被概念化，与它们的“存在”实际是什么之间存在着重要的差异，这对日常语言的任何使用者来说是相当显然的。社会学家所使用的几乎所有的宏观范畴都是日常语言的概念：诸如“军队”、“银行”、“国家”、“法律系统”、“阶级”、“官僚机构”等的概念都不是（或者说最初并不是）技术的概念，人们会有意识地使后者的意义与日常用语的用法相脱离。〔1〕因此，审视这些范畴的用法规则将会阐明其概念化过程的逻辑。显然，这并不是想努力避免本体论问题去迎合“语言学上的”问题。正如我将论证道，对成员的概念化“宏观—社会”现象的日常语言的方式的考察将有益于我们消除（“微观”与“宏观”社会学的）理论家们通常所持有的本体论的错误概念。通过这种分析的途径，我们就会清楚地认识到划分“微观”社会与“宏观”社会的问题，以及人们如何 【32】

〔1〕对这种观点的理论结果的一种最为简洁的阐述见 Egon Bittner 的论文（1965：239—255）。在这篇论文中，Bittner 发现了下述做法的某些意义，即把诸如“组织”与“政府机构”之类的概念视为成员的日常实践的资源的组成部分，以理解各式各样的事件，进行实践活动，在其中，这些概念有其地位。

处理它们的问题。

二、宏观现象的“可观察性”

因为我们的许多“宏观—社会”的概念是指某些与地理或建筑结构相联系的机构(如城市、银行、大学、医院、警察局等等),在日常生活世界中实际观察这类“宏观—社会”现象的途径会容易产生出一种含糊性。当然,在某种意义上,人们可以看到一个城市(或从它上空飞过),也可以围绕着其周围、或穿过它,或检查其建筑、看到一所学院、一家银行或一所医院,但社会学上说,城市或学院、公司或领事馆等这类社会机构显然并不是能以这种方式被观察到的。人们习惯于把宏观—社会学与确定的物质结构联系在一起,就像被包含在这类结构之中一样。然而,一旦这样做,就会出现问题。

如在什么意义上,“社会机构”本身在诸如地理场所或建筑结构这样的物质领域中是可见的?毕竟我们所确定的是人们在这里谈论并做了大量的事情,而不是远不可及的“城市性”(‘city-ness’)、“银行性”(‘bank-ness’)与“大学性”(‘university-ness’)的事例。这极容易显示出仿佛符号联结主义与方法论个人主义正确地提出了社会结构是从特殊种类的人类相互作用中抽象出来的,没有真实“独立的存在”。然而,这个结论过于仓促。暂时举另一例子,我们实际能观察到“人群”、“动乱”、“游行示威”、在行军中的“军队”、进攻中的“小队”等,这些并不是从人们共同参与的事件中抽象出来的。那么,一个“国家”、一种“宗教秩序”、一个“城市”、一所“大学”或一家“银行”的所做,这是指什么?

先看以下例子:比尔·克林顿在美国白宫总统办公室对来自世界各地
【33】 的记者团声明,除非以武力政变上台的军阀下台,否则就会入侵海地。很清楚,这是个人的话,但在相关身份的情形(发表声明的惯例与环境)的衬托下,这是美国在宣布其政策。但这并不是2.5亿美国人投票的结果。在权衡这一行动所断言的内容如何被转化为集体的内容时,认为它是必然的,这就会导致“大部分人的犯错”。

再来看看卡罗尔·伍蒂拉(Karol Woytyla),他(依据特殊规章,在一种非常特殊的场所中)主张天主教教堂将继续维持其反对堕胎的历史。这实质上并不是伍蒂拉本人,而是天主教在重申/宣布其立场。并非在所有这些情形下,个人都是其所属机构的代言人。有一种完全不同的认同或身份范畴,其相关实践被完全不同的规则所控制。当电话铃声响起,打电话者说:“这是开户银行。你对我们新的理财说明感兴趣吗?”打电话的人也许是简·多伊(Jane Doe),但这不是简·多伊的声音。虽然简·多伊显然是以其代表的身份在打电话,但这是开户银行的声音。并非在所有的情形中,某人与多人的所做在逻辑上与“宏观结构”相关联,然而,他们的行为却是作为发言人或“代表”。在许多情形下,他们的行为是相关宏观现象的例证。

当汤姆·门尼诺(Tom Menino)市长与其财政顾问宣布“波士顿银行被判定要降低财产税”,随后这些同样的部门确定了税率,并使它们得到了相关批准部门的核准认可时,这就是降低不动产税的波斯顿城市银行。这些例证可能会不同。在某些特殊情形的范围内,某些个人依据特殊的规则(同样确定了在什么样的身份认同下,分析某些人如“市长”、“总统”、“罗马教皇”等的行为规则)所做或所说时,这些就是宏观现象活动的案例。他们把这些现象带入生活。在各种机会的场所,他们获得了宏观现象,并使它们(经常发生的)进入我们的生活,作为我们相关取向之结构的组成部分。或许在其比较制度分析中,韦伯本可以将这些例子归入他的承携者。

然而,需要注意的是,在许多“宏观—社会”现象的例子中,人们很难获得这类承携者,或获得本身就具有争议(韦伯本人的“新教伦理论题”的许多批评家就指责他有选择性地,因而具有争议性地认同了加尔文主义的承携者)。例如,谁的行为构成了“无产阶级”的所做,或“资本主义”已经决定了做 X 或做 Y,是会引起相当广泛争议的事情;主要是因为对这些宏观概念而言,没有形式上的承携者,没有“正式的”发言人或代表。马克思著名的“自在的阶级”与“自为的阶级”之间的差异就展现出对这个问题的敏感性。对马克思来说,从前者转变到后者主要是一种集体的“自我意识”的突 【34】
现(对列宁来说,在“无产阶级”的情形下,是“先锋政党”的诞生)。当然,当代社会中的许多群体、集体与机构都是由其成员所组成的有归属感的机构(从“地狱的天使”到“SPD”,从“克莱斯勒汽车公司”到“牛津大学”,从“英国医学协会”到“基督教科学派的教堂”),这些机构拥有某些或多或少具有明确界限但获得广泛认可与认同的规则、资格、角色安排和其他熟悉的工具。但如果其成员本身并不要求或预想任何实际的这类具有自我意识的“自组织的机构”,在这种意义上,这类集体与机构的成员就不会有强烈的归属感。这类集体包括“性别”、“ 同种同文化的民族”、“社会阶级”、“民族”(排除了“入籍”的现象〔1〕)、“宗教”(排除了“洗礼”或“皈依”现象〔2〕)等。用伽禹西(Jayyusi)的话来说,在这些不同的集体中,我们面临着完全不同的“明确责任的社会组织”。〔3〕这些区别是如何与我们“宏观—社会”现象的“实际”案例的一般论题相联系的呢?

为了强调这一问题,我们就应介绍哈维·沙克斯(Harvey Sacks)对“成员资格的分类实践”所进行的逻辑分析的工作。〔4〕这将构成这一讨论的主题。

沙克斯观察到任何人都可能属于一种无穷范围内的范畴,这些范畴对他来说具有同等的机会但可进行正确的选择。因此,对一位特定的“成年男人”的正确识别,在不同的目的与不同的与境中可能是不同的,如可能是一位“律师”、“纳税人”、“一位新教徒”、“一位自由主义者”、“一位美国人”、“一位美国黑人”、“一位退伍军人”、“一位书呆子”、“一位父亲”、“一个儿子”、“一位社会名流”、“一位中产阶级”、“一位消费者”、“一个离婚者”等。“集体的范畴”存在于众多的个人身份的范畴之中,但它们不可能被归于个人(有时人们公开宣称如此)。如“他是一个法国人”、“她是一位扶轮社的会员”、“他们是伊斯兰教徒”、“我们是教师团体中的成员”等。随后沙克斯

〔1〕 要注意这种形式的词,“入籍”:它看来仿佛是指单一民族国家市民的自然状态是一个人生来就进入了这种角色,而在法律上被允许加入这样一个“国家”(以及其“入籍”的角色)却要求某些法律与仪式上的程序。

〔2〕 毕竟,人们完全能被“培养成一个天主教徒等”。

〔3〕 见 Lena Jayyusi (1984: Chapter 2)。

〔4〕 Harvey Sacks (1992: Parts 3 and 5). See also Sacks (1972, 1974, 1979) and Sacks and Schegloff (1979).

在个人(或人们)的“范畴”与“相关的正确范畴”之间划了一条关键的界线,认为满足正确性的标准并不能充分解释成员资格范畴的任何实际情形。这是因为,正如我在这篇论文中所指的,在某种意义上,尽管“形式上正确”把我自己归类为“一位父亲”(我的确有一位生物学意义上的女儿),但这不能充当在当下场所与当下活动中的可操作的相关分类标准。因为在这种场所与活动中,像其他情形一样,我被至少相关地归入“一位大学老师”、“一位教授”、“一位知识分子”或“一位社会学家”。正是作为一位“社会学家”等,而不是“父亲”的身份,我目前正在从事着这样的智力写作活动(的确,至少在北美白人文化中,当你报告说你目击了一位“父亲”写出一篇话语时,人们几乎都将会自然地听到是某种严谨的相关文献的报告)。【35】

在概括了沙克斯(某些)讨论中的明确要点后,让我们看看在何种程度上,它们可能会带给我们面前的问题,即“微观—宏观问题的实践解决”相关的看法? 首先,正如我们前面所注意到的,人们没有理由去坚持“大部分人的犯错”,因为它会禁止人们认同当卡罗尔·伍蒂拉“捍卫罗马教皇的教义”时,这是被清晰宣告出来的天主教会的立场(在这里,6 亿多信仰天主教教徒的民意测验并非是问题的关键)。如果其教皇的圣职一直是合法产生的,那么这种身份能充分保证其根据自己的角色来行使这种活动的合法性。当然要注意这里规范因素所起的作用。某些人的所做或所说,是想代表整个组织甚至全体的“公民”,在这里如果认为这是非法的,就会使这种主张含糊或完全荒谬。回想一下纳尔逊·曼德拉(Nelson Mandela)与亚西尔·阿拉法特(Yasser Arafat)总统经历了相当长的时间,才被分别广泛认可为(还存在着某些不断的异议)南非黑人与阿拉伯的巴勒斯坦人的“合法领导者”,无疑,肯定会存在具有争议的与不明确的情形,在他们实际的与可能的资格问题上,充满着政治的、宗教的、职业的与民族的斗争的案例。然而,这决不会否认在这里某些关键论点被提出:的确,这些例子只会加强其说服力。在通过其实际的代表,特别是在与其成员资格身份相关的场合中,集体有着其本身的生命。因此,实际上不是“简·多伊”打电话给“杰夫·库尔特”,而是“开户银行”打电话给我,就像当那些声明是郑重其事所发表时,实际上是具有私人的市民身份的“卡罗尔·伍蒂拉”在这些场合下代表天主教。简·多伊与卡罗尔·伍蒂拉可能在其一生中做许多事情，但只有被特殊规则所限制的场合下，他们所说或所做才能代表着一个群体的行动。军队可能计划政变，公司可能确定价格，政府可能宣战，等等，只有在实践和实践相关的人们的身份被公认是无异议的情形下才有可能。

三、“宏观—社会”秩序的“场合的相关性”

某些理论家可能会认可“宏观—社会”秩序的“结构主义”观点，也可能会认同社会学模型的某些“外部主义的”构造方法。前文的讨论肯定会令这些人深恶痛绝。毕竟，这种讨论并没有在情境化实践与其代表的实践——相关身份的性质“后面”或“之上”加上什么。的确，人们可能会这样认为吗？即使没有任何个人能进行这里讨论的任何宏观机构的例证活动，宏观层次现象也是“存在的”。这不仅仅是一种“内在主义者”的论点吗？

假如在特定的军队中，士兵没有保证整天在进行训练，如“举手礼”、“演练”、“擦武器”、“ 格斗演习”，甚至于自己“格斗”等，而这整个一系列行动
【36】 的训练在逻辑上暗示着与“军队”这一范畴相关，那么这会使“军队”本身“消失”或“解散”吗？这看来是一个荒谬的结果。不过，我们在下面可能会考虑对这一问题的一种解答。

例如，一个士兵进入了一个商店，为了买东西成为一位“消费者”。这意味着他不再是一位士兵了吗？或当一位士兵休假时，在家中为他家的贷款问题与他的妻子吵架，这时他不仅是一位在吵架的丈夫，同时仍然是一位士兵(即某一宏观社会范畴——武装力量、军队等的现役人员)。我们的直觉或许在这一问题上是含糊的。引起这种混乱的可能是这样的事实，即“士兵”的行为还是处于职业的状态(不像“丈夫”与“消费者”)，穿着典型制服，因此他们仍是特定职业范畴内的一员。可以说，这些范畴通常具有初看起来的“象征(性)所指”或“知觉上的记忆”(警察、修女、医院的医师、交通管理员、消防员等应是另外的例子)。同样，当女性主义者谈论到性别范畴的“普遍的相关性”时，某些其他人则把这种主张应用于(某些)“种族的”或“人种的”范畴。

然而，范畴在知觉上的指派性并不必须导致其操作上的相关性。除非知觉上可指派的成员资格范畴贯穿于特殊的行动/活动的整个过程的实施中，否则对其相关性的主张或是错误，或充其量是不可判断的。某些心理学家坚持认为我们所做的每一件事都具有某些可指派的“人格类型”的一种功能，但类似的论点在这里也完全适用。[1]

这给我们带来了这样的问题：“当作为一位‘消费者’或‘丈夫’时，一位士兵还是一位士兵吗？如果是，这种身份存在于何处？”这是一个棘手的问题，但我认为它能够被解决。“作为”一位士兵就是能够被合法与恰当地声称的这样一种身份，其他人也能够在一种归属性(ascriptive)实践中合法与恰当地借用它。在第一人称的情形下，这是一个合法资格的问题，这种资格能够独立于我们称为“军旅生活”(‘soldiering’)的许多其他现象而表现自己。如果称一种合法的资格能够独立于其在任何地域实践性中的表现而存在，那么，在这种特殊的意义上，即使不在服兵役，一个人仍然是一位士兵，但不是军旅生活中的士兵，等等。类似地，如果没有士兵加入军队或参与相关的军事实践，军队仍然存在。然而，需要注意的是，一旦其全体成员的合法性资格被剥夺或放弃，也就是说，这会使——使其不存在——“军队”及其所有“士兵”消失(就像战后，军队完全“解散”或被迫解散)。在这些方面，这样一种集体有其自身的“存在”。许多其他集体也是，虽然并非所有。

于是在我们面前的中心问题是：在什么样的社会境况中，一位(外行的或专业的)观察者/报告者，他关注社会情境的逻辑，在把某种资格指派给一种活动的主体时借用了集体的范畴呢？我现在要把我的注意力转向这一问题。 【37】

四、作为对“宏观层次”之“相关性”的一种限制的“范畴界限”

在详细阐明其对日常生活中的个人身份的逻辑分析中，沙克斯[2]注

[1] 对这一论题的充分讨论，见我的‘Praxis and Personality’in Coulter(1989：Chapter 5)。
[2] Harvey Sacks (1974).

意到任何人类活动或实践领域可能被分成了不同的区域，它们在“范畴上被限定”在某些特殊的（或有限制的一组）成员资格的范畴之中，这些区域在“范畴上也是开放的”（从实践活动并不会必然要求相关身份认同的意义上来说）。因此，通过注意到从一种活动的特征如何直接推出其“行事者”的相关身份的特征，我们能够肯定一种活动或实践的范畴界限的状态。用最简单的代名词取代检验，这种做法就足够了。例如下面在社会—交流关系中产生的一种严肃的与文字上的惯用语：“他判决他十年的监禁”、“她诊断出淋巴瘤”、“他以扰乱治安的罪名逮捕他们”、“她当场解雇了他”。在这些情形下，人们能够用这些例子中的纯粹代词代表的人来识别出相关成员身份，即分别为“法官”、“医生”、“ 警察”、“ 雇主”或其同类词。把这些情形对照下列例子：“他自杀了”、“她打断了他们”、“他埋怨太热”。在这些例子中，不能推断出特殊的身份（性别代词除外）范畴。“自杀”、“打断”与“埋怨”在范畴上是开放的行动。当然也存在着某些抵制一种界限分明的划分，如“敬礼”或“教学”，在这许多情形中，敬礼与一个军人之间的习惯性联系、教学与一位老师之间的习惯性联系并没有构成一种严格的范畴界限，因为非军人可能（以各种方式）向他人敬礼，父母可能教育孩子而不是教师，等等。除了这些复杂的因素外，很清楚，许多实践只是相当简单的机构的实践、预示或操作着“宏观—社会”现象的活动，同时其他（事实上几乎所有其他）实践则不是。我把这视为宏观—社会层次对我们日常生活的“场合相关性“的现象，把它作为对这样一种理论化模式或视角，即坚持我们所做的一切都有一种“宏观—社会”学的“语境化”的普遍相关性的强烈的反驳。

报纸报道〔1〕充满着制作“宏观—社会”身份与范畴上开放性实践之间联系的努力。“EX 美国特种部队（‘Ex-Green Beret’）继续暴乱”、“黑人青年抢劫当地音像商店”、“政府官员嫖妓被抓”等，就表明了这种形式做作的
【38】 关联，在这里，所选择的范畴的身份的“相关性”显然并不能够单独从正确

〔1〕 这类报道阐明了在日常生活中成员资格范畴的许多性质，对这种效果一种引人注目的讨论，见 Peter Eglin and Stephen Hester (1992：243—268)。

的身份标准中推出来，这肯定也不是一种“范畴界限”的关系的引用。在指出这种关联为“做作”的时候，并不意味着暗示不可能存在任何相关性，它联系着被选择用来识别所报道的行为的制造者的身份的范畴。随着解释的深入，人们可能会努力（时常是相当成功地）去论证、证明或描绘所选择的范畴的可能的相关性（如当报纸报道在“卖淫”例子中的“约翰”是一位“政府官员”，其理由只不过是他是一位“公众人物”，或更有可能的是，他所嫖娼的妓女一直受雇于一家外国的服务机构等）。然而，另一方面，“无根据的”关联的可能性大门仍然是敞开的。如抢劫商店的年轻人的确可能是“黑人“，但他们同样也可能涉及其他因素，如“失业”、“无家可归”与“饥饿”。这些恰恰就是应用社会学论证中的问题。

在留给我的余下空间中，我不能渴求去适当处理这些问题的充分复杂性，当一种新视角被用来分析社会科学中的微观—宏观关联问题的分析时，本文就足够了。因此，我将用某些简短，但是充满希望的并具有启发性的要点来概括这篇论文，我相信，当这一问题出现在我们作为社会学家与行为科学家的学术著作中时，这些观点会引起人们的关注。

五、结论性评论

马克斯·韦伯的“方法论个人主义”与赫伯特·布鲁默的“符号联结主义”，对概念化“宏观—社会”现象都采用了去具象化的解决方案，但两者都不能充分地认识到我们“宏观—社会”概念在语法上的复杂性。特别是，尽管他们偶尔会发表纲领性声明，但两人都没能对在日常人类的行为与宏观—社会秩序间的关系提供一个明确的解决方案，因为他们都没有强调这种概念/现象与我们日常活动的组织的相关性、与我们对这类活动的实际推理的相关性中的基本问题。特别是，对我们日常生活中的“宏观秩序”作用的一种充分的分析揭示出这类现象在我们的所说与所做中具有不同的表现，同样也显示出我们的行为并没有普遍地联系着“宏观—层次”的思考。

在后一点里，需要强调的是“经济”现象的本性与角色，这是一个在我的这一纲要性讨论中无法强调的主题。我相信在这一正确的方向上的第一步是否认这样一种观念,即“经济”是由“相互决定的”各个部分所组成的一个“系统”的观念,这些部分是依据原则而行动,这些原则完全(“外生的”)独立于我们日常(经济)货币结算的实践,独立于“具身化的”决策、与被我们的经济行为的经济学模式系统忽视了的日常偶然事件无关。然而,
【39】 我在本文中无法再充分、进一步讨论这一主题。

精神化秩序的实践

西奥多·夏兹金

这篇论文为以下两个论题进行辩护:(1) 社会秩序是在社会实践的范围内得以确立的;(2) 精神是这一过程的中心维度。第一个论题较大,无法在这篇文章中得到充分的论证。它主要是充当扩展第二个论题的一种语境。此外,解决第二个论题的途径始终贯穿着对实践组织的一种分析。正是在结构化实践时,一种社会化构造的精神所扮演的角色,确保了实践作为社会秩序的场所。

一、社会秩序

依据塔尔科特·帕森斯有关在事实秩序与规范秩序之间的差别,丹尼斯·洛(Dennis Wrong,1994)目前区分了两种秩序的问题:首先,秩序的“纯粹的”认知问题,涉及行为的稳定的、有规则的与可预言的模式的形态与维持。其次,秩序真正的问题是寻问什么使一个社会结合在一起,也就是什么确保了相对稳定的、隐藏着暴力倾向的人类共存。第二个问题,帕森斯称之为“霍布斯的秩序问题”,无疑是一个重要的问题。然而,洛不适当地贬低了第一个问题中要求人们关注的认知现象的重要性。对霍布斯问题的实际解决隐藏着一种更深层次类型的秩序的确立,虽然这种秩序与洛引入的认知问题定义的秩序类型不同,但我认为是同等重要的类型。即使依据他自己的看法,这看来也是真实的,因为隐藏暴力倾向的人类的共存很可能至少需要某种行为的规则。

然而，认知秩序，或用帕森斯的话来说，“事实”秩序是否与规则相联系呢？像许多其他的思想家一样，洛假定事实秩序——存在物的安排与结合——与规则是相同的。我怀疑他是通过以把握规则的科学认知而不是一般意义上的人类认知得出这一点的。然而，在最近数十年内，把秩序与认知消解在规则及其理解之中的做法已经引起了人们的质疑。维特根斯坦(1958：65—79节)讨论了家族的相似性，就如德里达(如1988a)反思了相同优于差异的说法一样，通过对实例的思索，表明了秩序实质上并不等
【42】同于作为反复重复的规则。回忆一下维特根斯坦的例子：各式各样的活动被称为游戏，在这种意义上，构成了一种秩序，即使在世界中存在对应着这种秩序的状态，但这并不是特殊性质的不变重复，而是所涉及行动中相同性与类似性的缠结。诸如此类的观察暗示着事物的秩序化与认知(包括科学认知)比规则及其理解更为复杂。

维特根斯坦的评论，就像德里达，同样也像福柯(1972)与库恩(1977)的评论一样，不仅揭示出把秩序等同于规则的广泛做法的不充分性，也同样揭露出相似与差异之间复杂的缠结，描述了陷入任何确定的自然语言概念的约束之中的现象的特征。他们在所谓规则之处识别出播散，因此暗示着一个可行的秩序概念必须把各种易变的类似与差异的存在物协调成为秩序化现象。如今，一个能胜任这一协调，同时也依赖于事物中复杂与易变的联系的秩序概念，就是把秩序解释为安排(arrangements)。一种安排是存在物的设计，在其中，存在物被联系在一起并占据着彼此的位置。根据这一直觉的观念，社会秩序能够被定义为共存于其中的人、机体、人工物与事物的安排。一个例子就是在一间教室中的教师、学生、桌子、黑板、植物与导盲犬之间的一种安排。在这种安排中，相关存在物在空间上、因果关系上故意地(通过精神状态)与预示地(大致是使相互间能活动，限制相互间的活动)关联着。它们因此相互间占据着位置，组成了四维的关系。作为这种安排的因素，这些存在物同样具备身份(某人是谁)或意义(某物是什么)。某物的意义/身份是其关系的一种功能，反过来，其关系也是其意义/身份的一种功能。如教师面对着学生进行教学，这是由于他们各自

的身份，就像他们各自的身份依赖于这种定位与活动一样。顺便提及，我并没有声称作为安排的社会秩序的观念是唯一的定义，它拒绝把秩序视为规则，同时公正地对待播散与相互关联！在当下的语境中，我将不会为反对其他观点来为它进行辩护。

我把意义和身份与社会秩序联系在一起，在后面的评论中关注它们，因为意义与身份取代了存在。声称被安排因素的相互关联的意义与身份是社会秩序的一种关键成分，就是断言它是社会秩序的中心。首先得承认所有的安排都是某事的安排。其次，社会事情，或许一般意义上的某物，是安排中的组成部分。这一后面的论题并没有断言存在仅来自于安排中的地位性(positionality)。正如我们将要讨论的那样，存在同样也来自于安排 【43】
存在于其中的语境。这一论题只是主张：作为安排的因素，人(某些机体)具有身份，而人造物、事物、有机体与人都具有意义。用海德格尔的一个大家所熟悉的例子：铁锤与钉子是工具，用它们能连续重击与钉牢——相对于彼此间，作为建筑与修理设备的关联部分，只能是相对于利用或知道如何利用它们进行建筑与修理的人们而言的。更进一步说，人们凭借锤打、探查、测定、测量等操作，在修理或建筑东西时，通过应用这样的工具，通过这些、或另外的家庭、娱乐的与雇用活动中的与他人的关系，人们获得了杂工、笨拙的周日园艺工与熟练的木匠身份。

与 20 世纪人们相当广泛地关注着去寻求社会存在维度的意义的做法一致，各式各样的当代理论家关注着从秩序—意义—存在的维度去讨论社会秩序(虽然他们的著作并不经常提及秩序一词)。下面两个例子有助于读者理解本文第 2 节与第 3 节中讨论实践的理由。在《霸权与社会主义的策略》(*Hegemony and Socialist Strategy*, 1985: Chapter 3)中，欧内斯特·拉克劳(Ernesto Laclau)与查塔尔·莫菲(Chantal Mouffe)把话语定义为系统与相互关联的有意义行动、语词与事物的整体性。[1]作为一个例子，他们从维特根斯坦《哲学研究》一书第二段中借用了建筑工人与助手的例子。这一段所描述的讨论是由各种建筑石料、有限的口头指令(如指定

〔1〕 我承认如今作者不再为这里所描述的立场进行辩护了。

这些石料)、需要石料与搬运石料的行动所组成的。拉克劳与莫菲用"地位"('positions')来指在一个话语中所涉及的意义,更为准确地说,作为这些意义的承载者的存在物。在建筑话语中的地位的例子是石板、柱子、词"石板"与要一块石板(与承载着这些意义的花岗岩、声音和身体的活动相对应)。此外,地位是通过其相互间的差异被定义的:如石块之所以是石块,是因为它们不同于柱子、石板、横梁,而且,它们也有其专属的语词和行动。地位同样也构造了存在物是什么的存在:一种话语因此是一个系统相关的,得到清晰阐述的地位的结构的整体性,非常类似于上面所定义的社会秩序。

类似地,在《解释与人的科学》(*Interpretation and the Sciences of Man*,1985)一书中,查尔斯·泰勒(Charles Taylor)声称语义区(semantic spaces)是社会的一种中心特征。一个语义区包含着三个意义的领域,分别为:(1) 人的存在状态(如他们的愿望、感觉与情绪);(2) 他们面临的情形(他们与之打交道的人、事与物);(3) 他们在这些情形中的行为。按照泰勒的说法,称这三种领域(存在的状态、情形与行为)之一的一个事件出现在一个意义领域,就是称它只能在与这一领域中其他事物的意义关联中获得意义。如恭顺的行为只有在与尊重的、奉承的、讽刺的、傲慢的、煽动的、粗鲁的等行为的关系中才是恭顺的。此外,构成语义区的这三个意义的领域
【44】 相互交织在一起。如一种羞耻的情形就会与感觉到羞耻,在某些方面继续感到如此的人联系在一起。的确,这三个领域实际上是一个,因为意义联系着语言:对一个群体来说,上述三个领域中的事件具有的意义,是由这些人用来描绘他们自己与他们的情形时所用词汇所标明的。一个群体的状态、情形与行为因此形成了由一组语言所标记的意义所编织成的网络。此外,像拉克劳与莫菲,泰勒部分上主张一个群体的语义区有助于构成它能够生活并贯穿于其中的社会实在,从而把意义与存在联系在一起。这些意义区域同样面临着作为浸透着意义的安排的社会秩序。生活并贯穿于这些区域中的一种结果是行动者,伴随着与他们相关的存在物,形成了相互关联的有意义的存在的安排。

二、确立安排

这篇论文所提出的主张之一是社会秩序被置于实践之中。虽然泰勒、拉克劳与莫菲特别谈到了社会秩序,但他们的语义区与话语与实践密切联系在一起。通过考查这些联系,我们会认识到与确立秩序相关的实践的几个方面。

尽管对拉克劳与莫菲来说,话语是结构化的有意义的存在物的整体性,但实践,如果我对他们的理解是正确的话,是运动与变化。换言之,话语是存在,而实践是生成,话语从中导出,并最终服从于实践。相反的看法是,话语是不稳定的固定物,虽然来自于人类实践的沉淀,但进一步的实践只能出自其中。在拉克劳与莫菲看来,后一种阐述更可取,因为实践只有在它出自于现有的话语时才有形式(存在)。从一种给予其形式的话语中突现出来,通过重新阐明它们,实践扰乱现有的地位(意义),因此确立了一种被改变过的话语。举建筑石头以及附属于它们的语词与行动的例子。虽然维特根斯坦并没有论述到拉克劳与莫菲在详细说明其例子时所声称的实践,但他认为联系着这一话语的实践应该首先是活动,从中话语在过去得以诞生,其次是更进一步阐明其石头、语词与行动的任何安排活动。一个例子是建筑小工抓住一块石板作为武器并攻击建筑工人。此外,拉克劳与莫菲坚持地位并非永远是安全的:意义的当下与持续的固定总是会被实践所打乱。的确,任何存在物都不确定地承载着许多意义,不确定地进入许多话语。拉克劳与莫菲超越了"话语性领域"的这种不确定性的限制,从而夸大了其重要性。在某些章节中把这一领域等同于社会场所。

相反,对泰勒来说,实践不仅是生成(活动),另外还是活动发生于其中的场所或语境。这是因为实践覆盖了上面所讨论的语义区。考虑泰勒的 【45】
例子:谈判的实践。对行为、状态与情境来说,谈判实践带有一系列意义。通过利用诸如"进入谈判"、"诚意地讨价还价"、"希望达成协议"、"希望实现一方的最大需求"、"进行还价的时机"等表达式,这一空间被用于其中的语言所凸显。进入谈判,诚意地讨价还价等特殊行动是实践的时刻;其意义还有行动都来自于实践的语义区。从而像拉克劳与莫菲一样，泰勒相信人类活动具有作为意义的具身形式。与他们的解释相反，泰勒认为：(1)一种活动的意义并不是来自于其与一种特殊秩序中的其他因素的差异；(2)实践并不是一种特殊的——并且是稀有的——活动形式，这种活动通过重新确立实践来混淆意义。相反，作为语义区中意义的一种实例，人类活动才具有意义；实践是携带这类区域的各组开放性驻足点的活动。因此，尽管拉克劳与莫菲把实践视为一种改变秩序的活动，把意义与具体的秩序联系在一起，但泰勒视实践为一种场所，人类活动出现在其中，把意义与实践的一种抽象的维度联系在一起。

泰勒与拉克劳及莫菲研究小组正确指出了实践的关键特征，它们与其所形成的社会秩序的语境有关。拉克劳与莫菲强调实践是一种活动。此外，在把话语的转变归属于实践时，他们断言人类的活动因果性地对社会秩序负责(正如他们提及改变话语的“社会力量”时所暗示的那样)。泰勒突出强调实践是一种场所，而不仅仅是一种活动：实践是进行活动的语境。他更进一步暗示：在一种确定的实践中，在公认的安排之中被例证化的意义来自于在实践的语义区中被包含的可能性。他因此把社会秩序的确立与抽象语境联系在一起。最后，在被应用于其中的语言所表明的特征中泰勒安置了语义的空间。对泰勒来说，就像许多当代的理论家一样，语言是社会实在的一种本质性构成维度——结果，同样也是实践与社会秩序的本质性构成维度。

我同意拉克劳与莫菲的观点，实践是人类的活动，社会事务中的因果性是这种活动的中心(人工物、机体与事物同样也作出了贡献，虽然我不会更进一步地考虑这一点)。但我同样认为泰勒也是正确的，他把实践视为人类活动——与社会秩序的主要语境。我将在两个步骤中证实这一论题。第一个步骤是具体说明两类与社会秩序相关的决定因素，而不是在世界中的行动干预。在本节的余下部分将讨论这一任务。第二步，在第四节中讨论，但只给出一种纲领性概括，以表明实践是如何塑造了这两类决定因素。因此，我的总的看法是社会秩序被确立在社会实践的活动中，因为实践塑造了确定社会秩序的决定因素的形式。在第三节，我将概括出对实践的一
【46】

种解释。

一种附加类的决定因素是对人们的所做进行详述。我所意指的并不是任何机制，它们可能因果地决定着实施行动的身体的所做(比较在第三节中所讨论的行为与行动)。我宁愿指对 X，而不是 Y 或 Z 进行详述，把它视为某人(通过他或她的身体所做)在特定时刻有意识地(去寻求)实施的行动。人们有意识地去实施行动就是做他们感觉到有意义的行动。我称使某些人去做"实践上可理解之事物"的行动为事态。我主张人们总是做使他们感觉到有意义的行动，更详细的是，他们几乎总是操作身体的动作，这就构成了他们觉得有意义的活动。我将解释实践的可理解性与合理性不同。那些使得人们做他们感觉到有意义的事情在本质上既不是那些理性的、也不是那些看似理性的所做。虽然在许多场合中，那些有意义的行为与那些理性或看似理性的行为是相一致的，但在其他场合下(如当一个人在愤怒中殴打另一个人)，那些使人们感到有意义的所做并非是理性的所做。正如我们在第三节中要讨论的那样，实践的可理解性是被有目的的与有情感的精神现象、被目的性倾向与事情为何重要所决定的。对目的的追求与事情为何重要可能会改变一个人去做那些非理性的行为。顺便提及，在控制活动中，实践的可理解性详细说明了人类活动的形式。它因此对应着亚里士多德的形式因，同时，产生身体行为的身体机制对应着他称为的运动因(或宁可说，后来作为动力因的这些解释)。一旦社会事态的产生被认为是行动的中心，正如拉克劳与莫菲(和许多其他作者)极力主张它应该是，通过实践的可理解性来控制行动就与确立秩序相关了。

第二种附加类的决定因素是意义的机构。那些构成意义的东西是在可理解领域中使人与物带有某种而不是其他意义的任何东西。如柏拉图就把所涉及的东西称为形式(Forms)，而胡塞尔把它视为超验的意向性，许多当代的理论家，如泰勒认为语言承担此责。注意意义的机构并不简单地是一个可能意义，也就是泰勒的语义区的问题，它更为直接的问题是作为一种可理解性，什么确定了一种行为构成了某种而不是另一种的行动，某物是一种特殊的客体或事件而不是其他，某人的身份是这种而不是那种，(通常)一种特殊安排的成分所带有的意义与身份是 a，b，c，而不是 x，y，z。

【47】 尽管因果性是某种具有特殊意义的事情的发生，但意义的机构确定了带有那一意义的事实。

就像已经注意到的那样，泰勒的语义区暗示着某种抽象的语境与意义相关。我并不想更进一步地追随他，在本质上把意义的机构置于语言之中，但这是另一篇文章的一个主题。第四节将简单地识别出实践的一种特征，它不同于能确定意义的抽象现象的语义区。无论如何，我现在能够更准确地阐明我的观点：实践通过模式化行动与意义形成了重要的社会秩序的语境——也就是说，借助于塑造控制着活动的实践的可理解性，被安排的存在物的意义因此得以确立。

三、实践及其精神的组织

实践是活动的组织化关联。如烹饪实践、培植实践、政治实践、耕作实践、谈判实践、银行业务与娱乐活动。每一种实践，作为一种组织化的活动网络，展现出两个综合的维度：活动与组织。

首先，实践是一组行动。如耕作实践就包含有诸如围栅栏、收获谷物、牧羊、判断天气、买补给品之类的行动。此外，通常说，组成一种实践的行动或者是身体的所做与所说，或者是这些所做与所说构成的行动。“身体的所做与所说”，我意指直接通过身体，而不是其他的东西来执行行动。(我所标注的这些“行为”，是阿瑟·唐图[Arthur Danto 1965]定义这一术语意义上的基本行动。)〔1〕例子是建房、买补给品、左转弯、匆忙回家、消磨时光、校核、命令某人站住、写诗。称行动是由所做与所说构成，就是称所做与所说是在相关情形下正在进行行动。

断言实践包含着活动，这是无人置疑的。然而，对于一种实践，而不是活动来说，还有更多的东西要讨论。人们可能建议行动借助于其相互之间的因果联系组成了实践。依据这一建议，如谈判、出价与雇用的行动借助于相互间的引诱与反应组成了经济交换的实践(比较哈贝马斯那种与社会

〔1〕 顺便说一下，言即是行其对某物所言之事。

整合相对立的系统的观念,见 Habermas 1987: Chapter 6, Section 2),我基于许多理由来反驳这一建议。最中肯的理由是行动中的因果联系是以我主张的那些组织实践的东西,即精神为中介的。随后考虑实践是精神上组织起来的思想。斯蒂芬·特勒(Stephen Turner 1994)当前提出了一种论证以反对这种思想,暗示术语"实践"的唯一可接受的用法是指行为的模 【48】式。他是通过三个步骤达到随后的结论的。他首先主张许多作者一直在观念化实践为共有的,诸如意会知识与(被假设隐藏在行为之后的)假设之类的具有因果性效力的精神存在物。他第二步是反对这类共有的精神存在物的可理解性与解释能力。最后概括出术语"实践"唯一能够被指派的事情就是行为的模式。

首先注意实践不是单独由模式组成。如构成耕作或银行实践的行动并非仅是那些形成模式的行动:特别是无规则的、甚至唯一的行动同样可能是那些耕作或银行之类的实践活动的众多方面的组成部分。更为重要的是,特勒反对这种看法,即实践的思想组织简单地假定了精神状态在因果性上是有效的对象。然而,这种精神性的观念并非是普遍的。的确,它可能是错误的。当代研究心灵的不同理论家都相信通常的精神性惯用语所指派的条件既不是对象,也不是行为的因果性的决定因素。例子包括认为行动的目的的或原因的解释都不是因果解释的所有理论(当前的两个例子,见 Brandom 1994 与 Heal 1995),另一个实例是下面所采用的维特根斯坦对心灵的解释。

按照这种解释〔1〕,诸如期望、希望、相信、期待、看与疼痛并不是一种抽象的,或一种真实的与潜在的身体器官的状态或过程。相反,它们是人的生活状态:事物持续的方式,或在人与世界的持续的交往中寻求自我的方式。如渴望巧克力冰淇淋时,巧克力冰淇淋是(对自己来说)想占有的东西(比较 Sartre [1962]对情感的分析)。类似地,相信 X 就是对自己来说 X 是事实,就像被惹恼就是某种惹恼人们的事一样。正如这些明确的陈述建议的那样,精神状态,而不是对象或过程,是相对于人而获得的事态:如某

〔1〕 对第三节的详细讨论,见 Schatzki (1996: Chapters 2 and 4)。

人是讨厌的,或想占有或实现的某些事物。这类状态是事物的实际状态,或一个人在其介入世界时想寻求的。

如此认为的精神状态的一个重要特征是它们被表达在行为之中,这里"被表达在"意指行为显现或表现它们(就像在叫喊声中显现出高兴、在祈祷中表达出对上帝的信仰一样)。第二个重要的特征是这些状态并非是通过引起活动而展现活动(inform activity)。相反,它们是通过理解什么促使人们去这样做而展现活动。如一种目标能够与信念和情绪相结合,从而详细说明什么促使其拥有者去做一种确定的行动。如引起父母较大的关注就是想获得某种东西,如在其生日时得到了一辆新的玩具火车,但他的弟弟在前一天做了大量令人恼怒的事情,详细阐明破坏火车的行动,就是去
【49】理解他的弟弟的所做。我将重申虽然被人们所有意选择的行动可能会与合理性所主张的行动相符,但实践的可理解性并不等同于合理性。如果弟弟相信他破坏了哥哥的火车就会受惩罚,那么弄坏火车就不是一种所做的理性的行为。虽然弟弟被告之不要破坏火车,但他对哥哥的恼怒是如此强烈,以致弄坏火车才能消解心中之愤怒,即使他也知道这种行为并非是理性的处理方式。当情绪、情感与希望能够决定人们的所做时,实践的可理解性的指导原则就会偏离合理性原则。

对精神性这种讨论的结果并非要追随特勒的主张,即把精神条件归于引起这种或那种现象的行为的某些潜藏对象。宁可说,它就是要阐明在这些特殊的例子中,事情为何会处于某种状态,人们为何操作某种行为。所以,精神并没有构成诸如引起行为的意会知识这类表征性存在物,相反却存在于能确定实践的可理解性的事态之中,这些事态被表达在行为之中。

没有必要更进一步去发展这种无关重要的思想。关键是精神不必要被观念化为引起行为的一种事物或装置。因此,特勒反对共享的因果性上有效的精神对象的可理解性与说服性力量,这种论点未能表明实践是不能够通过精神性而被组织起来的看法。由于这是对带有非实质性与非因果性的精神观念的辩护,所以这些讨论都是站不住脚的。因此,他们未能反驳精神是一种中介的可能性,通过这种中介,构成一种实践的活动被随机地组织起来。

那么,精神是如何把一组所做与所说组织为一种实践的呢? 我首先认为实践是一组做与说的行动,它们是通过共有的各种理解、一组规则与我称之为“目的性情感结构”(‘teleoaffective structure’)而被组织起来的。

如果并非所有的人类行为都会最终把感性调整到与直接场所和较广泛的语境更加吻合的程度的话,那么,我所说的“理解”就不是指那种实践的感性,某些杰出的实践理论家引用它来解释了许多问题。这种感性的例子如布尔迪厄(Bourdieu,1990)的(实践意义上的)习僻(habitus)与吉登斯(Giddens1984)的实践意识。布尔迪厄与吉登斯都不同意这些感性决定了人类行动的范围。当布尔迪厄坚持行动者的“玩游戏的感觉”(‘sense for the game’)决定着所有的人类行为时,吉登斯声称实践意识独立地决定着日常行动。然而,统一它们的是这样一种直觉,即控制人类行动的功能,传统上被归结为人类的心灵,现在能够被归结为某种实践的感性。相信实践的感性能够决定人们日常行动的这种看法是有问题的。首先,实践的理解在某种程度上是非说明性的。称约翰被 x 化在像 z 这样的情境中,是因为约翰知道在 z 中如何活动,或者因为他在那里有一种“玩游戏的感觉”,这种【50】说法并不能够解释约翰为什么被 x 化。这只是在说,约翰善于在像 z 这样的情境下活动,善于不断地应付困难。换言之,它并没有显示出约翰与 z 有什么特殊的意义,以致熟悉 z 情境的人就会像约翰一样将 x 化,约翰在 z 被 x 化是由约翰和 z 的这些还没有被列举的特征,而不是被他知道如何进行活动所决定的。而且,知道如何进行活动能说明约翰的所做,但它未能说明他为什么被 x 化而不是 y 化,此外,也不能说明他的所做的理由。最后,通过再三地引用其习僻或实践意识来说明人类行动的草率性,这种说法总是不安地面对着这样的事实,即人们总是把行动简单地归咎于习惯,很少再谈论行动;而在日常生活中,人们对他们所做的这种或那种行动,总是谈论了大量的原因。简言之,实践感觉与实践意识缺少多样性,为使人们相信它们能够决定人们进行的特殊活动，这种多样性是必需的。[1]

对组成一种实践的各种行动的理解最好被分析成属于这些行动的能力。一种这样的能力是知道如何进行 x，这里 x 是实践的组成行动中的一个成分。"知道如何进行 x"，我意指理解人们的所做与所说应该构成了当下情形中 x 的行动。如当她或他进行诸如锤打、举起木板、观看围墙的水准线，在洞里插入一个楔子以建造一堵围墙时，此人就知道如何建造一堵围墙。在此语境中，两种重要的能力就是去理解如何识别 x 行动，理解如何促进 x 行动，还有对 x 行动作出反应。通过它们表现在其执行、识别、鼓励与反应中的对照性的和相互依赖的所能，人们就会把构成一种特定实践的各种行动联系在一起。如通过牧羊、判断天气、采集干草、建灌溉渠、建围墙、购买补给等进行执行、识别、促进与反应时所展现出来的能力，构成农场实践的各种行动就被联系起来。理解时常有助于决定什么特别有助于去理解人们的所做。如知道另一个人的现在所做，这有助于决定如何对他作出反应。理解就是去了解一个行动者为何进行这样的行动，也就是说，通过展现身体上的行动，人们就可理解这种行动的意义何在。然而，实践的可理解性主要不是被理解，而是被规则、目的论与情感作用所决定。"规则"，我是指在特殊行动中的命令或训练的明确阐述。这类阐述肯定不能被简单地理解为对先前存在的理解的阐明。虽然某些阐述——如语法规则——接近这种状态，其他的却不然——如那些被认为是产生特殊的行动或控制现有活动的阐述。成文法、"经验法则"、明确的规范性指令就是
【51】我所指的"规则"的例子。人们的所做时常反映出他们意识到的对规则的阐述。这是因为其所做具有的意义时常反映出他们对特殊规则的理解(或逃避等的愿望)。的确，实践为实践者提供应该遵守的各组规则。如对农场主、雇工与儿童来说，农业实践包含着不同的、交叉的各组指示与指令。因此，构成一个实践的行动是通过他们所遵守的规则，或更准确地说，是通

〔1〕 我应该加上，这些批评并不适用德雷福斯对技能的解释(Dreyfus 1991 : Chapters 4 and 11)，至少当这种解释被扩展到包含着海德格尔对世界性的解释时。这是因为在德雷福斯式的海德格尔那里，技能具有能够避开这一问题的目的—情感的世界性，因此，可以认为德雷福斯的解释大部分与这里所提供的解释是相容的。

过理解它们所表现出来的这些规则而被联系在一起。

然而，规则只会相对地(intermittently)而决不会绝对地决定着人们的特殊所做。这就要求实践的可理解性是一种更为普遍的决定因素。我倾向于利用亚里士多德—海德格尔式的直觉，把这第三种因素确定为目的与情感作用的混合。目的是指向目标的取向，而情感作用是事情为何重要。要理解一个人的所做，这主要取决于他准备做什么事情，取决于他将为达到或把握这些事情如何进行行动，依赖于这些事情对他如何重要。因此，为了达到他的目标，他将执行的计划与任务出自于他们的信念、希望与期望，他的情感与情绪。实践的可理解性是由目标与情感来决定的。

我希望上一段的倒数第二句暗示实践的可理解性的目标与情感的决定因素在事实上是一种精神的决定因素。如对重要性的理解的决定是通过情感与情绪来达成的。此外，某人对某种目标将如何达到的详细说明就联系着他的信念、希望与期望。一个人为他所追求的目标执行着计划与任务，事实上这正是寻求事态与追求他所期望、希望与意向的对象的活动。

一个例子也许会有助于阐明这些主张。在前一段中，我描述了一个例子，一个孩子渴望获得父母的更多关注，这种愿望是与他对其兄弟早先的烦恼行为联系在一起的，与他的这样的信念结合在一起，即他兄弟已经得到了作为其生日礼物的火车，从而对他来说，确定弄坏这辆火车是一项值得去做的行动。在这一例子中，引起父母较多关注是这个孩子的目标，弄坏这辆火车是他意图去做的、并且也是依据其信念中的这一目标而真实展开的行动。他的愿望、希望与意图因此包含着实践的可理解性的目标性决定因素。小孩的烦恼同时是情感的因素，这同样有助于理解他的所做。通过诸如此类的诸多方式，所有实践的可理解性的精神决定因素能够被目的性地与情感性地展现出来。反过来，所有可理解性的目的与情感的决定因素能够被精神性地展现出来。这两种观点说法简单地重叠，与阐明实践的可理解性的同一(self-same)现象的话语相一致。

把目的与情感作为一条线索，一种实践组织的第三种维度能够被详述为一种规范的“目的情感结构”，一系列可接受的或正确的目标，为达到这 【52】
些目标所进行的可接受的或正确的任务，为达到这些目标而执行特殊任务时所表现出来的可接受的或正确的信念，甚至来自于如此所做的可接受的或正确的情感。如农业实践，包含着一系列可接受的或正确的组合，如增加利润、保存土地、养育一个家庭的目标，如播种、收获、建围墙的计划，如农田应该被燃烧、谷仓应该被建造成某种形式这样的信念。不过，不像饲养实践，农场实践并没有显现出更多的情感结构方面。构成一个实践的行动因此被目的—情感结构联系在一起。

总之，一个实践就是由各种理解所组织起来的一组所说与所做：一组规则与一种目的情感结构。不仅所做与所说，而且组织它们的理解、规则与目的情感可能会随时发生变化，以对偶然的事件作出反应。当然，实践展现出更进一步的“结构的”特征，如其构成成分的行动中的规则，其构成成分的行动之间的因果联系，使它们得以出现的物质场所之间的分布与联系。但正是利用了某些理解、规则、目标、计划、信念与情感等的表达，行为形成了一个有组织的整体。此外，因为组织化现象被分解为精神条件，所以精神就是一个中介，通过它实践被组织起来。借助于这种实践及其精神组织的观念，通过返回到社会秩序是通过实践而得以确立的论题，我概括出本文的结论。

四、秩序的建立

回忆一下，社会秩序是人的安排，人工物、机体与事物得以贯穿于其中的共存安排，在其中，这些存在物是相关的，具有共同性与意义。称秩序在实践中被确立，就是说安排——他们的关系、身份与意义——在这里被决定。这种决定的一个关键方面是通过人类活动所导致的安排。另一个方面是人类与非人类作为安排的组成部分的意义与身份的机构。两个“过程”依赖于实践的组织。顺便提到，我将指出安排的确立，不仅是在存在物实践之中，同样也在跨越它们的实践之中。尽管实践中的安排依赖于个体实践的行动和组织，跨越个体的安排却依赖于不同实践的行动与组织。如当从事着不同实践的个体（如农业与商业实践）发生互动时，就会在杂货店中形成一种跨越实践的安排；或当一系列行动通过不同的实践时，如农业、

商业、烹饪与国家监督,就会确立包含着农场主、商店所有者、配偶与美国 【53】
国内税局官员之间的安排。

就像拉克劳与莫菲所强调的那样,社会秩序(主要)是通过人类的活动而产生的。的确,人类活动产生了几乎所有这些相互依赖性与历史形成的机构,其存在被表达在社会系统、公共机构与结构中,如"经济"、"国家"与"亲属关系"之中。此外,就像上面所讨论的,人们的所做是由那些使他们感到值得去做的原因所控制的。在上一段我的讨论中隐含的是这样一种事实,即当人们参与到一种特殊的实践活动中时,他们的活动表达出组织实践的那些大量因素,如理解、规则、目的与情感的作用。这意味着那些使他们感到值得去做的行动至少在部分上是被这些现象所决定的。如当进行农业实践时,使农场主感到值得去所做的理由是由诸如增加利润、保留土地、养家糊口这样的目标,还有播种、收获与建造围栏这样的任务,农田应该被燃烧与应该以某些形式来建造谷仓这样的信念所决定的。然而,某些决定人们觉得值得去做的原因有时并没有被包含在他们当前所从事的实践活动的组织之中。如农场主可能种植一块额外的地以取悦于生活在本县之外的一位寡妇。无论如何,当人们进行一种实践时,实践的组织在部分上要对他们的所做负责,因此,对他们达到的秩序负责(见 Schatzki 1996 Chapter 4, Section 2)。由此我们得出结论:人们通常的所做与他们的活动所达到的秩序得益于实践的组织。因此实践确立了社会秩序,首先是因为它们有助于模式化控制其实践者行动的实践的可理解性,因而有助于确定人们产生了什么样的安排。再重申:因为理解、规则(如其中的理解)与目的情感是"精神"现象,因此精神对实践中秩序的详尽展开是最为关键的。

我在第 2 节写道:那些确立意义的东西就是能够在可理解性的范围内具有特殊意义(不是其他的意义)的存在物的任何事物。所涉及的有关例子,我列举了柏拉图的形式、胡塞尔的意向性与解释学—后结构主义的语言。相比较而言,按照我对海德格尔—维特根斯坦的直觉,所涉及的事情是观念化的理解。对于 x 的一种观念化理解就是一种对 x 是什么的一种理解,它是基于理解 x、y、z 等的背景是什么。某物可能是一幢仓房或一种农作物,只有在确定了仓房与农作物是什么后才能是事实。如果安排的因素具有特殊的意义而不是其他的意义(如,如果影响行动的安排是由 x,y,z,而不是 a,b,c 所构成)的话,我主张观念化的理解就是实践的特征。因
【54】 此,在包含什么构成了被安排的存在物的意义上,实践是社会秩序的语境。

维特根斯坦的文本暗示理解 x 的概念就是理解如何识别 x 的活动,并对具有 x 资格的现象(适当地)作出反应。换言之,概念理解就是懂得如何去做。此外,这种懂得如何去做被表达在词语"x",以及对"x"所应用的现象所采用的行动的使用与说明之中(如 Wittgenstein 1967: Section 513; 1980a: Section 910)。正如前一节所讨论的那样,有助于有组织实践的理解是由各式各样的懂得如何去做所组成,其中包括懂得如何去 x,知道如何识别出 x 的行动,知道如何推进这样的行动,并对这些行动作出反应。注意构成行动的观念化理解的懂得如何去做,就存在于组织实践的理解之中。更为特殊的是,构成一种实践的行动的观念化理解被包含在有组织实践的理解之中。正如我们已经注意到,耕作实践是由操作、识别、推进和对以下行动作出反应的能力所组织起来的,这些行动包括牧羊、判断天气、收集干草。在这种情形下,这些实践自然就包含着对这些行动是什么的理解。此外,因为从事这些实践同样涉及对待与谈论从事行动的人和与实践行动密切相关的事情,所以,实践同样带有对这些内在于实践及其安排的人与非人的因素的意义的理解(在耕作实践中,指农场主、雇工、仓房、作物、作物危害、耕作农具、作物筛分机等)。总之,就被安排在实践中的存在物的意义是被确立的而言,对这些观念的理解被包含在有组织实践的理解之中。然而,这只是个体实践如何确立其中的存在物的意义的故事的一个部分。

分布在各式各样实践中的这些存在物的意义如何是被确立在实践之中的,可能有另一个待继续讲的故事。然而,暗示社会秩序的主要语境,即其被确立的地方,是相互交织在一起的实践的一种复杂的与进化的网络,
【55】 这就足够了。

支配涉入世界过程的实用制度

劳伦特·泰弗诺

我们团弄泥巴
直到它合格做珍珠
随后扔掉泥巴
并把我们自己看成傻瓜
形状，尽管类似
而我们自己这双新手
通过练习沙子
学会了珠宝花头

埃米尼·狄更生诗选(New York：Barnes and Noble，1924：19)〔1〕

社会科学从对实践这一概念的精致阐述中获益颇多，这一概念与理性化控制的行动形成了鲜明的对比。"实践"使人们看到了不经反思的习惯的情境化、具体化与塑造的活动。这一观念一直都异常成功，如今已经渗透到每一种人类活动之中。毫不奇怪，这种成功也导致了争议，这一术语的夸张用法已经覆盖了庞杂的相关行为，从而暴露出其中的问题。从一门社会科学到另一门社会科学，那些被称作一种实践的行为的特征存在着相当的差异。然而，随着应用的严格性降低，实践这一范畴如今充当着各种社会科学的一种黏合剂。据说这一概念的幸运来自于其异常的外延。它

〔1〕 我感激 Peter Meyers，因为他向我暗示这首 Emily Dickinson 诗歌讲述了资格、信任、塑造、策略与实践。

完全可能指最个性或私人的力量，也可能指集体的、公共的或机构的力量。但这种夸张的明显代价是阻碍了它对不同行为者之间差异的详细阐明。这一点是重要的，因为这些差异是我们当代社会的一个重要的特征。

定格“实用制度”的差别是我想在这篇论文中阐明的主要内容。为了表明实用制度概念的特征，表明其与实践的不同方面，我将回答两个最基本的问题，我发现在实践的最常见的用法上这两个问题没有得到充分的陈述。第一个问题我所指的是缺少实在论：实践理论典型地没能为我们不断
【56】面临的世界提供一个很好的说明。另一个问题涉及实践中的道德因素，它塑造了对世界的任何实用性制约性涉入的可评价的过程。这篇文章的开始，我讨论了我为什么会关注区分制度的几个理由。这会使我去评论由“实践”概念所带来的两个问题，从而引出我的研究途径的最为基本的因素。[1] 这篇论文的第二部分为在当代社会中的日常生活所必要的实用的多功能性提供了一个更为具体的图景。三种普通与相关的场景，范围从最私人的到最公共的，将有助于我们理解如何最好地描绘活动的组合。第三部分提出了我的分析框架的一般特征，围绕着三种主要的实用制度——熟悉、规则计划与辩护——的差异而展开。这就使我们打开了自身与周围狭窄环境相分离的途径，进入一个公共空间，其中批评与合法性辩护交替地发挥着影响。显然，这种活动的益处和成本与由更地域化的制度所提供的可能性正好相反。

一、我们为什么必须去重新铸造社会科学中的实践与行动的概念？

实践与行动的概念构成了社会科学中任何一种建构的基石。重新改造这些概念是一项严肃的工作。如今许多社会科学家已经开始了这一任务。利用某些研究科学与知识的哲学家的工作，科学知识社会学（SSK）对此作出了很大的贡献。我将沿着一条不同的道路去获取一种“带有”或“备

〔1〕 对社会实践观念的一种相当广泛的批评，见 Turner(1994)。

有"人性的政治与道德社会学(Thevenot 2001a)[1]。因此,我所涉及的实用制度的多样性的途径受到这样的努力所激励,即努力把这种多样性与界定什么是善的可变的范围联系起来。然而,相较于大多数的政治与道德哲学家而言,我对人类世界中自然与人工器具的深刻关注涉及不同的善的观念。我将捍卫一种实在论者的倾向,它不仅不同于许多哲学的观点,也不同于社会建构主义的主流趋势。

(一)在当代社会中能动者的多功能性:涉入一种实用制度的多元性

尚存疑问的术语"实践"并不仅仅涉及各式各样的活动。除此之外,人们必须解释行动中的人物,他们显示出超越习惯与身体,指向意图与计划,或指向要求反身性讨论的活动形式。我关注着这样的事实,即在我们当代社会中,随着较大或较小的普遍性规模的变化,人类需要不断改变其涉入的范围。实用制度的差异阐明了涉入地域或独特情境中的干预和行动模 【57】
式与倾向于普遍或公众的那些模式之间的互动的必要性。

在社会科学中学者争论的焦点之一就是宏观社会结构与微观社会结构之间的区分。利用"结构化"与"被结构化"之间循环的概念框架——特别是布尔迪厄与吉登斯——人们尝试了诸多途径试图整合这两个层次。像其他研究者一样,我特别关注这种整合中的能动者。我的研究首先考查了能动者依据对"形式的投资"('investment of form')的操作,进而从特殊情境到一般形式的变化能力,这种形式投资的操作是基于它们与事物的关系及其变化。(Thevenot 1984)在处理人与物(分类、编码、标准等)时,通过

---

〔1〕 巴黎高等社会学科学研究学院(EHESS-CNRS, Paris)由 Luc Boltanski 与我领导。我在本文所提出来的框架是对我们前期研究批评与辩护的工作(Boltanski and Thévenot 1991)的发展。对这一框架的英语的简短表达,见 Thévenot (1995a), Boltanski and Thévenot (1999)。相关的讨论,见 Benatouil (1999), Dodier (1993b), Wagner (1994b, 1999), Wilkinson (1997)。法国社会学与人文科学的最新进展的最新研究,见 Dosse (1998)。对基于这一框架的环境冲突的美国—法国的比较研究,见 Thévenot, Moody and Lafaye (2000)。对本文所提出来的框架的广泛的报告,见 Thévenot (1990 a, 1993, 1994b, 1997, 1998, 2001b)。

跨越语境锻造相似性，这些行动塑造了世界，并有助于实现同质性。[1]在识别了这些制造一般意义上的人与物的行动之后，就有必要把这些"形式的投资"与协调行动的模式联系在一起，这些模式被认为比其他模式更为合法，因为这些模式使"被塑造的存在"合格。在与吕克·波尔坦斯基(Luc Boltanski)的合作中，我们完成了接下来的一步。我们把这些普遍化操作与合法化评价的问题联系在一起，也就是在公众的批判与辩护的制度中，把人与物的分类的问题与普遍的善的观念联系在一起。

在此，我介绍了我的后续研究。它回到了实践与行动的问题。我想把一种公共的制度置于各式各样的更具地域性的涉入制度中，以分析我们当代社会所要求的这种艰难研究，应付实用的多功能性。

（二）实在论的缺场：涉入什么实在

社会学家们一直都深深地依靠被视为习惯、天性、惯例、风俗、传统之类的实践去解释社会秩序的静态永存与再生。也有某些例外。[2]实用主义的继承者强调实践与创造力的发展(Joas 1993)。德·塞托(De Certeau)所关注的是详细阐明这样一种动态的发展，因此反对布尔迪厄的习性的严格性(1972)与福柯的规训的安排(1975)。他打开了通向"一种日常生活的科学"的途径，这种科学承认传播策略与用法的创造性特征，以反对全景式或形式上的规训的"一神论"(De Certeau 1990)。

我的研究目标是不仅要解释一个能动者的活动，同样还包括其环境对他的反应，以及他对这些反应作出解释的方式。这就是我所指的每一种制度的"实在论"。几乎所有实践的观念很少关注这类问题。在我看来，这是最重要的事情。只要实践被视为规则的与稳定的，它就几乎不可能被视为对一种阻抗的、变化的与被改变着的世界的一种实在论的调整适应。因【58】此，对我来说重要的是考虑活动的动态方面，即使这里有以静态的术语去

〔1〕《在现代性与自我认同》一书有趣地把全球化影响与个人的倾向相互联系起来，Giddens正确地把它视为现代性的一个独特特征(Giddens, Modernity and Self-Identity 1991)，他提出"抽离化机制"('disembedding mechanism')，把相互交流与特定场景区分开来，这与我对'investments in forms'的分析是一致的。Giddens对"自我实现"分析('self-actualization')，在其对"生活方式"('lif-estyles')的详细阐述中，表明这种分析仍然是基于一种社会实践的经典观念之上的。

〔2〕Winch已经注意到习惯的适应与地域性变化。(Winch 1958)

解释的那些实践、惯例或习惯。对这种实在论的担心，困扰着那些放弃了一种“外在的”实在观念、那些努力去阐述一种“建构的社会实在”观念的社会学家。但在一个能动者与其环境之间的这种物质涉入的动态发展一直是我的实用制度观念中的中心问题。不同的制度会发现相关实在中的变化，这种实在被置于每一种实用涉入的动态发展中而得到检验。相关的实在取决于人们必须去“把握”环境的不同方式。[1]

（三）不在场道德因素：什么样的善被涉入？

第二个问题涉及控制每一种实用制度的力量。有太多的可能力量在展现着自己：如价值、规范、信念、利益等。在我看来，力量是基于某种善的观念。这一观念在不同的制度中是不同的。道德因素是关键的。这就是为什么实用制度是社会的原因。它在行动者的行动中驱使着他，决定着其他行动者把握或“掌握”这种行动的方式。如果我们意识到还有更多的东西比意义、语言与理解更为重要，这种因素就可以被称为“理解”。[2]它起源于作为每一种制度的基础的善的观念。事实上，我的目标是重新赋予社会学以道德含义。人们很容易误解这所指的是什么，因此我提出告诫。道德因素，我意指各式各样的善的观念，社会科学家通常认为的构成原因的要素，如利益或天性，而不仅仅是狭义的“道德”。

这就使我们遇到了当代社会科学的一个主要问题。善的问题没有得到充分的强调。我承认先前所述的控制实践或行动的可能力量是善的表现，它来自于以自然科学模式为榜样的社会科学的筑模。随着和政治与道德哲学的决裂，社会学已使自己远离了善的思想。结果，社会学家倾向于不信任这样的思想，因为它们暗示社会学家们相信他们已经把自己从道德与政治哲学中解放出来。他们用其自认为中性的、描述性的概念（如“规范”或“价值”）取代了它们。这导致了一种奇怪的情形，几乎所有的社会学家，在关注政治与道德问题（时常很明显，时常不明显）时，通常提供了一个

[1] 这些术语可以用“处理”、“把握”、“捉住”或“捕捉”来指示。在法语中，我一直用“抓住”（‘saisir’）这一通称来指示，因为它不仅捕捉数据，还包括手的抓牢。与人工智能中行动的形式化相关的词汇“捕捉”的详细讨论。见 Agre (1994)。

[2] (Gibbard 1990). 在“理解”的规范意义上精心制作了他的道德哲学。

有关社会世界的说明,这一说明糟糕地认可了能动者对善的偏见。[1]

对善的担心——无论其定义与范围如何——当前已经被变为一个"社会规范"的范畴。因此,在一种经典社会实践的概念框架中,这一范畴提供了一个检查以把善化归为一种似规律的规则的机会。社会实践指明了人
【59】类行为的模式,这一模式与涂尔干式的看法一致:同一共同体的成员都遵从规则的指引。这种社会实践的实在论是一种客观性,它正是涂尔干称为"社会事实"的典型范例。这种客观性制约着研究者,正如在实践中制约着人们一样。对社会学家来说,当规则与实践的集体特征被转变为带有社会统计学的科学定律时,这种客观性就显现出来。社会实践的善又如何?马斯把社会实践与机构混为一谈(Mauss 1927),机构的概念暗示着某种与一种普遍的善的联系,但马斯并没有明确阐明这个善。在机构的观念中,规则与集体的结合一直是在两个阶段中被制造出来的。首先,在新兴的社会统计学中,凯特尔(Quetelet)对"平均人"的建构(Desrosieres 1998),把一系列人类存在的统计平均与道德理想等同起来。其次,涂尔干曲解了卢梭(Rousseau)的政治哲学,把他那市民的普遍利益同化为一种事实性的共有。由人类创造的规律成为规则的规律,因此是客观的行为(Thevenot 1994a)。基于统计平均,在社会学理论中,"规范"在一种行为的客观解释中,甚至在极端地弱化其道德的力量时都会显现为一种强有力的包含"善"的重要性的方式。这一途径与采用自然科学基础与模式的社会科学的纲领相一致。

(四)将实在与所涉入的善联系起来:涉入的制度

这一问题可以概括如下,"社会规范"的范畴密切地追随着社会的定义,而社会同样支持着客观性。因此,善的社会学体现就非常类似于社会学的客观性,结果使两个范畴都极易陷入"社会"这一单一核心观念中。

问题在于,这种化归消除了人类必须去解决的主要矛盾,我视这一矛盾为所有制度的基础。这种普遍矛盾存在于控制干预的某种善与来自实

〔1〕 Wagner (1994a, 1998,1999)讨论了这些问题,并提出了一个"经验的政治哲学"的研究纲领。

在对能动者所做出的某种反应之间。我采用术语涉入,完全是因为它捕捉到了这两种倾向之间的联系。当在实践理论中被采用时,它通常意味着与世界的一种物质调整。它还有第二种认可,表明一种道德或政治的契约。[1]

第二方面明确表明能动者对某种善的承诺。我主张在两种倾向,即被涉入的善与被涉入的实在之间的一种实用的阐明就是导致每一种制度的力量的东西。善的观念需要接受实在的检验,在其中它在某种活动的评价中得到实现。相应地,对相关实在的捕捉取决于某些善的概括。这种相互 【60】
依赖性正是把一个调整的模式转化为一种普遍制度的东西。这就是我最后要指出的社会特征。

二、从个人的适宜到集体的惯例

我现在转向采用涉入环境的不同模式的具体故事去阐明人类被迫从一种模式转变为另一种模式的途径。我将阐明控制着涉入的那种善(从个人与地域的适宜到集体与合法惯例)与那种熟悉应付环境的途径的实在论。

(一) 实用的多功能性的一种场景

1. 个人与地域的适宜

当我把我对实用制度上的研究呈现给一位新读者时,我时常从短语"居住在一个家庭中"所概括的一组较为广泛的共有"实践"出发来提出自己的解释。我要求人们给出非常具体的例子去说明他们的家庭为什么是个人适宜的理由,去表明他们是如何适应一个熟悉的环境的。[2]当众举出

〔1〕 术语"涉入"('engagement')在法语中可能会更切题,因为在法语中,它不仅包括广泛的道德或政治承诺,还包括非常具体的物质调节(正在插入锁中的一把钥匙、在一个走廊上行走的人、或一辆在路上行驶的小车)。

〔2〕 我选择"环境"作为一种通称,是因为它的灵活性。与"情境"、"周围"、"背景"、"周围的事物"相比,它提供了一个更为广泛的机会,这种机会允许被用来思考调节的范围与格式的变化。在描述涉入的特征时,这些差异具有重要的意义。现象学传统,特别是在海德格尔与梅洛—庞蒂的现象学传统最能敏锐地洞察到与邻近环境物之间的密切联系。与周围的关系,见(Berque 1986)依据"媒介说"('mediology')进行的具有挑战性的详细阐述。对有关"居住"与"使用"的涉入的当前引人注目的综合性分析回到了古典的"我自己使用"的观念上。见 Bréviglieri (1998)。

这样一个例子并非易事。的确，这一困难是我想强调的问题的一个部分。让人们公开被他们视为其隐私的个人生活组成部分的实践会使他们感到局促不安。在法语中，我们所说的害羞，或英国人称之为用“社会上高尚文雅行为的标准”的空间与道德观念装饰过的东西阻碍了这种公开。伊莱亚斯(Elias)与戈夫曼 (Goffman)的大部分工作是研究公众的礼仪与公众中自我的安排。但我们更需要关注被公众化过程所湮没的熟悉安排。

人们在其证词中会碰到另一个有趣的困难。作为一种通过某一话语表达来传达某一事件的非常有效的手段，语言的日常用法并不是非常适合描绘这些熟悉的实践。人们更好地向我显示照片或邀请我参观他们的家，并且只采用语言的索引性用法。年轻人更喜欢表现出适应的姿态，借助它，他们表现出一种个人的与地域的适宜。一位俄罗斯学生稍微羞愧地承认他把他所有的衣服放在一个旧扶手椅上，这个扶手椅如今已经完全替代了一个衣架的通常功能。一位墨西哥女孩提到了她用几堆书支撑起一块板子作为一张桌子的办法。一位美国研究生说他用一个活动扳手代替了丢失的车门手把，胡乱地修理其要散架的汽车。一位法国人谈到他找到了安全把手，并要同时按住气体按钮才能打开他那旧热水器。

【61】 “私人的”熟悉性产生了一种直接的身体含意、身体姿态与一种有利的场所性高度适宜的环境之间的密切结合。人与构成熟悉环境的非人存在物之间关系的动态发展高度地依赖于个人与场所的线索，这些线索被理解为与所有这些熟悉的存在物发生交流时进行调整的突出特征。在这种制度中，能动者被一系列较广泛的感官数据，不仅包括视觉的，而且还包括触觉的、听觉的与嗅觉的提示，还有来自于空间位置的指示所引导。(Conein and Jacopin 1993)这些线索非常广泛地分布在维持熟悉性联系的网络之中。

在表明集体性联盟的姿态的“社会实践”意义上，所有这种熟悉的适应都不是“社会的”。如果他人相互合作，调整其习惯以适应一种合宜的场所，他们也可能习惯于我的家庭。这并不意味着他们为他们自己的用法识别出相同的提示，因为这些提示强烈地依赖于个人，依赖于他或她“相关途径”的学习过程。随之而来的便是集体(如果我们可以这么说的话)，它可以从一个人扩展到另一个人，并深深地受到熟悉的环境的影响。能够生活在另一个人的环境中艰苦与逐步适应的任务实际上并不存在于“共有的”对象或实践之中。它要求把他人的习惯用法与其所熟悉的世界联系起来，才能习惯于另一种个性。这一过程涉及编织和扩展把成员联系在一起的所有这些异质性的网络。相比之下，在调节过程中所保存下来的提示对任何进入恰当场所的不熟悉的访问者来说是不可利用的。这类习性对任何缺少那种需要一个长期适应过程才能把握切身知识的人来说会显得奇怪。一个“外来者”的闯入导致我们进入下一个场景，它将由对世界的一种更为惯例的安排所控制。

2. 惯例的功用

当对一位年轻的听众说话时，我通常要借助于一个令人颇为伤神却又非常普通的经历，从而介绍刚才考虑的熟悉性制度与我们将在这一节考虑的制度之间的关键相遇。我要求他们详细叙述在其孩提时代父母要求他们整理其房间的情形。的确，这是由波尔坦斯基与我提出来的经验方法论的一部分，以研究这样的关键情境，并密切关注着这类关键的矛盾。〔1〕

依据所涉入的善与实在，这类批判性情境引导能动者去表明对这种制度的实用要求。当提到这类令人心烦意乱的事件时，年轻人通常会含糊其词。他们倾向于批评一种过度的权威或规则，因为这些权威或规则会把他们对住所的安排甚至他们的个性斥责为一种“乱七八糟”。为了引出一种更为和谐的看法，它能够缓和一种来自他者秩序的强迫的不安，我要求我的学生想象从第一种场景移到第二种场景：“假设你要离家一段时间以完 【62】
成你的医师实习，同时你建议一位朋友在此期间住进你的房间。”几乎所有的人都很快得出下列看法：不管我们所熟悉的物品对我们和其他同住者而言已经如何方便，我们仍然不会让一个环境处于混乱或不整洁的状态，在一位新来的人看来，它显得只是一片脏乱。为了使一位不熟悉的访问者感

〔1〕 常人方法论打开了一种研究“破坏性实验”的思想的途径，这种实验可能显现出某种实验时代是“理所当然的”。随着制度的一种实用社会学的发展，我们能够辨别出这种被包含的“破坏”：基于一种非正义的态度基础上的辩护的秩序之间的一种批判性张力（Boltanski and Thevenot 1991），一种辩护的制度与当转向公众时所要求的一种更为地域性安排的制度之间的批判性张力。（Thevenot 1990a）

到方便实用，所做的第一件事就是整理房间与物品，使它们归于一种不同的秩序，并适合于一种基于规则的行动和利用的涉入制度的秩序。为了这样做，我们必须完全放弃我们居住在杂乱环境中的习惯。除此之外，我们还必须把我们过度依赖的东西恢复到常规状态，尽管我们发现处理它们的方式与提示有极大的成功感；恢复扶手椅的座位功能，整理书籍以方便阅读，为汽车更换一个正常的把手，给热水器添加详细的说明。

然而，这种常规功效与规则行动的组合包括实质的范围，其中完成行动的特殊方式，涉及对象的状态。什么算“好的有效秩序”，这应该是常识，但不会有任何种类的理由会导致一种更为准确的资格。语言的日常叙事性使用，以及其中对行动与对象的不准确的命名，能充分调节这种涉入的恰当性。这与第一个情形下的个人与地域的适宜，与我们将会碰到的第三个也就是最后一个场景中的“集体的惯例”形成鲜明的对比。

3. 资格的合法性惯例

在什么情形下，先前的涉入制度碰巧不能充分处理一位能动者与人、与物的交往呢？什么时候我们应该求助于更为惯例化方式去把握众多的存在者及其之间的关系？听众中的某些人时常给出下面的答案，它为我们提供了一个很好的机会，以探索带有最高程度的合法性的惯例所控制的第三种制度的转变。当房屋被租出去，就会创造出新的情境。控制着涉入的善的更进一步扩展，导致一种对人与对物的更惯例化的处理。我们可以想象用品并不能够很好地符合房客的要求。当一位新来者回家后却不知道如何恰当使用一种家用电器时就可能会出现一个事故。由于对家用电器的误用与错误的信息，这种灾祸通常会导致的只不过是有礼貌的与相互间的道歉。但或许客人或主人是相当尖刻的，或这一事故相当严重，以致足以产生有关责任的问题。当所有的事都平稳地进行着时，利用来捕捉事物及其对人的关系的“惯例化功用”的格式是良好的。然而当争吵出现时，这种功用就不充分了，因为它假设了一个涉及对象的规则效用的容忍程度的
【63】 问题。随着争吵的持续，双方将会超越一个对象处于“良好的运转状态”的无疑前提。他们开始争论（车把手的）一般的有效性原则，或（热水器的）安全性，或（书的）市场价格，或（作为古董的扶手椅子的）遗产，并为自己的主

张辩护。他们将把其论证奠基在人类或非人类存在物需要满足的更为广泛的惯例化要求,以使它们具有为争论提供证据的“资格”。如果问题是有效性,“资格”显然不同于以价格作为关键的情形。人与物被置于不同的检验之中。如涉及操作说明书时,争论双方就会质疑使用者的行动。他们可能会试图证明“错误地使用”,因此指责另一方不具有能胜任这种操作的资格。或者他们可能依据有效性识别出的一种“过失”来指出一个对象的“有缺陷的行为”,因此使对方丧失资格。相比较而言,如果涉及一本被撕破的书的市场价值,有效性就不是一个很好的检验。在那一种情形中,资格将基于价格。对倾向于去适当调解某一事件的某种一般形式的评价来说,每一种描绘都显示出事物是相关的。支持其主张的论证与证据是基于惯例化的语言术语与存在物。

我选择了在家庭空间中的故事,但我还将把这一故事用于一种不同的活动场所中,如在公共场所中的一台自动售票机上买票(Bréiglieri 1997)或在工作场所中。在这后一种情形中,惯例化资格通常将更为流行,而人们会更少地去解释个人与地域的惯例。〔1〕

(二)将从被观察的实用多功能性中学到的经验

上述讨论的三个故事提供了看待涉入世界的模式的多样性的第一种方式。现在我能够更有力地评论在第一部分所介绍的分析性选择了,并用研究实践的文献中的其他倾向去考虑它们。

1. 人类力量与物质环境之间的关系

在社会学传统中,我与许多作者一样,主要关注人类的力量与物质环境之间的关系。不像涂尔干,马斯的实践观念超越了社会约束力的界限,将解释身体的姿态、身体技术(techniques du corps)和能动者对地域环境的依赖纳入思考范围(Mauss 1934)。这种描绘强调能动者调整其姿态以适应自然或人工环境的能力。“早期的”电讯工通常是借助绑在电线杆上的腰带爬上电线杆来进行修理活动的,而如今的电讯工通常不再具备这种能力了,马斯遗憾地指出这样一种后来被称为“生态学”途径的活动消失了

〔1〕 但某些管理者培养了这种最后的适宜。

【64】 (Mauss 1934)。马斯对包含姿态、对象与环境的自然对象的兴趣对列诺伊—古汉所有工作来说，具有导向性灵感的指导作用，后者倾向于冒险把社会领域扩展到物质领域(Leroi-Gourhan 1964: 210)。在社会学传统中，科学知识社会学(SSK)的著作通常一直关注于人类力量与物质环境之间的关系，在这一方向上有许多研究途径。由拉图尔(Latour 1987)与卡伦(Callon 1986)提出来的研究科学争论的社会学，就把人类力量描绘为一种来自于人类与非人类存在物之间联系网络所导致的事后结果(Callon and Latour 1981)。当前研究物质环境在行动与认知中所扮演的角色的文献(Conein, Dodier, and Thévenot 1993; Conein and Thevenot 1997)，与认知人类学和文化研究的各种视角联系在一起，后者强调人类认知强烈地依赖于对象的环境这一事实(Lave 1988; Norman 1989)。卡琳·诺尔·塞蒂纳把实验室视为强化了的自然与强化了的能动者的场所(1992)。通过把她的研究扩展到"科学的制造"(1981)，她对实验室场所内"有机体与机器的本体论"(1993)进行了研究，以寻求一种"符号化的指令系统"，通过这一系统，事物的结构被重组在一种认知实践之中。在其实践理论中，诺尔·塞蒂纳把能动因素称为"拙劣的修补"。皮克林在术语"调节"的意义下讨论了这一因素，调节这一术语表明"精致的物质配置"在实践中是如此重要。这一思想支持着他那"物质力量"是从实践中瞬间突现出来的思想。(Pickering 1995a)常人方法论一直都在特别关注着行动的场所，关注着产生意义世界的方法论手段(Garfinkel 1967)。西科莱尔的认知社会学阐明了行动者感觉与解释其环境，识别出什么是"熟悉的"或"可接受的"的途径(Cicourel 1974a)。诸如照片与图解这类物质工具强烈地影响着科学家的所谓综合能力。(Lynch 1985)〔1〕

在依据符号的产品、意义、理解、解释等来说明行动者与其环境之间的关系的描述中，我看到了一种危险。随着研究者去寻求一种"无所不包的社会学"时，这种危险就会被放大，因为这种社会学把社会概念化为从更为普通的理解框架而不是实用的涉入出发。它导致了人们时常谴责社会建

〔1〕 对以这种方式来处理这些对象的结果的批评，见 Conein (1997)。

构主义为一种特殊的反实在论。[1]

2. 人类力量与物质环境之关系的社会特征

我自己的方法是不同的，它表现为以下方式。首先，我把每一种人类的力量情境化在涉入物质环境的一种特殊的方式之中。我不只关注着身体性调整。因为人类生活在与他人的社会关系之中，所以我的第二步是检验他们依据特殊的协调模式进行调整以适应世界的方式。我的看法是与他人的协调（以及与自己的协调，这种协调每时每刻都在发生）预设了行动 【65】 者利用了活动模式以把握所发生的事件。关键的问题不只是“表征”或“解释”：这些模式被利用来指导人们自己的行动，并接受与他人（或自己）的有效协调以及与物质世界的有效协调的检验。因此，我的分析中包括了行动者产生协调的筑模化。[2]第三步就是阐明什么制造了某种通常具有强制力量的协调模式，同样还有“社会”。让我们更为详细地考虑最后一点。

第一场景中所熟悉的姿态及其所有独特性，在一种面向他人的行动的意义上，显然使我们离开了“社会”行动的思想。它们同样放弃了“社会实践”来自于一个共同体共享的习惯、信念、符号或倾向的思想。虽然布尔迪厄表达出对熟悉性的最初兴趣，但我对熟悉涉入的看法不同于他在《实践理论概要》（Bourdieu ,*Outline of a Theory of Practice* 1977）中所说的。惯习的观念，布尔迪厄把它详细地阐述为其社会秩序再生产理论的中心概念，但在分析熟悉性的个性化与地域化的动态发展时出了问题。[3]布尔迪厄太过于关注身体性惯习层次与规则性、集体性“社会实践”的毛斯—涂尔干层次之间的牢固联系。[4]所有动态发展与个人的创造性的调整从根本

〔1〕 其他的学者寻求克服这一危险，Law and Mol(1995)用物质是关系效果的思想探索了三种“社会性—物质性的隐喻”。Rouse(1996b)在实践哲学上的反思，主要是考虑这一问题。

〔2〕 Schatzki(1987)建议我们不要把产生行动的因果机制与理解行动的实践的可理解性混淆起来。但一旦我们全力关注被有效用来协调的方式的活动的模式，并对之进行检验时，情况就会变得更为复杂。

〔3〕 对这一术语与 Durkheim，Weber 与其他作者采用这一术语时的含义之间的丰富联系，见 Heran(1987)。

〔4〕 Schatzki(1987)批评 Bourdieu 合并了身体的倾向与可理解性理论。这一理论在根本上实际是 Bourdieu 对 Durkheim 论支配着实践的社会表征的观点的人类学补充。对 Bourdieu 解决“方法论个人主义的困境”的方式的批评，见 Alexander (1988，1995)。

上被所想象的集体联系与惯习的永久性所阻碍，而后者在解释秩序再生产时是必须的。此外梅洛·庞蒂(Merleau-Ponty)以其独有的方式对惯习这一经典概念进行了处理，并更为准确地捕捉到在有感知的人类能动者与其环境中的对象之间的个人的熟悉适应过程。他将感官视为“能够用一种取之不竭的物质来制造具体物的器具”(MerleauPonty 1964: 245)，将身体视为“一种持继不断地把握世界的系统”(1964 :53)。

个人与地域的适宜表明人的力量与物质环境之间关系的社会特征不可能来自一种共有实践的集体的思想。这种关系得到特殊的与依赖途径状态的支持。共有的东西并非某种可能很难理解的状态，而是这种状态从中获得其得体性(propriety)的涉入模式。(Thévenot 1990b)[1]上述的三个场景表达出控制着人类力量与其环境之间关系的各种得体性的情形。我用词源 convenir(字面上指“与……相配”)的术语来表达这些情形：个人的与地域的适宜、惯例的效用、集体的惯例。[2]很显然，我所指的并不是时常被包含在社会建构论中的经典的约定主义途径。得体性并没有暗示实践的墨守成规者的联盟，而是为创造性的发展留下了一个空间。[3]得体性的核心是那种控制着动态发展的评价。[4]正如我在第一节所述以及在第

【66】二节所例举过的，一种善的观念详细说明了一种相关的实在。

实在论与评价的关联，要求我们远离古典的事实与价值之间的截然二

〔1〕 我发现在产生这一文集的讨论会上，我的观点与 Rouse 干预的看法有深刻的共识。Rouse 同样指出“得体性”是反对基于规则的实践的思想(见他在本文集中的论文)。我与他的差异在于我的主要兴趣是承认描述不同实用制度的不同种类的得体性。

〔2〕 来自于词‘conven-’家族的术语在英语与法语中并没有提供同样的可能性。‘convenience’ and ‘convenance’都能够把握个人与地域的层次。英语术语‘conventional’暗示着相当广泛的一种规范的、普通的或习惯的行为。虽然这种解释对达到我的要求来说是不充分的，但它能够被用于指示被包括在第二层次得体性中的行动的规范计划与客观化功能。相比较之下，法语‘convdentionnel’暗示着一种更为正式与一般的共识，更能够被适用于协调的最合法形式。最后，法语‘deconvenue’指示着‘convenance’的断裂，指出了我们研究这些不同的得体性态度的方法论途径。

〔3〕 这种倾向无疑是符合实用主义者的，特别是米德有关 Joas (1993)一直关注的持继行动与过程的创造性部分的看法。

〔4〕 对不同形式的判断的一种实用主义的分析，见 Dodier (1993a)。

分。[1]下一节将专门讨论这一问题,并表述出我识别与区分一系列实用制度的主要特征。

三、涉入世界的方式

(一) 实用制度观念及其主要特征

我分析的每一种制度被认为是一种普遍的立场,以主动干预为目的去捕捉存在物与能动者。在这种意义上,它是"社会的"。由于篇幅的限制,我无法在本文中对此展开充分说明。因此,我在这里将提供这种讨论的一个概要。实用制度是控制我们涉入环境交往方式的社会设计,因为它们明确阐明了两个观念,这两个观念是:(a)一种朝向某种善的倾向;(b)一种接近实在的模式。让我们现在概括这些制度的主要特征。(见表 3.1)

	熟悉性的制度	有规则计划行动的制度	辩护的制度
什么样的善被介入?用什么样的评价?	个人与地域的适宜,在一种熟悉环境中	成功的惯例化行动	共同善的集体约定
什么样的实在被介入?用什么能力?	提供了一种分布的能力通常的与过去的环境	功能工具	"具有资格"的对象
什么是相关信息的格式?	地域与特殊的知觉线索	行动的普通语义学	法规汇编
分析了什么种类的力量?	隶属于他或他的环境的个性	计划者	"具有资格"的人

表 3.1 介入的实用制度 【67】

每一种制度是基于一种对善的描绘。这一观念被习惯用于评价人与物的状态,判断他们是否得体地涉入。善的发展随着制度而变化。当评价迎合了公众辩护的要求时,善肯定是一种合法的普遍的善。当善显示在某些有规则计划的行动的成就中时,它可能会显得更为有限制与世俗。当它包括某种熟悉的附近环境的通常协调时,它可能更为个性或地域化。在标

〔1〕 在这一点上,我不同于 Powell and Di Maggio (1991),因为在作为一种研究活动的"有效的与可评价的中性"途径的"实践性"问题上,他们趋同于常人方法论、Giddens, and Bourdieu。相比较之下,我强调在实践的物质安排与评价之间关联的一种实用涉入的观念。

题为“实用的多功能性的一种场景”中概括的这三个案例说明了善的范围变化。

把涉入置于一种检验之中的相关实在与某种善的概要联系起来。从这种能动者的实在论中可能得出两个结论。与实用主义者传统相一致，我研究一种不能与某种活动或干预相脱离的实在(Cartwright 1983; Hacking 1983)。然而与许多实用主义者不同，当描绘我们人类的干预碰到实在的阻抗时，我并不持有一种统一的行动观念。一种熟悉的操作将不会去接近像涉入熟悉环境之中的有规则计划的行动的那种实在，或一种对公众的批评持开放态度并能解释相关证据的行动。什么样的实在提供了对行动的阻抗，这依赖于善，这种依赖是通过实用性涉入而实现的。

涉入的动态发展的一个关键特征导致了提示、标记或特征，能动者利用它们去把握或捕捉环境，去评价他或她通过修正的行为或创造涉入环境的成功。不同制度的分析要求社会研究者关注行动者把握其物质环境的不同格式(通过功能、性质、提示等，Thevenot 1993)，就像关注能动者处理其人类环境的方式一样。信息的标准观念通常会模糊这些格式的多样性，因为它预设了一种标准化的编码形式。

只有在理解善与实在的共同涉入并对之进行清晰的阐明后，通过一种特殊的评价模式，我们才转向涉及对第一种实用制度的主要能动者的能力的思考。[1]只有从这种涉入模式出发，才可能从中推出与这种模式一致的能力与力量。

(二) 三种主要的实用制度的联合

在这最后一节，我将概括三种主要的实用制度的联合，暗示它们之间的相互联系以及人们必须从一种制度转向另一种制度的原因。

1. 熟悉性的制度

自由主义的“隐私“的观念并不能捕捉到那种被包含在熟悉性制度中的善。隐私假定了与自由意志和计划联系在一起的个性与自主性，如被包

〔1〕 相反，Law(1998)概括了自由民主国家的市民能力的必要的具体条件，表明这种能力排除了“伤残的人”。

含在下一种制度中的那种人类的力量。相反，熟悉性的制度是基于对相邻的物与人之间的习惯性依赖。“使用”的观念把握了这种与世界的亲密关系，但通常缺少关注揭示出涉入一种相邻环境，并进行认真协调的那种善的维度。实在并不能被分割成截然分明的对象，这是为与其功能性设计相一致的那种规则性利用而准备的。物被个人的使用所打扮与包装。零碎的与具有很深基础的“信息线索”被置于使用的网络之中。所导致的整体【68】能力特别显示在人与机器之间相互作用的情形中，因为它反对把功能的性质归于机器的通常做法，这种做法假定机器完全独立于使用它的工人。[1]人与非人的能力是交织在一起的：人们可以说事物被人性化，或人性与其周围环境的事物融为一体，这种制度展现出实用的要求，这些要求维系着最通常被用来对待他人的范畴中的人性的格式。这种人类的力量依赖于熟悉性联系所黏合的网络，这种网络表现在家庭中所发生的那个情节的第一种情景之中。习惯性的依附网络构成了一种“被依附的”个性的扩展。它与计划性行动的制度中自主个体的力量形成强烈的对比（并且实际上依赖于对象的功能性能力）。熟悉性制度的存在物并非与适合于它们的个人相分离，相反它们放大了他或她的范围，保护着他或她的持续存在。当我们适应的事情被习惯化、被驯服或被通常化时，它们就维持着我们的亲密存在。

这种分布式能力阻碍了具有归因责任的道德与法律过程，因为这种归因要求一种个体化的与自主的力量。习惯性的依附并不允许超脱有能力的（最终是该责备的）个体化存在物，不管是人类存在物还是对象存在物。一种能促进地域和个人灵活地进行工作场所的安排面临着被责备为处于一种“零乱的”场所的困难，一个反例由鼓励超脱的一种工作场所的空间安排所提供。工作场所与机器和使用说明的标准的自然分离能减轻对一种熟悉类型的集体的责任的非难。（Thévenot 1997）

2. 规则化行动的制度

规则计划的制度反映出一种体现在日常语言中，并在行动哲学中被广

---

〔1〕 对这一讲熟悉事物的过程的讨论，见 Thevenot（1990 a，1994b and 1997）。Karin Knorr Cetina 报告了趋同的观察：因为（通过把事物发展过程的记述与探测器结合在一起）人们熟悉了事物，（其反应）可能被理解（Knorr Cetina 1993，Chapter 5）。

泛探索的行动的观念。当把它作为一种涉入的特殊制度时，它造成了什么样的差异呢？

首先，我在寻求一种状态，在一种有效地协调他们行动的模式中，能动者用它来应付他们的所做与他人的所做。它摆脱了作为所有人类行为的一般模式的“意向性行动”的理论之争。〔1〕我并没有考虑一种与其他理论竞争的行动理论，而是考虑一种人们为了有效协调的目的去把握与监控他们对其环境的涉入。在这方面，涉入制度的思想在部分上与丹尼特(Den-
【69】 nettt 1987)所提出来的观点相符，他建议我们把意向性视为一种“解释的立场”，借助于这种立场，人们能有效地处理事件与行为。通过与事物打交道的经验探索，我已经发现许多这样的例子，即人们合理地把一种意向性控制的力量归结为某些被赋予了很精致的认知能力的计算机化的人工事实。(Thévenot 1994b)〔2〕其次，我的目的是要给被涉入的不同存在物，如，一种重要的人类行动者与他或她的环境，以一种更为平衡的说明。意向性行动的经典观点矛盾于对人类能动者的计划能力的所有关注。〔3〕在我所指的这种制度中，环境在一种功能性能力与视角的格式中被捕捉，我采用这种格式去详细阐明有意向的——计划能力与工具的——功能性能力。第三，我想把这种制度与一种能动者承诺的善联系在一起。在社会科学与政治科学中，个体利益时常被视为人类行动的普遍原因。相反，以制度为依据所展开的分析有助于理解想维持其基本行动成功的个体力量的实用要求。对控制着这一涉入的善的特殊界定与人类个体的意愿力量相关，也与世界的功能准备有关。这就是一种被履行的有计划行动的善。

从上面的详细说明看来，我们可以看到这种制度的局限性。缺乏惯例的标记或资格，是我们在涉及批评与辩护的公共争论中所必需的一般性评

〔1〕 对这一问题，见 Meyers (1989)。他对意志观念的持继研究为这一观念的历史建构，为其所扮演的各种角色，为行动的另一种建构，提供了具有独特意义与具有启发意义的看法。同样可见 Meyers (1995，1998)。

〔2〕 对“物质力量”这一问题的一种广泛的讨论(包括由 Collins and Yearly[1992]引起的“认识论鸡”之争的讨论)，见 Pickering (1995a)。

〔3〕 对于计划在行动、情境化行动与情境化认知中的地位的一种讨论，见 Conein and Jacopin (1993)。

价的一个障碍。

3. 辩护的公共制度

在要求最高层次合法性的那种证明与论证的争论中，人们能识别批评与辩护的制度的动态发展，就像上述第三种场景所表现出来的那样。波尔坦斯基与我识别出构成通常的公众评价，并奠基在共同的善的相同语法中的价值的不同秩序。(Boltanski and Thevenot 1991)公开性会对引导行动的判断施加限制。对安排的关键检验要求对人与物进行实在的检验。具有资格不仅仅是一种类型学的分类或创造，也不仅仅是一种信念的汇聚，它主要取决于能够在与价值的不同秩序关系中得到检验的能力。上述第三种场景表明对象如何获得一种有效的工具资格，或适合市场的商品，或特别是在健康与安全中加强市民平等权的制定规章的工具，或与过去相关并依靠信任的祖传资产。其他相关于价值的不同秩序的资格是支持检验灵感的声望或创造性革新的符号。[1] 【70】

共同取得资格的人们如下：专业人士或专家；商人与消费者，平等的市民；值得信任的人与有权威的人士；名人、创造者。相关信息的格式总是被惯例化的。报告总比用来叙述规则活动的日常语言更为形式主义。上述的三个场景同样暗示这样一种事实，即这种辩护制度是建立在规则计划行动的制度的集体扩展中所碰到的限制之上的。当需要进行大规模的协调并同时对匿名行动者进行不太友好的调整时，建立在个体计划相互影响基础上的有限的策略性的相互作用就不再适当了。协调的动态发展要求一种能够从第三方视野来看待的反身的与审视的立场。[2]

---

〔1〕 物可能具有多样化的约定资格，不仅具有多样化的目的；如果这样的话，它们维系着这些资格（对显示一种方法论的场所进行一种经验的分析，见 Thevenot，[1989]）之间的妥协。在联结主义的范式中，论“边界对象”的文献强调来自于与不同社会世界联结的益处，强调联结促进了转译(translations)，见 Star and Griesemer (1989)，Fujimura (1992)。

〔2〕 这第三方的参考系可追溯到 Adam Smith 的无偏见的旁观者，通过 Mead(1934)的“概化他者”（‘generalized other’）与 Habermas (1984)的著作，说出了社会相互作用与公共空间的理论。讨论无偏见的旁观者的著作，同样可见 Boltanski and Thevenot (1991)，Boltanski (1999)，Meyers (1991)。

四、结　　论

“实践”的概念时常指重复的与集体性的行为。布尔迪厄认为,集体性的、稳定性的和惯习性力量能够引导人们从一种情境过渡到另外一种情境的行为。基于这样一种独特的模型,布尔迪厄提出了一种有关社会的系统图景。与吕克·波尔坦斯基一起,我探索了一种正交(orthogonal)研究途径。我想强调一种在布尔迪厄的框架中无法处理的重要问题。当代社会从一种实用倾向转向另一种实用倾向时所需要的能力,依赖于对情境的特殊安排。我最初集中在公众批评与辩护所要求的实用倾向上。我的后续工作已经检验了其他实用的要求,以研究其他类型的力量以及它们是如何被维系的。涉入的实用制度从善的概要与被涉入的实在的格式的结合点处突现出来,它为一种实用社会学提供了某些分析工具,这种社会学关心
【71】在一个“被装备了的”人类世界中实现政治与道德的目标。

(我感谢 Karin Knorr Cetina and Theodore Schatzk,他们对这篇论文的初稿进行了有益的批评;我同样也要感谢 Peter Meyers,他帮助我纠正了本文在语言上或翻译上的错误,并对本文的结构提出了有益的忠告。我同样得益于他在权力、意志与依赖性问题上持续研究中的富有成果的评论。显然,他不应该对本文在形式与内容上还遗留的错误负任何责任。)

什么支配着文化实践

安·史威德勒

目前，作为“实践”的文化观念的研究已经取得了很大的进展（Williams 1973; Ortner 1984; Greenstone 1993; Biernacki 1995）。同时，它们同样也产生了新的含糊性。最重要的是在文化实践中，是否存在着等级，某些文化实践是否组织、稳定或限制着其他文化实践，如果是，那么它们如何组织、稳定或限制着其他文化实践。

对研究不同问题的几种不同研究途径的学者所指的“实践”或“各种实践”（单独这一术语本身就是含糊的）究竟是指什么，想要进行简要的概括是很困难的，但较容易指出“实践理论”已经解决的某些问题。

一、意义的主观性问题

较早的文化社会学的中心术语是“思想”（韦伯的主要关注点）与“价值”（帕森斯使用的术语）。两位理论家具有一种共同的前提，即这些文化因素通过为行动者（个体的或集体的）提供目的来指导着他们的行动（Swidler 1986; Warner 1978）。因此，对这些理论家来说，文化的影响依赖于表明某些文化因素（无论是思想或是价值）实际上是行动者头脑中主观的活动。因此，“思想”所创造的“世界图像”，就像调节者一样，决定着由利益的发展而推进的行动的轨迹（Weber 1946: 280）。然而，后来的理论家想在特殊行动者的头脑中寻找出任何一贯性或共识性的形式的这类思想（Wuthnow 1987),或想表明这些思想通过逻辑推理、或通过提供不同行为途径中的决策标准来影响行动(见 Cancian 1975; Skocpol 1985 中的批评),但这些做法是很困难的。

实践理论以两种互补的方式解决了这些问题。首先,他们不再强调在行动者(无论是个体还是集体)的头脑中发生了什么。相反,这些理论家强调被理解为日常行动的“实践”(而不是有意识选择的行动)引人注目的是无意识、自发、不加思考的特征。实践可能是个体行动者的例行公事,表现在他们利用自己身体的方式之中,在其习惯中,在其认为是理所当然的感
【74】觉空间中,在其穿着、食物、音乐体验中等。在社会日常活动中,他们如此熟悉以至他们不用重新思索就能本能地即兴行动起来等(Sudnow 1978; Bourdieu 1976, 1984)。实践同样是超越个人的,被嵌入在用来处理人与物的日常组织之中,在分离人或事件之间的范畴——分离“艺术”与非艺术的东西(Williams 1981; Becker 1982),或区分心智健全的人与疯子(Foucault 1965, 1983)理所当然的标准中。然而,无论“实践”是否指个体的习惯或有组织的日常活动,对实践的一个焦点是把注意力从什么出现在或没有出现在行动者的“意识”之中——他们的思想或价值承诺——转向体现在理所当然的日常活动的无意识的或自发的活动中。[1]

实践理论使社会学关注的层次从有意识的思想与价值“降落”到肉体与习惯。但这种改变被一种“提高”所补充,即从位于个体意识中的思想到非个人的“话语”舞台。对“话语”或“符号编码”的关注允许对意义的关注,而无须关注特殊的行动者是否相信、思考任何特殊思想或按任何特殊思想来行动。像语言一样,话语被认为是一种非个人的中介,通过它(用它)思想得以出现。对话语的关注重新引入了语言、符号与意义的世界,而无须

〔1〕 Sewell (1985: 60)注意到一种朝向有关意识形态的更为“结构主义”的转变:“这里只举出少数几位不同的理论家的名字,Louis Althusser, Michel Foucault, Clifford Geertz, and Raymond Williams,他们的强调重点已经从试图精心制作与实施‘蓝图’,以寻求改变的高度自主意识,有目的的个人,转向了对‘意识形态国家的工具’、‘认知’、‘文化系统’或‘感觉结构’的相对匿名的与非个性化的活动。对这些理论家来说,应该在其语义的术语中,在其与社会力量的关系中,而不是在个体行动者的有意识的意志中去寻找一种意识形态构成的连贯性与发展。在这种意义上,意识形态是匿名的与超越个人的。”

使它们成为任何特殊的个人意义。符号系统宁可说是一组构成一个文化系统的相互联系的意义。通过与索绪尔式的(Saussurian)“言语”(‘parole’)与“语言”(‘langue’)之间差异的类比,话语不是任何人所说的内容,而是一个意义系统,它允许人们说任何有意义的事物。

思想与行动者的传统范围被一分为二:实践的领域与话语的领域。

话语 ←—— 思想 ——→ 实践

二、为文化研究寻找一种可观察的对象

作为与话语相互作用的实践的“文化”观念也解决了第二个问题。转向对话语与实践,并将文化从个体的主观性领域中抽取出来(或盘旋在社会行动之上,或隐藏在社会行动之后的超验价值的领域),就会赋予文化研究一种经验研究的对象。正如罗格·金森(Roger Keesing 1974)观察到的,吉尔兹(Geertz)的伟大贡献在于使文化成为公众可观察的符号与惯例——简言之,话语与实践的组织,而不是某些隐藏在个体意识中的东西 【75】 (见 Wuthnow 1978)。研究文化随后变成了密切观察那些公众能够实施的实践,或者是通过无声的与不显眼的实践(Knorr Cetina 1981; Cicourel 1968; 1974b, Knorr Cetina and Cicourel 1981),或在一个给定“文化系统”中通过对公众可观察的、能够将意义的可能性结构化的符号与例行实践进行“深描”(Geertz 1973)。当然,对这些意义的解释确实会使人们退回到主观领域,并会就某些符号对个体行动者或群体行动者所具有的意义做出某些含蓄的主张(Swidler and Jepperson 1994),但这类主张至少关注着对一种清楚的可观察对象,如日常活动、实践、故事,或被视为“文本”游戏的描述。

当各式各样的传统研究已经失去活力后,当代文化研究的巨大丰富成就就来自于对一种确定的经验对象的再次关注。对这种对象的解释可能会变化,这些观察是假定的符号的潜在结构,这种观点可能会引起争论,但福柯(1979)对惩罚实践的描述,对精神病病症与禁闭的描述,或性“变态”症状的范畴化(1978),像吉尔兹(1973)对巴厘人的斗鸡或柏柏尔人的吹牛

大话,或诺尔·塞蒂纳(Knorr Cetina 1981)对科学实验室中日常活动的详细描述一样,能够提供直接的观察途径,从而直接观察到其所包含的社会知识或文化和固有的逻辑。在某种程度上,话语和实践是可具体观察到的,而意义、思想与价值从来没有真实地存在过。[1]

三、文化与行动相联系的问题

对实践与话语的关注(时常指"话语实践")同样解决或至少改变了如何联系文化与行动的问题,如果文化就是实践,文化与实践的关系问题就会消失。文化不能被视为人们头脑中的抽象东西,这些抽象东西可能或不可能引起人们的行动。宁可说文化实践是行动,依据某些多少可见的逻辑组织起来的行动,分析家只需描述这种逻辑。然而,正如我们将在下面所见到的,定义这种"逻辑"的本性——识别一组实践的结构——就是对文化分析的最主要的挑战。

尽管在那些试图将人们的"所说"与"所做"联系起来的诸多研究语境和研究风格中仍然存在着大量的困难(Swidler 1986, Cancian 1975; Skocpol 1985; Schuman and Johnson 1976; Hill 1981),但令人宽慰的是,将思想与行为联系起来并非必要。在某种程度上,如果人们研究"实践",无论是否是语言的,人们就已经在研究行为,一种形式的行为与另一种形式的行为之间的因果联系的问题至少会被回避,如果不被解决的话。
【76】

〔1〕 文化分析家肯定得引出的价值、思想与意义的证据的范围说明了这一问题。认为"价值"是重要的学者如Rokeach(1973)与后期的Ronald Inglehart(1977)被迫进入一种不安的立场,即用回答者在"终极的"价值与"过度的"价值的范围内进行的被迫选择,取代作为指导理论的深层价值。其他学者用调查研究的方式,询问回答者,他们在多大程度上同意或不同意各式各样的陈述是把握其思想——其"信念"(如上帝的信念)、其"态度"(如在各种情形下,他们是否赞成堕胎),或其"价值"(如与一种干净的环境、与世上安宁相对应的要求物质上感到舒适的愿望)。即使最杰出的人类学家,如Kluckhohns,也关注着这样的问题,即询问来自不同文化群体的人有关他们的终极价值的问题,然后试图(很不成功)把对这类去语境化的问题视为回答者行动的相对独立的原因。见(Cancian 1975)。

四、文化与结构的差异

文化与行动的因果关系的问题联系着一种较大的与较难处理的问题，也就是文化与结构的关系问题。时常被天真地称作“理想的”与“物质的”利益之间的关系。在解释社会成果时，文化与结构之间何者更重要的问题一直困惑着社会科学。韦伯认为这一问题是真实存在的，并试图通过比较研究表明“思想”在塑造社会成就时制造了一种真实独立的差异。即使中国具有发展资本主义的先决条件，但也不能像欧洲一样发展资本主义，因为它缺少恰当的文化伦理，在这一案例中，文化的独立性要得到强调。

塔尔科特·帕森斯利用这一工作去整合对物质的与理想的因素如何在社会因果活动中相互作用的理解，使这种理解达到最为复杂的层次。帕森斯(Parsons 1966)以及随后的杰弗里·亚历山大(Jeffrey Alexander 1983)认为，物质的与理想的因素对社会因果关系来说是本质的，但它们以根本不同的方式运行。按照帕森斯的“控制论”的模式，某些原因因素(思想、符号、价值——通常的文化)是高“信息”而低“能量”，一个可能的例子就是建筑师的设计，它提供了如何建造房子的信息，但本身不可能提供庇护所，甚至无法建造一间房子。其他原因因素，在“控制论等级”中处于较低层次，是较高“能量”而低“信息”，它们是不成形的物质，像一堆用来造房子的砖头、木板与泥沙，或一个可能工人的能量。没有某些信息的输入，这些东西能变成一堵墙、一堆抛射体，或一个障碍物，但不会变成一幢住宅。因此，“物质”因素是行动的一种必要条件(像由韦伯的“转换器”比喻中有趣的发动机提供的能量一样)，在这种意义上，它们具有决定行动的较大力量。但思想(或信息)指导着行动，在这种意义上，思想在塑造特殊行动中具有最后的发言权。

最近几年，在解释人类的行动时，韦伯与帕森斯整合文化因素与结构因素之间的努力遭到了不断的批评。社会学家日益认识到“文化”与“社会结构”不能被有效地分离，诸如通过改变文化来分离出文化的独立性效果，同时又想保持社会结构的稳定，这种经典的准实验的做法完全是不可能的

(虽然人们能够看到 Fulbrook 1983 与 Biernacki 1995 的引人注目的工作)。另一方面,理论家一直在论证那些被看做是“社会结构”的东西本身就是由文化所构成的(Sewell 1985, 1992; Meyer and Rowan 1983; Biernacki 1995)。相反,“文化”的内容与领域是通过一组不可否认的“物质”实践所构成的(Williams 1973; Becker 1982)。正如西维尔(Sewell 1985 :84)在文
【77】化与结构的一份宣言中写道,我们必须学会把“意识形态”视为一种“结构”本身,作为一种“社会秩序的匿名、集体与构成”。

西维尔在一篇重要的论文《一种结构理论:二元性、力量与转变》(*A Theory of Structure: Duality, Agency, and Transformation*,1992)中提出了其文化与社会结构的分析。这篇论文重构了文化与结构的区别,把文化本身设想为一种形式的结构化实践。但在对其早期论点进行实质性推进时,它同样显示出我们在理解文化实践时是如何被组织起来的问题上的缺陷。

西维尔(1992)想消除或至少实质上重构文化—社会结构的区别。他追随吉登斯(Giddens 1981: 27),视结构为“二元的”,为“构成社会系统的实践的中介与结果”。随后西维尔把结构本身定义为被制定的文化图式,把图式理解为(再次追随吉登斯)进行“概括的程序”。“在其被应用于或扩展到各式各样的相互作用的语境的意义上,文化图式具有概括的能力。”(Sewell 1992: 8)正如吉登斯注意到,正是在这种意义上,图式是“虚拟”的。“称图式是虚拟的就是说它们不能够被还原为其任何特殊实践的存在,或时空中任何特殊的场所;它们能够实际体现在潜在广泛的与无法事先确定的一系列情境之中。”(Sewell 1992: 8)

在把结构视为是由虚拟图式所构成,同时也是由实际的资源所构成的图式问题上,西维尔(Sewell 1992: 13)与吉登斯出现了分歧(用西维尔的例子,是什么使提哈得孙湾的毛毯成为夸丘特尔人首要的权力资源而不再仅仅因为它是一种保暖的工具),但在图式单独不能够使其存在,或决定人们能够在多大程度上把握它们的意义上,资源是实际的。随后西维尔继续讨论道:“如果结构在这种意义上是二元的,那么图式是资源的结果,就像资源是图式的结果一样,这肯定是真实的。”(p. 13)他们继续注意到,这意味

着“如果资源是图式的实例或具体化，因此他们就会极力主张并为这种图式辩护。资源……被解读为像文本一样，找回了其所代表的文化图式”(p. 13)。最后，结构依赖于图式与资源的相互间的复制。

> 如果图式被不断地维系或重复——没有持续的重复，它们很难被算作是结构化的——它们必须通过其展现所造成的资源积累所证实。没有被资源所授权或再生的图式最终将被放弃并被遗忘，就像如果没有文化图式指导其用法，资源也将最终消失或衰落一样。仅当它们相互间不断地暗含与维系时，各组图式与资源才可能被恰当地称为构成了结构(p. 13)。

诸如工厂、社会阶级系统或在大学同事间打招呼的实践被解读为这些活动体现的(虚拟的)文化图式，反过来，这类指导性图式产生了各组资源，【78】这种观念最终会重塑文化—社会结构的区别。与其说是“物质因素”作为一种无形的物质，不如说它们是由无形的“观念因素”所赋予的形式。西维尔理解到物质生活的这种结构之所以成为结构，是因为它们被文化图式所模式化，他同时表明这些各组的资源被“解读”为文化文本。结构是作为重复“虚拟”文化图式的实例而被复制的，这些图式使得结构成为其所是。

正是在同时具有物质的与行动的、被模式化并具有意义的层面上，实践才是结构，因为它们制定了图式，因为它们可以被解读为它们所包含的可转换的图式。西维尔(pp. 16—19)理智地探讨了这种修正过的观念，即从图式与资源中形成的结构如何允许对人类力量的一种实质性说明。因为结构是多样化的与相交的，并且图式能够被概括为一种新的情境，时常能够产生出未预见的资源结果，最为重要的是在各组资源中的固有图式能够以多样化的，并且时常是相互冲突的途径被“解读”，所以结构的转变及其持续性都是可能的。

五、什么结构化了结构

结构与实践是多样化的并且常常是不相容的，将诸如资本主义到握手之类的一切归为结构化的实践，这种观点是具有解放性的意义的，但同样也可能导致麻烦。如果实践是反映某些单一的、潜在的逻辑的一种“统一”系统的组成部分，那么我们就能相当有把握地称这种系统的任何一部分暗含着其他部分。如果我们能够描述潜在的深层结构，我们就能理解我们观察到的实践来自何处，我们就能明白它们是如何相互组成一个整体的。但是，不管是对于那些宏大的、持久的结构，还是那些微小的、短暂的结构而言，如果在它们之间存在着多样性、多义性（西维尔的术语“一词多义”）与矛盾，那么结构的重新解释可能会使其自己走向死胡同。

西维尔（pp. 22—26）看到了这一问题，并暗示结构在“深度”（其图式为何具有普遍、无形与理所当然的特征）与“力量”（结构得以产生并依赖的资源是如何重要）两方面有所不同。但这种结构分类的方式，甚至实质性的主张，即更为可见的、资源丰富的结构可能比其他结构更不稳定，因为它们成为社会冲突的焦点，并不会真实地帮助我们去思考不同种类的结构与实践，思考是否或何时某些实践支配着其他实践。

是否所有的实践都是平等的，或某些实践之间比其他实践更为平等？

我在这里逐渐考察几个具体的案例去看某些实践是如何支配、控制或
【79】组织其他实践的。

让我们首先回到假想的一位建筑师建造一幢房子的例子，比较他的建筑计划与建造一幢房子时所必须的物质和劳动——帕森斯社会学理论的一类例子，他用此例来说明在社会因果关系中观念相对于物质因素的重要性。帕森斯社会学理论视建筑师的计划对建造房子时所要求的较少符号性、更多物质性的成分施加着某种“控制性”影响。但实践理论家从一开始就发现这种分析的不足。如霍华德·贝克（Howard Becker）在其《艺术世界》（*Art Worlds* 1982）中所述，实践的理论家应注意到早在建筑师草拟其计划之前，对房子的可能设计计划的限制事先在两个方面已经进入了理所

当然的计划之中。首先，建筑师要考虑用哪些可用的标准材料，忽视难以获取的、可能是无限多种的其他材料。砖块与灰泥、灌注的水泥与钢筋架、门框与天窗的标准尺寸与材质，为建筑师提供了制订其计划的原材料。就像一位作曲家探索写作并没有演奏乐器的音乐一样，如果人们不能够制造建筑一幢房子所必须的材料，建筑师将不能建造房子。

其次，任何建筑师所绘制的图纸必然是不完备的。即使当一位承包人或经营建筑业者介入，一个建造房子的计划也会无法包括未能被详细说明的建造房子所必要的大部分东西。这些未被详细说明的东西中关键的是实践：手艺工人的通常的熟练技能(Stinchcombe 1959)，带有不同特长的工人协调其活动的方式，他们对符合标准的对象与原料的利用。

的确，在建筑师草图后面的还有其他实践，它们被视为如此理所当然的，以致于成为近乎不可见的了。当然，一方面是一幢房子是什么，人们如何利用诸如此类"通常的"实践，即人们是否单独睡觉或一起睡觉，是否不应该在吃饭或洗澡的地方睡觉这类的含蓄知识。另一方面是引起美学经验的一组社会实践，这组实践为一位建筑师、或任何艺术家的工作提供了产生一种效果的意义的词汇(见 Baxandall 1972；Geertz 1976)。然而，另外有一组联系着建筑师与委托人的实践，包括谁付款给谁，对合同中每一条款的哪方的判断更为合理(委托人开始决定他们想要多少间卧室，但建筑师决定一个指定的设计技术上是否可行[见 Baxandall 1985])。最后是各种设想，如一幢房子是人们能够拥有的东西，所付工钱将调动如建筑师或砖匠等其他人的工作，人们所拥有的房子取决于他有多少钱，人们有许多选择，但必须要决定作出何种选择——简言之，联系着一种资本主义的市场经济的整个一组实践——必然会使建筑师的设计成为一种有意义的工作，它可能调动或指导能够制造一幢房子的活动。

实践因此成为社会因果关系每一方面或层次的基础。正如西维尔所指出的那样，实践是上演的图式，能够从一种情境或领域转变到另一种情 【80】
境或领域，能够被表达在实践自身之中，并且能够从实践自身来解读。问题在于所有这些各式各样的实践中，我们是否能够区分出在一种确定的情境中，哪些是更为中心、更具支配力、更具决定权，或我们是否只能在实践中随波逐流，每一种模式化的与习惯性的实践，每一种随着其被转变或重复时就容易受到修正的实践，是否没有一种比任何其他的更具有影响。

六、支配构成性规则的实践

在西维尔的意义上，我们承认某些结构及其相联系的实践比其他实践更为深刻、更为基础、更为有力。因此，与某一年厨房工作台面的流行版式，甚或是制造合意的易于清洗的工作台面之类的家政实践相比，资本主义的结构及其相关实践(诸如购买或自行建造一套自住房屋)是更加基础性的——在塑造或约束人们的行动方面更加持久、更加普遍、更加有影响力。但这种实践的等级，大致对应着社会组织内在的(或外在的)等级，真实地捕捉到了文化实践的因果意义了吗？让我举一个具体的例子。伊丽莎白·阿姆斯特朗(Elizabeth Armstrong)(在其即将出版的著作中)研究了在1964至1994年旧金山的女同性恋共同体与男同性恋共同体中身份的扩展情况。在对此期间这些共同体中每一组织的身份信息进行编码后，她首先考察了身份是如何发生实质性变化的，追踪了定义各种男同性恋者身份的不言自明的实践。基于特殊的性行为的身份何时显现出来？那些将性别标识码与种族或某文化群体范畴相联系在一起的身份何时最盛？那些带有性别身份的标准职业或悠闲活动的身份何时最为普遍？

在仔细检查了她的数据后，阿姆斯特朗意识到她真实所见到的东西是在较大规模的话语中的一种关键变化，这种变化使得具有一种“身份”成为一个较广泛的女同性恋共同体与男同性恋共同体中成员资格的一个关键特征。她注意到了一个转折点。大约在1971年，试图建立一个单一的统一组织来代表旧金山同性恋共同体的尝试被一种组织策略所取代，这种策略鼓励围绕着不同身份与兴趣而聚集起来的数百种组织的多样性扩展。在1971年发起的女同性恋共同体/男同性恋共同体自由日的集会(Lesbian/ Gay Freedom Day Parade)上，这种共同体的多样性出现并引起人们的注意。在这次集会上，花车云集，与会者和游行者们也都披着多少有点炫耀身份的各式各样的华丽服饰。

阿姆斯特朗最引人注目的讨论是，这种对同性恋共同体（当前，用不断出现的身份术语来说，女同性恋者/男同性恋者/两性人的超性别群体）的本性的理解一旦被确立，看来就能经受住挑战，把它们重新消解在其有关身份的话语之中。因此，如试图创造一个"同性恋者的"政治学，它在政治上统一这一群体，确定其政治学在本质上超越了性倾向，那么这种试图会【81】再次被消解，以致"同性恋者"变成了只不过是另一种身份的选择。

那么在定义旧金山女同性恋共同体与男同性恋共同体的不言自明的规则与相关的实践中，我们如何描述这种突然的，但表面上却是有复原力的变化呢？罗伊·德—安德拉德（Roy D'Andrade 1984），一位人类学家，利用约翰·塞尔（John Searle）的著作，引入一个术语"构成性规则"（'constitutive rule'）去描述这种文化，或我们应该说一种特殊类的文化行动，这种行动定义了我们将解释为下例的东西：

> 一场婚姻仪式、一场足球赛、一场审讯、一种立法机关的行动就包括多种多样的身体活动、状态与自然的感觉，但……考虑到某些其他的条件，对照着某种机构背景，身体的活动与自然的感觉只能解释这类事件的部分……这些"机构"是构成性规则的系统。每一种机构性事实包含着一个形如"在语境 C 中 X 算作 Y"的规则的（系统）基础（Searle［1969］，引自 D'Andrade［1984］：91）。〔1〕

思考阿姆斯特朗所描述变化的一种途径就是称定义同性恋共同体的"构成性规则"，从一个由共同利益所定义的一个共同体到由不同亚群体所

〔1〕 利用婚姻作为一个例子，D'Andrade（1984：91）提出了一个"构成性规则"的概念："婚姻是一种文化上创造的存在物——被在某些被看做存在的东西上的社会共识所创造的存在物。承认某物将被看做他物并非仅仅是指了解了它，虽然了解它是必要的先决条件。某物被看做他物的共识包括一个群体的人坚持一种构成性规则，坚持应用这一规则时所要求的必要限制。"他随后提出了另一个例子："游戏最有效地说明了构成性规则系统，或许是因为游戏的固定规则使游戏的物质存在物与这些存在被看成什么之间的分离是表面上的分离。当一位足球运动员被判定'出局'，所有的人都理解跨出这条线就算作出局，这只是对正在比赛中的球赛而言"（p. 91）。

组织的一个共同体会发生变化。随后新的构成性规则会要求一整组新的理解：多样化的身份并不会分裂共同体，而是统一它；组织者不应该渴望去创造一种单一的统一组织去代表这一共同体；新身份的发现与共同坚持是建设共同体纲领的组成部分。

什么控制着这组“构成性规则”，使得它如此有复原力？为什么（或如何）共同体是由其多样化异质身份所构成的观念一旦被确立，它就会保持下去，并产生更为精心制作的身份话语（被那些认为自己发现了或表达了其真实的、可信的身份的参与者所自然化）。

在这种情境中，一组较大的、但自明的“构成性规则”支配着一种精心制作的话语，如有关身份的话语。对文化解释来说，它创造出一个真实的谜。因为构成性规则是共同体中的任何成员所无法明确阐述清楚的东西，的确也是某些他们很难理解的东西，即使它被清晰地阐述，那些把构成性规则置于恰当的位置，不仅重复了它，而且还允许它排除相互竞争的规则的东西是什么？布尔迪厄（Bourdieu 1977）的观点为这一问题的解决提供了一种答案，但决不是全部答案。较大的系统规则不仅是通过直接了解这些规则的人，而且还是通过在一个预设了这些规则的世界中进行谋略行动的人所重复，这种思想也符合这种情形。在这一共同体中，断言影响的途径、被认可的途径、关键的途径是要判断一种身份；被忽视或贬低了的身份
【82】创造了一种对他人特别有影响的主张。但这几乎不可能与一种深刻的内化的惯习有关，它被嵌入在身体——感觉、味觉等系统之中。的确，整个话语也只不过数十年之久，随着它们的发展，人们开始直接理解其术语，发明了他们自己，详细阐述了这一话语。实践在这里的确是关键的，但其中如没有那种具有较为深刻的内化，布尔迪厄所描述的那种理所当然的实践也不存在。

阿姆斯特朗认为对定义女性同性恋者/男性同性恋者共同体的构成性规则来说，一个关键的支配是女性同性恋者/男性同性恋者游行本身。她认为实践包括向游行的组织者提出申请，要求参加游行，并且游行队伍有各式各样的装饰、各式各样的表演和游行本身（其中，越多的不同团体的参与，参与者的身份表现出越多的异质性，它们本身就越成功、越令人激动、

更具报道价值，它们本身就支配着“共同体”是由多样化身份的群体所构成的定义）。因此，一个实践，新近出现的实践，一种非常大众化的仪式而不是内化的习惯，支配着一组较大的构成性规则及其随后的话语。在本质上，游行创造了一种行动的情境，在其中所出现的图式就是一个共同体中的成员资格等同于一个认同的群体，一组实践，在其中，断言一个人在共同体中的身份资格意味着创造或加入一个群体，随后这一群体会要求在游行中出现。因此，一个实践给一种占支配地位的图式进行编码——把它编成一种人们不仅能解读，而且还能实行的行动模式——一个绝不可能被明确阐明为规则的图式。女性同性恋者/男性同性恋者的节日游行是一种公众的仪式实践，一种能够规定其所创造的共同体本性的实践，虽然不会得到明确的描述。用西维尔（1992）的话来说，只要它吸引着追随者，追随者设法去完成其自身的任务，那么游行所完成的这一图式将继续有用。阿姆斯特朗认为，如果是那样的话，正是实践本身支配，并在某种意义上再现了其所体现的构成性法则。

七、实践为什么会支配

我想考虑的第二个例子是理查德·比尔兰基(Richard Biernacki)的权威性的著作《劳动的制作：德国与英国，1640—1914》[*The Fabrication of Labor: Germany and Britain, 1640—1914* (1995)]。利用一种谨慎的历史学识的巨大积累，本书提出了最强烈的、最具原创性的、最重要的论点，讨论了文化在当前几十年中的影响。比尔兰基认为英国与德国的劳动关系之间最根本的差别体现在劳动被建构为一种商品的途径之中。英国的纺织制造业者购买体现为商品的劳动，因此他们设计出基于一位工人所制造的衣服的长度与质量来支付报酬的图式；相反，普鲁士的纺织制造业者购买劳动力，他们是通过计算为制造一件给定长度的衣服，一位劳动者要来回穿梭梭子多少次而支付报酬的。两种系统都依据工人所制造的织物长度与纺织密度而付报酬。但工资图式依据根本上不同的原则被执行着，【83】
每一个系统产生出一种报酬的模式，在自己国家的情形中是线性的（即报酬与劳动质量之间存在一种相容的正比关系)，但在另一个国家的情形中却会产生不合理的事情。

比尔兰基(Biernacki 1995)继续表明劳动报酬上的这种差异可以扩展到普鲁士与英国工业关系和整个系统之中，影响到工厂的设计、劳动保护的组织(当罢工爆发时，每一位英国罢工者会完成其那件衣服，然后离开其织布机；德国罢工者会控制其劳动力、待在其织布机旁，但在一固定时刻会同时停止其劳动)等更多其他类似情形。

比尔兰基(Biernacki 1995)强烈地认为在德国与英国之间的差异并不取决于对劳动的看法上的差异。的确，他认为商品化劳动的不同实践导致理论家从两种传统去形成非常不同的劳动理论(马克思所理解的工人出售的是其劳动力的思想来源于德国的工业实践)。比尔兰基明确地把具体实践及其影响与人们持有的他们应该做什么的思想相区分开来。他赋予实践以明确的因果性上的优位性："在私人工厂中的无声实践中所隐藏的图式给工人提供了他们惯常表达在公众场所中的需求的劳动概念。"(p. 3)或者说"作为商品的劳动的文化定义被交流与复制着，但这不是通过理想的符号，而是通过不显眼实践的神圣化形式。"(p. 36)

比尔兰基(Biernacki 1995)赋予其这种充分因果优位性的这些实践是什么？他认为其观点与这样的文化观念相对立，即文化作为一种统一"不同行为领域的文化信念"的"相容的世界观"，或用来合法化机构的思想(p. 91)。相反，他强调"劳动的商品形式是在劳动过程的形态中构成的。在纺织工业中，织布者的计件工资率的计算活动、织布机的分配、对缺席工人的补充、收入记录——所有这些手段假定了其形态，并通过它们所维系的作为商品的劳动定义而被再现。"(p. 92)为什么实践具有如此的力量——定义事实的力量，以至于当工人为工资等级的不合理而进行斗争时，当他们利用另外一些来自于其他国家的工资方案时，他们也不会去改变自己的理解。

比尔兰基提出了一个非常类似于西维尔的论点。实践在文化上被构成，它直接传达着意义："在工厂车间中对生产过程的比较性研究揭示出生产的微观实践被构成为符号，无论它们是否充当一个口头表达系统的对象"(Biernacki 1995：93，原文所强调)。他继续坚持"作为商品的劳动模式并不是在个体的主观观点，而是在为实现一项表意功能的实践的和谐活动中获得其生命"(p. 93)。如果比尔兰基是正确的，那么这些卑微的实践，当工人与管理者就劳动活动的实际组织进行讨价还价时，就直接构成了他们 【84】 的日常事务活动，而且，这些实践明显控制并为精致的"口头表征系统"提供模型。此外，在这些日常实践中进行的图式似乎组织并限制着其他图式。

因为对作为一种商品的劳动而言，许多相互联系的实践体现出同样的图式，所以"劳动的公认概念"是高度可塑的，即使当技术的变化(如，由英国进口的一台织布机，它能够通过数梭子来回穿梭的回合来自动计算"劳动时间")改变了体现那一概念的某些实践(Biernacki 1995：494)。另一方面，英国与德国的劳动概念上的分歧并不仅仅是出自惯常的习惯或某些隐藏很好的理所当然的前提的固执。比尔兰基解释了当特殊的计算工资实践——计件工资率比率、织布机的分配等——被中断时，在作为商品的劳动构成中的差异就会消失。比尔兰基注意到在第一次世界大战中，当政府干涉计算工资的实践时，德国与英国的劳动观念发生了根本的变化，因而消除了再现英国与德国劳动构成的不同计件工资率谈判的实践。(p. 495)

比尔兰基扩展的案例引起了对文化的传统理解上的根本混乱。它承认话语的普遍性，但认为话语主要是为具体实在提供注释，这些实在是在实践中并通过实践在文化上得到构成。由于它们是"沉默的"，这些实践构成了无法言说的实在，更多直接的符号或语言学为中介的活动应以这种实在为基础。比尔兰基描述的案例同样也引起了"实践理论"的不安。斯蒂芬·特勒(Stephen Turner 1994)攻击实践作为沉默的、隐藏的前提的概念，在解释某些不可见的事情的传达与改变的问题上，提出了无法超越的问题。他提议用更为有限的、更为经济的"习惯"概念来替代，暗示人们能够通过模仿他人的公共活动来学习习惯，直到他们把握了进行这些活动的能力，不再需要具备使这些习惯得以涌现的同样内在状态或能力。但比尔兰基的著作暗示"习惯"的概念与特勒从中导出的看法太过于个人主义化。有关社会实践的关键——使它们区别于几乎所有习惯的特征——是反复出现的内在相互作用的模式的基础。它们保持着稳定,不仅仅因为习惯使做事的标准方式根深蒂固,而且还因为彼此间的介入的要求会迫使人们返回其共同结构。的确,工人与雇主之间在工资问题上的对抗性谈判——工人与雇主利用计件工资率与其他劳动规则以强调其自身优势的方式——可能一直是
【85】那些恰当地、严格地把握作为商品的劳动这一特殊概念的基础。

这一例子与上面所讨论的阿姆斯特朗的例子有共同点,后者的案例表明支配性实践的活动制定了"构成性规则",获取其结构化相关话语与活动模式的力量,因为它们暗中定义了在相关社会活动领域中的实体或主体(定义了什么构成了作为商品的劳动,或什么定义了同性恋共同体)。但女性同性恋者/男性同性恋者节日的游行是一种非常公众化的仪式实践,而比尔兰基描述的实践都是对组织日常任务与事务的几乎不可见的安排,因此,阿姆斯特朗与比尔兰基是非常不同的。

然而,可能统一阿姆斯特朗与比尔兰基所描述的例子的东西是在两个案例中的支配性实践构成了社会磋商的实在,所以实践协调了基本的社会关系。或许,当实践构成了社会关系(管理者与工人之间的谈判;"同性恋者共同体"的关系),而不仅是个体行动者所持有的习惯与前提时,它们会更为持续稳定,更可能结构化其他思想。

如果我们现在再重新检查布尔迪厄的习性概念与西维尔的图式概念,我们就会明白两者都具有一种明显的个体主义的潜在意象。应该承认,除非作为社会产品,否则他们的核心理论建构就不会有意义:习性被反复灌输为一个人在一种社会领域中身份的内化;西维尔的图式被从先天的社会实践来解读。虽然如此,潜在的理论想象导致我们去思考带有其孩提时代习性的个人,她在孩提时期所学到的技能与倾向,当她遇到新的社会环境时策略性地利用它们。类似地,西维尔对结构如何被重复的描述,这允许我们想象一种个体的"解读",从一系列现存的资源去"解读"图式并试图再现那一结构。的确,不同的个体对现在结构的解读可能不同,再显出改变

了的结构。[1]但或许真实持续的实践,那些达到结构化更为广泛的社会生活领域的实践,是那些协调行动者的行动的实践,因此不对集体公认的实在进行瓦解,就不会发生变化。我认为这就是西维尔新近的论"事件"的著作的意义(Sewell 1996)。在分析巴士底狱的大动乱中,西维尔表明一种新形式的社会实践的创造——一种把法国"国家"与"人民"等同的新构成性规则,一种联合集体行为的新模式——在一种充满高度热情的、公众的礼节场合中出现,在其中,新的意义得到铸造,并同时出现在许多人的面前。充分展开这些新模式的意义有待于事件及其解释的进一步展开,但像最初的女性同性恋者/男性同性恋者节日的游行一样,这种非常公众化的事件几乎就直接确立了一种新形式的社会实践。

有关什么支配着社会实践,或为什么某些实践比其他实践更具有支配力、更持续或更具影响,我们能说什么?第一个主张是那些制定定义了基本社会实体的构成性规则的一种特殊实践很可能是中心,它们支配整个较 【86】大的实践与话语领域。第二个暗示是当实践处于敌对的社会关系的中心时,它们可能更为牢固稳定。第三,不像习惯,新社会实践的确立并不需要更多的时间或重复,而是对于新模式的可见的、公众的认可,以至"每人都能够理解"任何其他人已经看到了的事情已发生了变化。

八、构成性规则位于何处

我想探讨的第三个例子会引起更多的争议。我描述了一组丰富的、相互强化的实践与一种构成性规则——作为群体形态基础的自愿捐助主义(voluntarism)——它们可能被视为一种模式化了美国人社会生活中许多领域的"深层结构"。但在这一案例中很难理解什么特殊的实践支配着规则或解释着其明显的普遍渗透性、一致性与持续性。

在当前的一本书中,尼娜·伊莱索夫(Nina Eliasoph 1998)分析了美国

---

〔1〕 值得关注的是在其最近的讨论"改变结构"的事件的文章中,Sewell (1996)关注一种生动的公共仪式,巴士底监狱的风暴,以一种全新的方式,大声地、喧哗地开启了一场基于协作,而不是利益集团之上集体行动的全新形式的实践。同样可见 Swidler (1992)的论点。

政治话语的缺陷。在各式各样的社会行动、社会服务与消遣的群体中，伊莱索夫发现甚至那些主张一种政治议程的人也会避免直接谈论政治事务。当这样的主题出现时，他们典型地忽视，或用开玩笑的评论应付过去，以把讨论转移到更为安全的话题。

伊莱索夫描述了在当代美国社会中抑制政治讨论的许多社会过程，从新闻媒体报道政治事件的方式到自我表现的激进主义分子的爱好（本地人关心其家庭的安宁）。但约束政治讨论的一种关键因素是显示出礼貌，它使得任何可能会引起冲突与分歧的主题看来具有威胁性。美国人有着对话的习惯，在群体中显示出友谊与和谐的方式，它使任何可能会导致分歧的严肃讨论难以进行。因此，至少从最初来看，一种相对小型的“实践”，有关应该如何引导非正式的对话，可能对其他的表面更为“重要的”问题，像政治讨论与行动的可能性一样，有着深远的意义。

然而，存在着对这些实践的社会意义的一种更为深层的“结构上的”说明。赫尔夫·法翰（Herve Varenne 1977）已经用一种更为形式化的术语描述自德·托克维尔（De Tocqueville）以来观察者已经注意到的事情：美国人的友谊是与美国人的交往取向联系在一起的。法翰谈到了“文化密码”（我们一直在这里采用的术语中的一种构成性规则），在其中，寻求满足其
【87】 利益的个体自愿选择形成一个群体。潜在的图式（布尔迪厄或西维尔的术语中的图式转向新情境，甚至能够被用来解释具有完全不同的群体经验，如家庭的经验，还有政治共同体或园艺俱乐部）是，群体只有服务于其成员的个人需要才能继续存在，因而冲突容易破坏这一群体。因此，礼貌的友谊规范的再现，是源于对一个群体中的冲突可能会破坏它所依赖的自愿参与的这种恐惧。

美国人坚持个人主义——人们需要展现其独特的个人的个性、兴趣与爱好，这些可能使他们与其他可相处的人建立联系——与美国人的依循——人们能够继续作为一个群体中的成员，仅仅是因为他们享有相似的利益、需求或爱好——法翰（Varenne 1977）因此提供了一种统一的说明。依赖这种看法，友谊的实践不仅仅是文化上所习得的技能与习惯（Swidler 1986）。它们来自于依据某种特殊的图式而构成的群体生活的密码，它们

通过群体生活的脆弱性的日常经验再现——群体对每个人的"融洽相处"的依赖。

那种使得某一个体独特,同样也使得他或她对一个群体具有独特价值的密码并非真正是不言而喻的。的确,当这种密码并不是有意识地被把握或时常被详细解释为规则时,它被详细阐述在范式的神话与故事之中,从《大鸟,别叫》(Roberts 1981)一书中(大鸟太高以致无法与其芝麻街的朋友玩游戏,但当贝蒂·卢(Betty Lou)的风筝挂在一棵树上时,只有大鸟才能把它取下来)到牛仔电影与冷酷的侦探戏剧中。

从谈论美国在意识形态上是一个个人主义社会的角度,许多学者解释美国志愿者的个人主义,它明显地体现在其建国的文献之中,在其建国的群体的宗教信念之中,贯穿于其整个历史的领袖人物与公众的意识形态信念之中(Hartz 1955; Horwitz 1979; Verba and Orren 1985; Bellah et al. 1985; Lipset 1990)。这种解释的困难在于,正如许多学者已经发现,文化传统结果包含着许多相互竞争的选择(Zuckerman 1982)——如在美国人的情况中,"对共同体的追求",还有对个人主义的坚持(见 Bender 1978; Hewitt 1989; Swidler 1992)。[1]

如果依据意识形态的解释不能令人满意,那么诉诸于"实践"同样是成问题的。如果美国人学会了认为自己是自主的个体,如,因为他们在早年时期就被期待着(其实是被强迫着)去进行选择,于是拥有某种选择倾向并使这种倾向在其自身发生作用,就成为界定一个人成为人的组成部分(Tobin, Wu,以及 Davidson 1989)。美国人同样学会了竞争(Dreeben 1968),学会了服从和挑战权威(Metz 1978),学会在阶层和官僚体制中体会其自身地位的降低或提升(Collins 1981)。在组织集体性活动中的美国人的那种典型的志愿者策略,以及对于自身实践的那种个人主义的理解,于是就不能归结为这种的一个事实,即他们仅知道一组实践。因为存在着内化在他们孩童时代的习惯和风格,他们注定不会再现那种支配性结构。

---

〔1〕类似的观点可见 Skocpol (1985),他指出这样一种困难,即论证意识形态塑造了法国革命的成果,即使革命的领导者持不同的信念,他们的行动时常与他们的信念相矛盾。

那么什么支配着美国人中志愿者的个人主义，在这一过程中实践扮演着什么角色？描述美国人的志愿者的另一种途径就是在美国人的活动中，仿佛存在着这样一种构成性规则，即个体行动者创造一个群体，反过来，群体是其成员选择的产物。一个构成性规则就是称某事将被解释为一种特殊与境中的某事。正如约翰·迈尔(John Meyer 1987)与他的同事所指出的，就什么是指一个单一民族国家而言，存在着日益增长的很好的学术化的理解，世界系统日益由那些单一民族国家以及作为这些国家之服务对象的抽象个体所构成。但具体地说，成为一个国家意味着成为这些单位的一员，其他被称为国家的单位认为它为其自身一员。这是通过遵从一组仪式实践来完成的。一个国家有一个名称、一面旗帜与一首国歌(Cerulo 1995)、一部宪法(Boli-Bennett 1979)，被联合国认可为一个国家——有一席位、一投票权以及联合国成员资格这一最重要的认可形式(McNeely 1995)。类似地，埃文·哥夫曼(Erving Goffman 1967, 1971)描述了把一个人的地位确认为人的相互作用的仪式。当我们碰到某人时，就会站在一旁，用名字去称呼、用眼睛去交流，不介入某人的空间——所有这些实践再次确认了近代西方人格的构成性规则。

在再造美国志愿者结构时，实践扮演着重要的角色。法翰本人，非常清晰地描述了潜在的密码，一直关注着话语实践：任何据说具有“非美国人”的内容或含义的事物的话语方式都不应该被简单地重新解释或忽视，使它们服从于主导的谈话方式(Varenne 1984, 1987)。我不认为话语实践自身能够把握住这类结构的复制。我也不认为在美国人中逐渐灌输一种独特的习惯性普通实践——一种认为他们自己是自主的自我取向，他们在作选择时所具有的经验能力(Tobin, Wu, and Davidson 1989)、他们期望所有的人在每一件可能的事情上都有着自己的看法(Jepperson 1992)、他们期望对所遇到的任何人宣传其兴趣与才能，或他们依据道德特征而不是文化的沉淀去评价他人的取向(Lamont 1992)——是对每个人与群体的基本图式的真实支配。

对美国人来说，群体的实际创造——建立教堂的会众、俱乐部、互助组织或利益联合体——是一种经常发生的但必然是断断续续的活动。然而对某种能够形成或加入一个群体的自我——自主的、带有其自身利益与观点的，充满活力的与乐意采用主动的、能够并自愿进行选择的自我——的深层关注是一项持续的关注(Bellah et al. 1985)。对几乎所有美国人来说，行动的中心公共机构领域是市场经济，在这里，几乎所有的人会发现工
【89】人、(制定义务、权利要求与利益要求的)官僚制国家和(由非正式义务及法定义务所支配的)家庭的位置。在所有近代资本主义的社会中，与劳动力市场打交道，特别会导致个人去感受自己作为能确定其社会价值的技能与能力的拥有者(对劳动力市场的经历如何产生出个体化的人格的分析，见Collier 1997)[1]。但这些都不是志愿者个人主义的主要活动场所。那些能够再现美国独特的志愿者个人主义的特殊实践，是人们用来协商其集体活动的实践。在一种更为广泛的范围内，从四邻到车间、到集体的政治行动、到共同体联盟与附属的建构，美国人利用了充满着许多神圣元素的一种混合的大众文化(见Swidler 1992)。正是这种更为广泛的大众领域中的范式性实践，一种世俗宗教仪式的制定(Bellah 1968)，支配着美国志愿者个人主义的基本模式。因此，当美国儿童选择群体活动时，或当学校鼓励课后俱乐部或当美国人加入一个教堂并捐款时，就像在重要的公共场合中，当他们欢迎"自由"时，他们加入了能强化其志愿者个人主义的仪式实践。这一模式具有很强的适应性，我认为这完全是因为它处于官僚机构、市场与家庭之外，因此为组织集体行动提供了"默认的观点"。在这种意义上，它们与上述的两种"无声的实践"有某些共同点，即英国人与德国人在劳动作为一种商品的思想上的差异，对男/女同性恋共同体来说，旧金山的同性恋自由日的游行所扮演的公众角色。在所有这三个例子中，一种实践支配着其他形式的实践与话语，因为它能够制定定义一个社会事件——"同性恋群体"、"劳动关系"、"群体"或"共同体"——的构成性规则。

某种关键实践支配着其他实践，这些支配性实践可能具有某些共同的

〔1〕 这里，机构秩序调节着市场需求，如在日本，它同样约束了现代个人主义的许多方面的发展——所以，如人们努力去证明个人的成就或技能，以赢得资助人或导师的好感。后者对前者的安全感与成功是真实关键的。当然现代个人主义也在变化，甚至在资本主义的民主政治中(见Stephenson 1989)。

特征，这种认识是无法被这里所提出来的证据所充分论证的。然而我将通过再次强调三点来作出结论。首先，当我们借用社会实践的重要性时，值得提出下面的问题：是否所有的实践——在实验室中的科学家如何开关灯，男人如何在早上用剃刀刮胡须，或女人如何化妆，家庭成员是否并且在何处一起吃晚饭，一个社会群体如何吸收新成员——在塑造或限制其他社会安排时具有同等的重要性。我试图表明，至少在某些案例中，存在着“支配性实践”，它们在再现较大规模的话语与实践的系统中扮演着一个关键角色。

其次，我已经暗示我们要特别注意实践控制或再现构成性规则的情境、定义事物为其所是的规则的情境。我同样暗示这样的实践可能时常是深刻的、习惯性的与理所当然的，但并非总是如此。某些公共的仪式性实
【90】践看来创造并随后支配着新的构成性规则。

第三，我试图试探性地确定可能再现这种构成性实践的各种社会关系。英国与德国的有关劳动的不同定义，对工人与雇主之间就工资的讨价还价的方式可能是关键的；这一事实可以解释为什么那些定义实践的东西是如此持久，有着如此大范围的后果。同性恋自由日的游行，美国志愿者的多样化实践，两者暗示着定义社会的中心但非正式的结构化的社会关系的仪式实践可能扮演着一种特别重要的支配作用。对所仔细挑选出来的经验案例的持续关注，使我们能够理解关键的结构如何由实践所构成，这可能最终帮助我们去更好地理解实践何时并如何支配或组织着实践、话语
【91】与行动的组织化系统。

第二部分

实践之内

维特根斯坦与实践的优位性

大卫·布鲁尔

§1　在定义理论与实践的关系上,存在着两种主要的策略:一种是实践优于理论,另一种是理论优于实践。这并非是仅有的两种途径,但可以认为它们是最为持久并且是很难避免的选择,它们已经引起了公认的、并且在某种程度上是意识形态与哲学的自觉传统。众所周知,理论优于实践的传统时常被称为“理性主义”,而以各式各样的方式并在各种程度上实践优于理论的传统通常被称为“保守主义”。不管是好是坏,这些是我将采用的标签。〔1〕它们来自于众所周知的保守主义的思想家迈克尔·欧克肖特(Michael Oakeshott 1901—1990),他在政治与心理学层次上阐明了这种世界观的一种版本,提出了一种详细的社会意识形态,以及有关人类思想与行动的一种特有的分析(Oakeshott 1991)。另一位保守主义的代表人物是路德维格·维特根斯坦(Ludwig Wittgenstein),他在更为明确的意识形态的层次上提供了几条线索。我将要特别考虑他对“进步”的悲观主义的评论,他对施本格勒(Spengler)的兴趣与他那重要的,但时常被高估的神学的

〔1〕另外,这两种传统又被分别称为“启蒙的”与“浪漫的”。这是我在 Knowledge and Social Imagery (1991)一书中所采用的术语。Karl Mannheim (1953)称它们为“自然律的”与“保守的”传统。本文中所采用的“理性主义的”与“保守主义的”传统的选择来自于 Oakeshott (1991)。

唯意志论。[1]维特根斯坦把其注意力集中在思想与行动的细节研究上。在这些研究过程中，他关注着在两个传统之间的冲突中最深刻的与最困难的问题。他的天才部分性地表现在，他有能力把一个问题放入一个简单的、具体的例子之中。这就是为什么对于任何想用一种基本方式去处理理论与实践之间关系的问题的人来说，他那遵循规则的讨论会具有中心的重要性。

§2 遵循规则看起来像一种情形，在其中理论明显地优于实践，命题的内容与意义先于并决定着遵循规则的行动。当我们思考一个规则，如算术规则的强制性时，我们可能倾向于说，"规则的意义决定了我们的所做"。如果"做"被解释为"实践"（因为它们是具体的并且在时间中发生），如果"意义"被归入"理论"（因为它们的本性是抽象的与非历史的），那么理论就会决定实践。这就是为什么遵循规则很容易被视为理性主义的一个范例。如果考虑到理性主义传统给予逻辑、数学与计算的重要性，我们就能够理
【95】解其策略上的意义。维特根斯坦的贡献在于把遵循规则推向了保守主义的传统。他把它从作为一种理论优于实践的符号转变为实践优位于理论的一个例证。

这里要讨论的是他如何做到了这一点。首先，他意识到时常把我们自己与遵循规则联系在一起的感觉与图像是幻觉。例如，如果存在着产生数列的一种规则，那么这一数列大约已经在其中存在，等待着我们在演讲或在作品中勾画它，这样我们可能会获得感觉。维特根斯坦坚持这里不存在任何东西，并不存在引导我们的神秘的事先存在的扶手。其次，他把这些图像与感觉解释为我们社会化的副产品。如果我们在一种机械的、惯常的与理所当然的过程中遵循它，规则的例子就只是表面上的事先存在。这些误导性的、理论上的图像因此是实践的结果，不应被视为其原因的洞察力。第三，他坚持我们用来理解遵循规则的唯一资源是自然主义的资源。当我

〔1〕 见 Wittgenstein (1980b)。对于 Wittgenstein 与 Mannheim 保守思想范畴关系的综合性讨论，见 Bloor (1983 : Chapter8)。Wittgenstein 神学的唯意志论的讨论，见我的 Wittgenstein: Rules and Institutions (1997)。讨论论 Wittgenstein 的意识形态与政治保守主义的著作，见 Nyiri (1976, 1982)。

们遵循规则做我们所做的时，是因为我们是我们所是的那种动物。我们一直被训练以那种方式活动：这就是所有的一切。遵循规则的说明并非奠基在某种形式的、进入概念联系的洞察力之中，并不存在对事情必须如此的概念或逻辑的“理解”，而是存在关于社会之中人类的“自然史”的事实。(Wittgenstein [1967], Philosophical Investigations §25, §415. 下面对《哲学研究》的引文，我只简单地指出在哪一段)

为了把有意识地排除非自然主义的过程阐述清楚，维特根斯坦说当我们遵循规则时，我们的行动从根本上而言是盲目的：“我盲目地遵循规则”(§219)。的确存在着解释的干预过程，如，用次要规则去服从首要规则，但最终我们只有行动。这就是在《哲学研究》第201段中的著名结论。当然，这种常规化行动自身并不会必然意味着正确地遵循规则。那些看似正确的与那是正确的是两件不同的事情。(§258)遵循规则的那一方面，即规范的方面，出自于不同遵循规则者之间的共识。遵循规则是一种实践(§202)。但就常规的、个体的遵循规则的行动而言，行动的最终基础是盲目的：这只不过就是我的所做。(§217)在这种讨论中，我们看到了维特根斯坦抛弃了理性主义传统的范畴，重新主张保守主义的传统，优位性被赋予高于理论的实践。

§3　然而，就遵循规则的保守主义的、反理性主义的解释而言，也存在一个问题。正是这一问题，如果不能够被解决的话，将允许理性主义的捍卫者再次声称遵循规则是一个范式的情况。这一问题就是，如果它能够成立的话，维特根斯坦的解释仿佛是对一种极为重要的差异的一种不充分的解释。我所指的差异是指真正地遵循规则与仅仅是在表面上碰巧遵循了这一规则的行为之间的差异。【96】

人们不会认为行星服从开普勒定律就像一位汽车驾驶员遵守道路交通规则一样。行星仅仅是服从，而一位汽车驾驶员不能仅仅服从。在较为不极端的情形中，遵循一个习惯与碰巧符合这一规则的无意识行为之间存在着一种差别。举一个熟悉的例子。在伦敦地铁中，乘客应站在自动扶梯的右边，以让有急事的乘客从左边穿过。外国人并不知道，时常站在左边，阻碍了匆忙穿过的人群。但某些外国人会相当无意识地站在他们应该站的位置——右边。那么这些不了解这一习惯的人“遵守”了这一习惯了吗？对这些情形，我们是否能用词“遵守”，我们的直觉是不同的。或许仅仅是表面上的服从就足以证明这一词的用法，但人们都会明白纯粹的、无意识的服从与充分的、理解了的服从之间的差异。潜在的原因是不同的。在一种情形下，行动是其所是，只是因为存在着习惯，并且行动者了解它。在另一种情形下，行动与习惯无关。无论我们犹豫采用什么样的词“遵守”，就规律与习惯而言，直觉或许更为接近维特根斯坦典型讨论的那一遵循规则的情形，如写出一个数列。这里，几乎不容怀疑的是对真诚的遵循的要求，不仅仅是服从，这意味我们做我们所做的，是因为我们意识到它被一个规则所要求。

§4　为澄清这一情况，让我引出一个来自于安斯柯伯(Anscombe 1981a and 1981b)的简单准则。我们可以称存在着一类行动 M，这里 M 化(M-ing)暗示你认为你正在进行 M 的行动。服从并不属于类 M，因为你可能服从同时你并没有想到你正在服从。然而，遵循规则属于类 M，因为为了遵循一个规则，你必须认为你正在遵循它。我们的问题现在可以被明确表达为：我们做某事，能够同时盲目与有意识地做它吗？盲目的隐喻并没有暗示行为是无意识的吗？在协调这两类条件时，至少存在着一个明显的问题。我们必须首先表明沿着安斯柯伯的准则线索，我们能够首先共同确信遵循必须与服从相区分开来的条件；其次，表明维特根斯坦攻击理性主义模式的结论，称遵循规则的过程最终依赖于盲目的行动。

我们将如何实现这种协调——如果一种协调的确是可能的？两种策略可以直接表达它们本身：两种设计，以其不同的方式，弥合了看来存在于遵循的有意识性以及它对规则的意识与习惯的盲目性之间的差异。第一个策略是消除盲目遵循规则的盲目性，在其中注入某些思想或命题内容。第二个策略就是消除必须使一个行动成为其所是的“想法”。内容与细节
【97】变得越少，它就越接近盲目的遵循规则。显然在理论与实践关系之间谁优的问题上，这两个策略自身表达出不同的承诺。冲淡遵循规则的盲目性表达出对理论优位的支持，冲淡进入行动的思想就表达出对实践优位的支持。因此，一种策略是理性主义的，另一种是保守主义的。那么目的是看

能否发现一种对思考的可接受的最小解释，它同时也允许我们称遵循规则最终是盲目的，称遵循一个规则并不等同于仅仅是服从它。为了做到这一点，我将讨论安斯柯伯本人的一个例子，举出她自己的解答，我认为这种解答既是正确的回答，也是维特根斯坦式的答案。

§5 安斯柯伯列举出许多属于类M的行动的形式。作为遵循规则的活动形式，这一系列包括签合同、玩游戏、作出承诺与结婚。我将暂时停留在最后一个例子上。结婚暗示着思考你就要结婚，但你得思考什么呢？假设某人要经历一场经过精心的、秘密的安排的仪式。我并不是指通常的怀疑，而是指进行欺骗的意图。这样一个人能够基于安斯柯伯类似的理由，声称他们并没有真实结婚，因为当他们举行婚礼时，他们会认为他们自己正陷入一场欺骗，而不是一场真正的结婚之中吗？那将使这场婚姻无效吗？肯定不会。把安斯柯伯的想法置于何处？按照安斯柯伯的说法，结婚是一类行动的一个例子，举行婚礼暗示着行动者认为她正在结婚。问题是这一想象的例子是不是反驳了安斯柯伯的看法。肯定不会。原因是一位举行一场婚礼行动的人，即使自始至终打算要欺骗他周围的那些人，但他知道他正在举行婚礼。他知道他的婚礼是她那欺骗计划的组成部分。他的错误在于未能意识到他的意图是无用的，即他事实上正在举办婚礼，无论他的意图如何。在我们这一想象的例子中，这位自称的欺诈者就像认为他们能制造权宜之计婚姻的人一样，把他们的手伸向其伴侣的钱，然后进行迅速并有利可图的离婚——只不过发现已经太晚，他们不能够随意这样做，因为他们已经结婚。

安斯柯伯对"思考你正在结婚"的阐述并没有也不能恰当地去指诸如"知道哪一个国家的法律"之类的事情。这种必要的思考并不意味着认识到对社会机构进行某些法律的、道德的、社会学的或哲学的恰当分析。它仅意味着如：知道存在着这样一种社会机构之类的事情。所涉及到的思考是被视为社会机构的参与者所需的最小的思考，这种参与包括从一位专家到少数相关术语与短语的一位使用者。通过称假设"M行动的思想的解释必须包括（对M行动的）一种说明，这种说明是被包含在思想中的某些内容"，(1981a：17)安斯柯伯指出上述说法是错误的。无论你如何思考你正在结婚，或认为你正在玩一场游戏，或认为你正在遵循一条规则，它都不包括一种精神状态，其命题内容包含着对结婚、游戏、或遵循规则的一种说
【98】明。但如果它不包括说明，那么它包含什么呢？如果它标志着遵循与仅仅服从之间的差异，它必须包含某些内容。答案看来是它包含着对相关社会机构的存在的意识，对当前参与其中的行动者的一种意识。

§6 让我们考察安斯柯伯的另一个例子，玩游戏或在游戏中移一步。这里的问题是：如果认为你正在移一步是由移一步构成的，那么“认为你正在移一步”是什么？依据在《哲学研究》第197段的提示，安斯柯伯说：

> 显然，你所做的并不是游戏中的一步，除非游戏正在进行，而你又是玩游戏者之一，并且正在移动这一步。这意味着，你熟悉游戏并有一种恰当的背景，同样具有一种，如从A点移动到B点这一棋子的恰当的期望与计算。具有这些就可认为你正在玩游戏。(1981 a：17)

因此，如果(1)你熟悉游戏，(2)具有一种恰当的背景，即拥有一种恰当程度与深度的熟悉，(3)你通过形成相关的期望表明了正确的相关符号，(4)你当前对正在玩的游戏作出了反应，那么你就正在，并且你认为你正在玩游戏。满足条件(1)到(4)意味着你是“认为你正在玩游戏”，即使你没有给这一游戏一种话语解释，如明确地叙述其规则。

§7 我们现在解决了威胁到维特根斯坦对遵循规则的反理性主义解释的自觉与盲目之间的张力了吗？如果安斯柯伯“认为”的每一个要素能够被“盲目地”，即惯常性地与机械地执行着的话，答案是肯定的。[1]我认为它们经受住了这种检验。让我们开始熟悉游戏并且具有一种恰当的背景。显然在某些阶段上，如当我们在童年时被社会化进入游戏，游戏将一直以一种因果的并且直接的方式约束着我们，这里“直接”意味着：不以命

〔1〕 Wittgenstein的说法如下：“人们机械地遵循规则。因此，人们把自己与机械进行比较。‘以机械的方式’意味着不加思考。然而，完全是不加思考，没有深思熟虑。”(1978：VII—60)

题知识或解释步骤为话语性中介。开始的所有事情都依赖于维特根斯坦所称的“例证式教学”或“训练”(§5—6),我们只不过是加入到其中并被告之“这样做”(如§143—145)。就一系列背景能力、期望与计算而言,可以得出类似的结论。可以证明,在我们常规与经遗传获得的认知趋向中,能够发现所有这一切。它们是或依赖于我们只在我们自身中发现的或就我们而言仅仅是发生事情。

然而还存在着一个剩余问题:例证式训练不过是一种社会化,因此预设了对学习者进行传授的一种社会机构。这种社会机构来自于何处?如果我们通过一种社会化的事先过程来解释它,我们只能够推迟而不是解决问题。为维持实践在理论之上的优位性,必须说出一个有关社会机构与实 【99】
践(如玩游戏)起源的故事。这一故事不必依赖于某些带有一种明确命题或理论内容的预先的意图、决定、选择、愿望或信念。人们肯定能够表明一个实践是如何成长而无须依赖于某种有关它的预先“理论”的。如果那是可能的(如,如果 Haugeland [1990]是正确的,那么它就是可能的),那么例证式训练将关注在一种适当的非话语方式中的社会机构或实践的传播。如果一种最后的决定是依据理性主义与保守主义的相对优点而获得的话,那么就需要关注实践与社会机构的突现的假设性模式。

§8 到目前为止,我一直试图消除在安斯柯伯的“认为”条件与维特根斯坦的“盲目”结论之间的冲突。然而,从另一个方向来接近两者之间的关系也完全是可能的。与其说是视它们为潜在的冲突,不如说安斯柯伯的要求实际上会需要维特根斯坦的结论。通过从安斯柯伯引人注目的观察着手,即她观察到,对整个一类行动来说,如果 M 行动暗示着认为你正在进行 M 行动,那么就不可能解释 M 行动,我们就能够建构这种需要。这是因为解释 M 行动包括的认为你正在进行 M 行动的论述,而解释认为你正在进行 M 行动也包含 M 行动的论述。这种“解释”使我们陷入一种循环。这一问题并不是由采用一种丰富的或不合理的要求,即一种对“认为你正在进行 M 行动”的解释而引起的。它不能够通过利用上述一直受到辩护的“认为”的最小定义来消除。然而无论其说明如何最小化,如果坚持区分遵循与服从,它将会产生循环。

如果 M 行动不能被解释,那么我们究竟如何学会理解属于这一类的行动呢? 例如,如果安斯柯伯那不可能性的论证是正确的,我们如何学会理解遵循规则? 我已经指出了安斯柯伯的答复,即存在着解释之外的其他学习途径。我们能够被传授如何通过例子或行为去遵循规则、玩游戏。我们可能被告之,在适当的场合中,"你必须做这",或"你不能做那",随后,再被告之要通过身体行为来做这些事情,或禁止用身体行为来做这些事情。赞同这些要求应该是持续参与的一种前提。在不断的训练时,学生们同样正在学习如何在口头上解释这些活动。他们将学会利用安斯柯伯所称的"停止模态"或"强制模态",如"不能"与"必须"的语言,并对之作出反应。这一图像暗示盲目的条件,因为这就是遵循规则的无法说明的特征;同时,遵循规则要求一种例证式的训练,而例证式训练最终在一种"盲目"反应中得到贯彻。表达这一点的另一途径应该注意到这一点,即循环的问题或解释的不可能性必然会指向实践优于理论。

【100】 我们现在能明白遵循规则有着双重特征。一方面,这种双重性包括行动的某种倾向的表现,它可能以这种形式或另一种形式在每一个个体中显现出来。另一方面,伴随着这种取向的积累,存在一种共同的对其评价的口头反应。这一故事的两方面捕捉到了遵循规则的不可缺少的条件。对于恰当的分析来说,单独的倾向是不充分的,因为它们并没有为规则的规范性提供充分的解释。如果我们的大脑像完美的、预设程序的机器,它将很容易相互间协调,那么无疑这样的(理想的)倾向应该能完成我们用遵循规则的实践能完成的所有事情。然而,在这些情形下,不存在着规则,因为不需要它们:在认知上,它将与希腊神话中的黄金时代一样。事实上,我们需要认可与修改我们个体倾向的方法以协调不同的个体。这是以口头上的评论、批评与评价如"你不能"与"你必须"为中介的。

口头表达的实践自身也同样具有不足之处。如果脱离倾向去行动,它们就没有实质的内容。它们本身不会为日常的遵循规则提供基础,如成为非共谋性(noncollusive)协调的重要现象的基础。我们可以给 6 个人一项任务,让他们遵循"加 2"的规则,从零开始进行加,让他们独自去计算,当他们一起返回后,在很大程度上,他们将得出同样的数列——能够在相同性上达到一致。我们不把遵循规则理解为一种安排，这种安排取决于人们总是跟随着他人的做法。它具有这种特征，但同样依赖于倾向，它驱使个体面对面地交往。

§9　我们现在可以联系维特根斯坦时常被误解的主张，即在《哲学研究》第 199 段中，他认为遵循规则是一种社会机构。[1]维特根斯坦从来没有告诉我们他理解的社会机构是什么。但对其原意提出一种解释并非难事。我的主张是在遵循规则的情形中，维特根斯坦心目中的公共机构的特征完全依赖于刚才提出的那些注明了其作用的实践。借助于口头说明，当我们共同协调我们的行为后，我们的习惯性反应就成为规则的例证。笼统地说，再次利用安斯柯伯的提法，认为你正在进行 M 行动就能够根据 M 行动的公共机构来解释你的行动，其中社会机构本身是由那些解释实践以及行为本身的可解释的模式所组成。[2]

事实上，这种提法可能太过于简练以致无法被清晰阐明。它预设了一种研究社会机构与社会实在的特殊途径与分析。[3]那一途径必须被展现，使问题能够得到强调。如，我们需要保证我们现在利用"认为"观念所给出的解释——依据对非言语的行为的一种口头注释——与先前达到的认识 【101】
相一致。

公共机构如何发挥作用的主张，即是说，社会是可以用诸如一种"理念

[1] 在我看来，误解是个人主义的，非社会学的解读，如 McGinn (1984) and Baker and Hacker (1984)。

[2] 这里与 Hume's Treatis 卷 3 中一个著名的论点有类似之处。休谟说在进行合乎道德的行为时，肯定有一种与原初义务感无关的兴趣。类似的论点可用于这样的主张，即我们肯定有一种取向，即以后来被规则控制的途径来行为，而原初的取向肯定是先于要求控制我们这种行为的规则的任何意义的。这使我们返回了原初的问题，Barnes 称之为"探索原初的问题"。

[3] 这种研究的途径来自于 Barnes 著名的论文："Social Life as Bootstrapped Induction" (1983)，与这种途径类似的探索线索，见 Searle (1995)。但我认为与 Barnes 的研究相比，Searle 的探索缺少深度。两人之间的某些重要的差别，见我(Bloor 1996a)的讨论。

论”来进行分析的一种实在领域。[1]随着讨论的继续，社会实在是存在的，并且只能够相对于我们相信它存在的信念而存在。当我们共同地了解了社会实在的一个片断，了解与被了解的事物就完全是一回事了。在这方面，至少就初步估计而言，社会对象不同于物理、化学或生物对象。金属不会因为我们相信它的存在而存在。相反，硬币是金属，组成为一枚硬币则意味着金属被附加了某种社会身份。硬币只有在我们把某些东西视为硬币时才能成为硬币。(注意围绕着这种明确表达存在着循环。它是前面没有说明的制造 M 行动的循环)如果所有人都停止思考硬币，那么各种金属还继续存在，但硬币消失得无影无踪。通过与货币类比，我们能够以这种方式思考所有的状态与社会机构。

把这些思想应用于规则，得到的断言便是规则 R 作为一种社会机构而存在，因为社会机构解释了这些作为遵循规则 R 的例子的行动。只有通过指称 R、引证 R、描述作为 R 的例子的行动，或不是作为 R 的例子的行动等整个可能的表现，规则 R 作为一种社会机构才能存在。如规则的公共机构是货币，在其中会计学得以出现，其存在是作为那种货币而存在。遵循规则者的自我理解，他们“认为”他们正在遵循规则 R，是一种援引对 R 的公共机构的理解，在援引它时，这种自我理解在作为一种社会实在的公共机构中扮演着自己的角色。

安斯柯伯有关 M 行动的类的不可定义性，我们现在可理解为公共机构

〔1〕 就此而言，“理念论”这种标签取自于 Anscombe (1976)，他认为 Wittgenstein 是一位“语言学的理念论者”。对 Anscombe 这篇难读的，但是重要论文的讨论，见我的“The Question of Linguistic Idealism Revisited?”(1996b)一文。或许应该强调的是，不要把语言学理念论与一种一般化的本体论理念论混为一谈，后者与 Berkeley 的观点联系在一起。Berkeley 认为物，如一棵树或一张桌子，只有当它们被感知时才能存在。语言学理念论并没有怀疑物质事物的事实，并且的确预设了它们。它是一组有限范围事实，特别是社会“对象”的学说。从正确的视角来看，它与一种坚韧的唯物主义者的本体论完全相容。可视它依附着一种唯物论，因为它提供了分析一种实在的途径。基于这些原因，如果把这种立场解释为一种一般化的非自然主义或反实在论的态度，这是错误的。人们无疑可声称社会对象本身就是自然现象，但只能被理解为集体的、自我指涉的过程的产物。用休谟的术语来说，它们是人工物，因此，在狭义的“自然”一词的意义中，它们是非自然的，也就是说它们不是自然界出现的事物，但在广义的“自然”意义的一词中，它们的确是自然的组成部分。人们只能从广义的视角去理解什么样的自然现象构成了社会对象。此外，休谟在 the Treatise 中对这些现象的处理提供了正确的模式。

与状态的自我指涉性质。安斯柯伯称M行动暗示你正在做M行动。我彻底改造了这种说法:M行动暗示着解释正在进行的所做是M行动的能力。这样,人们就很容易展现M行动与自我指涉模式的联系。这种联系是M行动必须暗示要解释那些正在进行的所做就是M行动的能力,因为正是这种解释构成了公共机构。只有借助于这一公共机构,行动才能够确定它的所做——M行动的一个例子可能是M行动,只是因为存在着M行动的公共机构。依赖的次序是:没有公共机构就没有M行动,但没有解释,也就没有公共机构:因此,没有解释,就没有M行动。这意味着M行动与解释是不能分离的,正如安斯柯伯注意到,这正是产生循环并使说明成为不可能的东西。因此,这就是作为一种公共机构(它由自我指称的模式所构成)的M行动的特征产生了安斯柯伯的循环。

§10 在其《维特根斯坦论规则与私人语言》(1982)一书中,克里普克 【102】
(Kripke)讨论过规则的怀疑论,这种工作与安斯柯伯有直接的联系。克里普克对我们的挑战,即称我们为什么会遵循规则去进行加法运算而不是其他运算,如所谓"卡加法"('quaddition')。这里的卡加法规则是这样定义的:对所有的计算而言,在加到某一数之前与加法相同(此后它就背离了和总是大于那些被加的数字的说法)。直觉上可以说,我们本可以遵守卡加法规则,但我们实际上遵守的是加法规则。用安斯柯伯的术语来说,我们认为正在运算加法,而不是卡加法。怀疑论者想合理地知道这种"认为"会导致什么——包括有关我们的什么样的事实?怀疑论者的主张是(而不是通过诉诸教条主义)我们将不能够确定这一事实,或阐明思考导致了什么。安斯柯伯的结论——试图解释M行动类的任何例子是不可能的,并会导致我们走向一种循环——是一种怀疑论形式的结论。解释的不可能性意味着不可能发现事实,至少如果我们不把我们的注意力限制在个体的遵循规则者身上。类似地,安斯柯伯暗示在讨论中只有把遵循规则者置于一种社会语境中(也就是让他们满足上述条件(i) to (iv)),"认为"才能得到理解,这种暗示是克里普克的怀疑论解决的思想来源。克里普克与安斯柯伯的讨论告诉我们,认为的内容只有通过思考者涉入的社会机构而被定位。简

言之,如果安斯柯伯的讨论是正确的,那么克里普克的也是。〔1〕

§11　维特根斯坦的“语言游戏”的中心隐喻在这一点上,呈现出一种新的与突出的重要性。或许语言游戏的思想最能够反映出维特根斯坦的理论模式,但它是非常重要的与具有启发性的。要点在于游戏是社会机构的例证,因此隐喻利用了所有社会概念在本质上具有自我指涉的特征。维特根斯坦的其他隐喻同样也可从这一角度来理解。如在某处,他把他的哲学探索的特征概括如下:“我要做的事情仿佛是这样,描述国王的职责——这样做时,我必须决不能够陷入用国王的效用来说明国王的尊严的错误。不过,我既不应考虑他的效用,也不应考虑他的尊严。”(1978: VII-3)注意主权是如何成为一种现象的,这要求依据我刚才已经概括的公共机构的“理念论”或自我指涉的模式来分析。在最为简单的层次上,在其最为基本的形式中,一个国王的地位是被自愿认为,并指某人为国王的人所创造。在这里,认为与指涉被整合进入恭顺行动的模式之中。再一次用最为简单的话来说,没有人不会认为国王不是一位国王,就像没有人会认为货币不是钱一样(同样可见 Wittgenstein 1978: VIII-3, VII-62)。

§12　我已经讨论了维特根斯坦理论的特征,它恢复了遵循规则的保守传统,也就是说,赋予遵循规则这样的一种分析,使它符合实践的优位
【103】性。表面上,或许对文化传统的历史学家或坚持流行的保守主义的意识形态(在欧克肖特的意义上)的忠实信徒来说,这看来仿佛是一种深奥的兴趣练习。事实上,对于当代社会科学家与历史学家,特别是科学史家来说,这是具有高度影响力和深远重要性的成就。其一般重要性的基础是它消除了摆在知识社会学前面的主要阻碍。传统的知识社会学家,如卡尔·曼海姆,无法提供一种如何从社会学上理解遵循规则的指导。那意味着他们不能够帮助我们理解如何在社会学上思考诸如数学与逻辑这类重要的文化现象。维特根斯坦向我们表明了如何摆脱阻碍。他向我们表明如何避免致命性的错误,即称规则自身(被认为是一种抽象或形式化实体)应是形成

---

〔1〕 对 Kripke 论点中的某含糊性,有某些批评,但这种论点在本质上是正确的。一种彻底的讨论,见 Bloor (1997)。

那些遵循它的行动或思想的原因——仿佛“把握规则”的某些神秘的精神过程被认为是基础。依据这种看法，社会学家只能解释对正确道路的错误偏离，或对于获得必要的洞察力与领悟力而言所应具有的前提条件。从这种观点来看，只有错误的社会学才是可能的。正是维特根斯坦明确提出来的保守传统，指出了走向正确分析遵循规则与类似现象的途径。跟随维特根斯坦，我们能够对这样的思想进行实质性的与深刻的把握，即规则是公共机构，遵循规则就是参与到相关的实践过程中去。主要的危险在于对维特根斯坦的口号给予直接的与毫无疑问的认可，而不充分地评价其潜在的论点。这些论点自身显示出这一领域中的深刻性与表面性的差异。如注意到其结论并不是说只有在公共机构被广泛接受的意义上，规则是公共机构这种说法才能成立。这一要点是规则是由社会化组成的，在这里组成的方式能够依据自我指涉的过程而被确定。这种规则的本体是社会的，并基于相互作用的模式。人们一直在进行详细讨论，以对维特根斯坦的思想进行较为深入的有用的解读，进而防止对维特根斯坦结论的浅薄理解。

我想通过一个明确的具有辩护性的主张来结束本文，即考虑作为公共机构的规则——沿着本文所推荐的线索去思考公共机构——的确是一种确认实践的优位性的途径。初看起来，这一点仿佛违反了直觉。一种“理念论”或自我指称的模式真实地体现出一种对实践的优位性的承诺吗？如果遵循规则是一种公共机构，而公共机构，按照维特根斯坦的建议，应按照游戏的模式来理解，它不能够回答外在于它们本身的任何实在，那么它们如何能被理解为“实践的”？实践活动，不像理论活动，暗示着涉入不依赖于我们本身与我们的思想的实在。这种直觉是正确的，但它无法与我们一直在谈论的公共机构相协调。我们为实践的目的而与自然环境相互作用【104】时，这种自然环境的确完全独立于我们的思想，但我们与自然共同地这样实践着。这是问题的关键。我们同时与自然和社会环境相互作用。这种两重的形态，正如已经表明的那样，实际上是把握客观知识的先决条件。另一种说法是对世界进行完全个人与主观的把握，这种把握的特征远没有达到在我们共同的科学理解中被认为是理所当然的东西。一种客观的理解自始至终是通过我们认知的公共机构与惯例来完成的。重大的错误就是认为实践与客观认知必须对物理环境，而不是对社会作出反应，仿佛两者是相互排斥的。虽然在特殊的情形中，两者彼此排斥地交替着，但这不是常见的情况。“自然”与“社会”并没有被限制在必然的零和游戏(zero-sum game)之中。相反，常见的情况是我们利用并通过社会去理解物理世界。也就是说，我们利用我们的公共机构、借用于我们的公共机构，而不是放弃它们来理解世界。公共机构的自我指涉的分析并没有因此破坏我们知识的实践性，而是描述它的一种先决条件。称它为一种先决条件并不是简单地说社会实践是任何其他认知实践的一个不可分割的部分。这并非是在折衷实践的优位性原则，而只是明确表达与说明这一原则。

注：在过去几年中，我与 Barry Barnes 对 Anscombe 的著作进行了大量有价值的讨论。虽然我们并非总是一致的，但当前这篇论文在部分上是这些讨论的结果。它清楚地表明我已经非常依赖于他对社会机构的解释。然而，我必须对我在采用这些思想时的缺点负责。Celia Bloor and Martin Kusch 对本文的前面两稿进行了阅读并提出批评，在本文中，我已经尽我的所能去回答他们的批评。我要感谢他们，就像我要感谢 Konrad Bloor 一
【105】 样，他再次帮我把本文输入电脑。

什么是意会知识

哈里·柯林斯

“意会知识”的思想在科学知识社会学中已经被证明是富有成效性的，即使它继续保持着含糊性与难于定义或描述的特征。我将描述并分类已有的工作。我将在某些方面来展开工作，先考查从事研究实践的学者一直沿用的那种思想，然后对不同的研究途径作出某些评论。〔1〕

这是哲学吗？仅对实践者所采用的概念进行一种描述能够经受住哲学批评家的尖锐分析吗？〔2〕我的辩护如下：维特根斯坦是几乎所有研究实践的理论家所追随的哲学家，一个概念的意义是通过其应用而被理解的，我将依据这种维特根斯坦式情结来提出自己的纲领。当然，那就是为什么社会学家如此关注实践的原因——他们的兴趣在于通过考察应用来理解社会与概念世界。在本文中，我只是把同样的原则转回到考察实践概念

〔1〕 为消除误解，在这一注解中，我开始展示某些我认为是经验上成功——这模式的所指与显现的东西，在 Collins and Pinch 的书 The Golem (Collins and Pinch 1993)中的结论可发现。在这里，我们暗示理解意会知识有助于帮助我们：理解法庭科学时常具有误导性，并总是处于争论之中；理解其他种类的专家与其他形式的公共机构之间的相互作用；理解为什么在各理科学科中，存在着高比率的博士生退学现象；预言诸如冷聚变这类科学争论的过程；理解尽管面临着国际禁令的压力，某些国家还进行核试验的决心(特别见 MacKenzie and Spinardi 1995)；理解为计算编写科学“发现的”程序的现状与未来的可能性，探索其他的“智能机器”(特别见 Collins 1990 and Collins and Kusch 1998)。

〔2〕 哲学家，Steven Turner (1994)，声称意会知识的概念一直被用作一个黑箱，一直被视为垃圾的残留物与原因不明的东西被倒入其中，从而使困难问题得到消除。在提出其主张的过程中，Turner 并没有研究在科学社会学中的经验纲领，这一纲领利用意会知识的概念，但经验上的发现不可能依据他的批评而得到重新公式化表述。

本身。

我接下来不会挑衅性地讨论“意会知识”一词，就像许多实践理论对它的讨论那样。本文集的许多作者认为术语“意会知识”或“意会规则”是理论中的惰论，或更坏的东西。某些人认为用这样的术语会引人误解地显示出存在着一个作为实践基础的隐藏结构，而我们需要所指的一切只是实践本身。我并没有试图直接参与这种争论，至少不会在争论通常涉及的术语上；[1]我的讨论意味着一位从事实际研究的社会学家，我自己对我所研究的共同体的实践的(部分上)把握是一种非常具体的成果，类似于这些共同体的成员自己所获得的成果。当我们从一种无能状态进入到另一种能力状态时，描述我与我的反应者的一种语言看来决不是一种惰论。因此，我注意到对一种实践的把握不能从书本或其他没有活力的资源中获得，而时常只能，虽然不是始终，通过与涉入这一实践中的文化成员之间持续的社会相互作用而获得。我注意到在把握一种实践时，存在着成功的坚定(robust)指示器：在与反应者相互作用时消除行为上的小错误是一个很好的指示器，通常是一个相当明显的指示器；与专家的对话的状态同样是一个很
【107】好的指示器——当你讨论他们的主题时，如果你能使他们认真听并有兴趣听你所说的，这意味着你正在取得一些进展；另一方面，如果对你来说，所有对话是从他们的解释性原则出发，以一种学究式方式来展开，那么你会毫无进展。对所有的实践来说，只存在着少数共同的东西。无论术语“意会知识”是否会被其他措词所取代，它们将保持不变。[2]

对我将要讨论的这一主题领域，我最好给出某种说明。它包括了那些我们知道如何去做，却无法对某些人进行说明的事情。我们可能不知道如何说明它们，或我们可能甚至还不知道我们已经理解了我们理解这样的事

---

〔1〕 虽然在我们面前有诸如 TEA 激光器的顶端导线这样的案例，但哲学家与常人方法论学者为什么会非常坚决地拒绝依据规则去谈论，对此，我承认我有某种困惑。(Collins 1992)

〔2〕 同样可知，这篇论文隐含着对这样一种分析的批评，即把社会还原为诸如一个网络中的相互作用这样的做法。这篇文章捍卫社会要大于其相互作用的部分的总和这种观念。一个社会成员确信其能力对他们来说是可利用的，只是因为他们是某种较大的，不可还原的共同体中的成员。(Collins 1998)在此，本文利用了 Wittgenstein 的哲学(1953；Winch 1958)相关的论点，见 Schatzki 1996，1997。

情。如，几乎所有英语国度中说英语的人并不知道他们“知道”如何避免说出拙劣形态的句子，并不知道他们是如何获得这种“知识”的。除了不断言说以外，他们肯定不知道以何种方式来传授这种知识。

我用以探索这一主题的一种途径就是通过抛弃许多思想包袱，来试图消除我自己在我们众多知识的意会性上的信念。通过考察各种相似意会性的明确途径，我将试图“放弃”尽可能多的这类意会性。我可能会试图放弃哲学家（如 Steven Turner 1994）的思想，但我更熟悉捕捉“研究人工智能的知识分子”（“artificial intelligentsia”）所操作的意会能力，这些知识分子相信人类的所有能力都能够被编译成机器的程序，因此对这些能力来说，不存在深层的意会的、社会的东西。我将试图尽我所能表明神经网络——当前捕捉意会知识的机器的最为突出与最受“夸张”的代表——中存在大量的意会知识的意会要素。我并不特别关心我是否给出更多的内容，因为我的策略是想表明无论我试图放弃多少内容，总还有些东西是从事实际研究的社会学家无法避免的。〔1〕

我将把本文分成三部分，分别论述社会学家研究意会知识的三条途径——从中，他们的研究早已开始。我随后会反过来重新考察这些途径，依据神经系统网络来考察每一种途径，看它们能够把握什么，在网络中还留下了什么，如果有的话。在每一种情形中，我将进行一个思想实验，并且寻问当科学家力图复制一个困难的实验时，所用到的所有的意会知识是否能够被编成一个神经系统网络中的密码。

一、思考意会知识思想的三种途径

（一）运动技巧的隐喻

意会知识最具影响的范式性例子可能是骑自行车，这来自于迈克尔·

〔1〕 因此，在提交这篇论文的那次会议上，Eike von Savigny 基于我已经完全放弃的理由来批评我部分论规则回归的内容。毫无疑问，Von Savigny 是正确的，我认为我自己的不恰当之处可能出自我写作这部分内容时所使用的句子。然而，我认为从我的整体的讨论策略来看，这部分内容是站得住脚的。

波兰尼(Michael Polanyi 1958)。波兰尼指出骑车的物理学是复杂的与反直觉的[1],几乎没有任何车手能够理解这种物理学,即使他们能骑车,他们也不会利用他们对相关物理学的理解去控制自行车。我们学习骑车,然
【108】而并不理解我们如何做,这里的"理解"是在能够明确地阐明规则的意义上使用的。

能够明确阐明规则,我们指的是什么?我们知道某些骑车的规则,如"保持有两个轮子的自行车的稳定"、"坐在车座上"、"用脚转动踏板"、"用手把握车把"、"自行车的大小必须大致与骑车人身材相符"等。我们同样也知道诸如"人们通常用10分钟到几个小时的时间去学骑车,即使你跌倒过几次,你还得不断地试";"当你首次试图把握平衡时,有人帮助把你扶直,这是有帮助的";"人们的鼓励是有帮助的";"找一个较宽的平直地面来练车"这样的规则。"能够清晰地阐明这些规则",我们是指什么?那么当我们追随波兰尼的观点时,这大概是指"能够以一种使物理学家感到满意的方式来清晰地阐明规则",或是指"能够以这样一种方式来清晰阐明规则,以至另一位阅读它的人就直接能够骑自行车"。

第二种阐述看来更加符合直觉的意义,看来是考察意会知识有用的方式。因此,在这种意义上,人们能够明确阐明诸如在国际象棋中移动棋子"象"这样的规则。某些人可能知道如何下国际跳棋(西洋跳棋),但不会下国际象棋——也就是说,能理解如何在一个正方形棋盘移动跳棋棋子的人,通过发出一封记下包含他们已经理解的编码符号的信——他就能被传授移动棋子"象"或任何其他国际象棋棋子的合理步骤。他们打开这封信,读记号,就能够不犯重大错误而直接移动棋子"象"。

无可否认,最后一段话隐藏着困难,即没有至少经过少数机会去实践,他们是否能够正确地移动棋子"象",但如果我们不接受这一例子为非意会知识的一个范式,我们就会发现意会知识的概念没有有用地应用,因为所有的知识都将是意会知识。因此,让我们认为棋子"象"的移动与骑自行车

〔1〕 如他说,如果自行车未能向左转,那么车把手第一个运动肯定是向右转,然而,我们所有的人都会认为第一个运动应该是向左。

的例子为在运动技巧的标题下的明确的和意会知识的范式。

在知识社会学中，以这种方式来理解意会知识的概念已经被证明是富有成效的。它被证明非常富有成效，因为在“在社会学时代之前”，许多流行的科学知识的模式认为几乎所有的知识能够被转变为非意会的形式。〔1〕如一种通常的模式是检验实验结果是一件简单易懂的事情，因为对科学家来说，他只需要写下一个实验的“处方”，其他科学家就可照葫芦画瓢，并证实结果。然而，从实验技巧存在着一种意会的维度这种思想来看，社会学家能够理解要重复实验是困难的，因而就很难检验实验，科学家的技巧需要由相关共同体不断地纠正与保持，技术能力如果没有在实践中不断更新，它们就可能会消失。〔2〕 【109】

对科学实践来说，上述意义上所理解的意会知识的思想导致了重要的结果，而这些结果在社会科学中同样也得到了确证。

注意在上述理解意会知识的途径中，当我们试图理解实验过程时，活动技巧的意会性被隐喻性地采用，因为实验过程并没有包括骑自行车时的身体。如人们可以把实验操作过程交给技师，但不能把骑自行车交给一个助手。一个相关的问题是在棋子“象”的移动例子与骑自行车的例子之间的对比，这种对比似乎表明了意会性对操作性技巧是必不可少的，意会知识应用于“认知能力”，看来不存在问题。

（二）规则回归模式

在上一段，我展现一种意会知识思想的途径，它以波兰尼的骑自行车的例子开始，因而它视活动技巧为一个范式。科学知识社会学同样用另一个范式达到同样的结论，但这次明确包括认知能力。这是维特根斯坦式的

---

〔1〕 当然，几乎所有的科学家与许多科学的观察家仍然被传授着这样的世界观。

〔2〕 见 Collins (1992)论 TEA 激光器，引力波的探测与“实验者回归”。见 MacKenzie and Spinardi (1995)在核武器试验语境中对意会知识的一种引人注目的利用；MacKenzie 暗示如果核武器试验停止，武器的设计者将会忘掉他们的手艺，核武器将自己消失。

研究路径,即“规则并不包含能决定其自身应用的规则”[1]。一个经常被利用的例子是为一个数列的扩展提供一组充分的规则是困难的。首先,扩展一个数列的正确方法并没有数学上的必然性,因此,什么算作扩展数列的正确方式是一种约定。其次,我们很容易就能够表明对于延续一个数列而言,并不存在某一套特定的规则。这套规则规定了人们必须以某种方式延续数列,如果不以这种方式延续的话,就会打破人们的通常惯例(对于何为对数列的一个恰当延续而言的约定)。再者,一个数列看来不仅仅只有一种约定的扩展:如在讲英语的国度里,数列 2、4、6、8 后面的数可能是 10,或“我们欣赏谁”,这依赖于情境。规则回归的问题揭示出我们无力准确地描述这种约定而不是那种约定得以应用的情境。

人们完全可以用这种思想作为实验技巧的一种隐喻:实验技巧要求一位实验者像他人一样,“以同样的方式进行”。结论再次表明,实验技巧不可能以一种公式化的术语进行传授。同样的结论也可从实验方法、技巧与重复实验中得出,就像从运动技巧的隐喻中引申出来一样。

(三)生活形式的途径

第三种达到同样结论的途径是从观察不同社会群体中的人着手,这些人认为不同的事物都是某种知识,但他们并没有意识到其确定性的社会基础。知识社会学最令人困惑的事情就是:如果我们认为确定的东西是与我
【110】们涉身于其中的社会群体,而不是与我们提供的理由有关,那么我们的确定性看来是没有根据的(或许我更喜欢这样说,我们必须开始在一种新的方式中利用“确定性”)。众所周知,就科学而言,早期的知识社会学被认为具有一种“例外条款”:科学知识是普遍的,我们的科学信念的基础被认为

〔1〕 Dreyfus 在其人工智能的批评中(1972; 1993)有效地利用了这一思想。如 Dreyfus 写道:“我的主题……只要依据规则来分析人类的行为,这些规则肯定总是包含其他条件[情况]均同的条件,如,它们应用了“其他条件[情况]均同”,但“其他条件”与“均同”的所指,在任何特殊的语境中,如果没有一种回归是不可能被充分阐明的。此外,这种其他条件[情况]均同的条件不仅是一件令人烦恼的事,因为它表明分析是不完全的……而且其他条件[情况]均同的条件指向了一种是所有准规则的活动的可能性条件的实践基础……因此,归根到底,所有的可理解性与所有的智能行为必须被追溯到我们是什么的感觉,按照这种论点,这种感觉如果不以回归为基础的话,那么必然会是某种我们决不能够明确了解的东西。(pp. 56—57)

是超越了社会的约定。科学知识社会学令人兴奋的，并且具有争议的事情就是它消除了这种例外条款。

如果情况是我们信念的真实资源在很大程度上来自于我们居住的社会语境，而我们又认为我们信念的资源（包括自然界的信念）是别的东西，那么我们信念的资源对我们来说是隐藏的。因此我们的信念是基于意会的理解之上的。

就像前面一样，我们的结论是，对科学方法、科学知识的维持与传播来说，存在着某些有趣的问题。既然这样，我们趋向于说获取科学知识的唯一途径就是沉浸到相关社会群体中。这种考察事情的方式不仅解释了知识及其结果的传播的困难，同样提供了获取它的一种策略——更为社会化的交流。这种途径导致这样的结论，即普通的社会化将导致对问题的一般解决。[1]

这种考察事情的途径同样暗示我们确定性的基础要从在我们所涉身的社会群体的历史中去寻找。研究新科学事实的共识的突现就是去理解为什么人们会相信这些事实。在这方面，知识社会学给相当静态的维特根斯坦的图像加上了一个动态的维度。当我们观察新科学共识突现时，我们正是在观察各组新的意会知识的发展。

二、意会知识的前两种思考途径的某些特征

（一）重审运动技巧隐喻

骑自行车的例子过于复杂，因此让我们举另一个例子以作更深刻的分析。让我们考虑舞蹈及其与心理学家称为“本体感受”——意识到我们的肢体与肌肉的位置——的关系。数据先生（Mr Data），在美国电视连续剧《星际旅行——下一代》中所描述的以人类形式而出现的一台友好的计算机，比几乎所有的人类更具备本体感受。在一段情节中，有人教数据先生

〔1〕 我最初研究的灵感来自于“生活形式”的途径，只是一位推荐人引起我注意到 Polanyi 的意会知识的思想，我在 1974 年的论文中采用了那一简洁的陈述。在某些方面，我从那以来一直后悔这种做法，因为正如我将要解释的那样，生活形式的途径是最为有趣的与最基础的。

跳舞。教练贝弗利·柯拉雪(Beverley Crusher)通过一组复杂的步伐跳起了轻快的舞步,数据先生在一旁观看:当她正打算"一步步"教他这种舞蹈时,数据先生却向她表示漠视,并且无瑕疵地以完善与迅速的节奏重复了整个舞蹈。这就是我们从计算机那所期望的东西——能够用形式化规则来取代实践;数据先生已经把舞蹈的步骤翻译成时空的坐标,已经用这一
【111】公式来指导自己舞蹈的常规动作。我们应该相信数据先生能够通过其本身的程序来计算其跳舞过程,但我们只能努力通过实践来"内化"这些步骤。

在某些技巧的活动中,可以合理地认为一种知识能够被其他知识所取代。人类在利用形式化知识的能力方面具有很大的差异。我相信某人能够依据脚步的运动等,把跳舞描述成一种简短的舞步顺序,随后能够无瑕疵地跳起这些舞步,这是一个事实。我也相信被给予了同样指导的其他人如果没有大量的实践,就不能跳起这些舞步,这也是一个事实。我知道第二种情形是一种事实,因为我就是这样的一种人。我并没有更多的本体感受。我不能够举出更多的证据来描述我的跳舞能力,然而,我却能够举出在我挥动高尔夫球棍能力方面的大量证据。打高尔夫球是一种活动,它被非常详尽地分析过,对于身体中每块肌肉的正确运动有着无数的描述,我已经读过其中的不少。然而,像几乎所有的高尔夫球手一样,我不能够正确挥动高尔夫球棍,甚至在经历10年的尝试之后仍然如此。

通过扩展这种考察事物的方式,我们能够理解就我们人类而言,大量被称为意会知识的东西之所以是意会的,只是因为我们就是这样被塑造的。毫无疑问,数据先生天生就是高超的高尔夫球手。如果我们的大脑像数据先生的大脑一样快,我们将可能依据物理学对我们的解释就会直接骑自行车:我们只需把物理学应用于实际就行了。就一种知识对另一种知识的表面取代性而言,对这种意会知识的意会性来说,看来并没有什么根本性的东西——其意会性只是我们如何被塑造的偶然性,在与我们大脑的能力关系上,某些任务是如此困难(从相反的角度来考察骑自行车的例子,我们在月球上"计算的"骑自行车也许更为容易,因为在一种弱的引力场中,所有的事情发生得非常慢;在一个弱的引力场中,我们甚至可以手拿着一

本骑自行车的规则手册，当我们非常慢地倒向这一侧或那一侧时，我们能够一边阅读手册一边骑车）。

更具诱惑力的是在两种有用的计算机程序范式——符号程序与神经系统网络——之上绘制两种类型的运动技巧知识。[1]能够从舞步位置的一种时空描述中直接把握舞步的舞蹈家，像数据先生一样，看来能够做像由一台智力数字计算机所处理的计算的这类事情。另一方面，需要无数次实践与大量反复试验的舞蹈家（骑自行车的人）看来放弃了神经系统的途径，这种途径无须准确地说出他或她能够做什么就可直接完成相关的动作。[2]因此，即使我们像神经系统网络一样，得通过实践去把握身体技巧的技能，但这并不意味着存在能深刻意会它们的任何内容；它也不意味着它们不能够被表达在符号之中，仅意味着很难得在我们所熟悉的符号系统中清晰地阐明它们。【112】

到此为止，运动技巧的隐喻并没有导致这样一种观点，即那些目前由意会知识所完成的行动，可能决不会由明确的知识（或许存储在高速的数字计算机），或在人工神经系统网络中复杂的但可能被清晰阐明了的知识所控制。如果情况如此，那么科学，虽然由于意会知识的问题阻碍了足够信息的传递，因而不可能进行一个完善的实验检验，使它目前可能是不完善的，但在原则上科学应该是能够达到完美的程度的。或许在遥远的将来，当他或她已把有关一个实验程序的所有已知内容输入一台数字计算机，或者已经训练了一个神经系统网络来完美无缺地重复这项工作，一个实验者的工作可能就是完美的了。这些计算机随后能够被其他科学家所采用以检验一个实验，发生在这一实验中的所有的事情可能都是容易获取

〔1〕我们知道，依据在计算机化智能的最近趋势来模式化大脑，这总是充满着诱惑力，但本文在这一点上并不需要对抗这种诱惑。

〔2〕某些精明的作者有意把这两种类型的知识混合以产生一种有趣的结果，如 Crothers (1987)说："在其隐喻的意义上，橄榄球后卫肯定要了解坐标几何学，他变换的大致场所必须是一条直角双曲线，踢球人在踢球前必须把他的回转椭球置于这条曲线上。"另一方面，一位橄榄球后卫(Webb 1988)说："如果你想在一篇论文中准确地写下你在两个球门柱之间毫无差错踢进一球，这是不可能的。"

的;这只不过是一件考察程序之事。但“实验者回归”[1]（‘experimenter’s regress’,Collins 1992)应该是人类的弱点而不是逻辑的问题。

（二）重访规则回归模式

人们可以利用TEA激光器的极点导线的案例来更为深入地考察规则回归模式。[2]在20世纪70年代,如果研究激光器的科学家的信息资源仅来自于公开发表的文献,他们就无法制造TEA激光器。然而如果当时他们与已经制造过能发挥正常功能的激光器的另一个科学家群体工作过一段时间,他们就能够制造出这样的激光器。其中的原因之一是研究制造激光器的物理学家并不能很好地理解激光器的电子学。特别是,成功制造了一台激光器的那些科学家,或那些正在试图建造这样一台激光器的科学家都不知道,必须引起极点电极的高电压引线短路。

在这样设计的激光器中,这种极点导线从大的与笨重的电容器中露出来。某些设计者碰巧把他们的电容器安装在激光器的钢构架上。这种设计有可能会有效,因为导线将会短路。然而依据一种线路图来安装,没有暗示电容器应该安装在何处,除了把激光器安装在工作台上外,如果是那样的话,激光器将不会工作,因为导线太长,其感应系数将太大。成功的激光器制造者无法对新手解释这一点,因为他们不知道正是这一导线,还有电容器的相关位置导致了这一成功。他们成功是因为传统的方法有效,但他们不知为什么。我们可以说利用传统设计的科学家“理解”导线肯定短路这一事实,但是在意会意义上的理解,关于极点导线长度的规定只是在TEA激光器出现很长一段时间后才成为明显的事实。[3]

这一例子告诉我们几点。首先,它表明了一种不同的意会知识——一种出现在传统而不是运动技巧中的知识。制作一把能与特拉迪瓦立小提

〔1〕 我相信一旦一个神经系统的网络停止“学习”,其程序就能够被表达为易受数字处理的一组规则,一个可能更易于理解的表达式。然而,这是一种有争议的看法,如Dreyfus对此就持异议态度。幸运的是,因为这篇论文的策略,如果我的看法或Dreyfus的看法是正确的,但这已无关紧要。

〔2〕 Collins (1990:11－116).

〔3〕 对意会知识的一种更为完备的分类,见Collins on Q of Sapphire,可从作者那获得未发表的手稿。

琴相媲美的小提琴的能力也应该类似。【113】

这一例子表明的第二点是这种传统类型的意会知识能够被转化为明确的知识。这种意会知识会使科学在短期看来是不完美的,但长期又如何呢?[1]为制作一台 TEA 激光器,如果肯定能够使某些曾经是意会的知识变得明确的话,那么在原则上是否所有的事情都必须得到明确?

在回答这一问题时,人们可能会尝试着说"不",因为存在着太多的事情以致无法理解。甚至于 TEA 激光器的极点导线也存在着无数的事情要说,因为规则并不包括其自身应用的规则。认为人们一旦知道极点导线必须 8 英寸长就知晓了关于它的一切,就是忽视了在这一陈述中大量传统的与约定的知识。人类要利用这一规则,他们必须已经知道了有关英寸、有关"8"、有关导线、有关厚度、有关如何近似(因为不可能把导线剪切成正好 8 英寸)、有关电流等知识。试图表达所有这些事情就会碰到规则回归。那么,当人们能够明确传统知识的越来越多方面的内容时,明确的知识无论有多少,必须总是确立在未能被阐明的知识基础之上的。

再次,人们可能争辩说这不可能是一个逻辑的问题而是人类能力的问题。人们可能争辩说大脑的神经系统网络必然包含自我们出生以来我们所学的一切(或许某些"硬连结"['hard-wired']能力在我们出生之前就已经存在于那里)。因此,随意谈论传统应该被严格谈论所取代,如激光器的制造者具有一种嵌入其神经系统中的一台激光器应该像什么的想象,这种想象引导他们建造激光器的活动,就像任何其他计划一样——虽然这一计划更像是一种精神模板而不是一系列按顺序依次排列的"坐标"。或许人类不能够阐明所有这些想象与处于神秘方式之中的传统的其他方面,只是因为其精神组织的数字方面显得很弱。人类花费时间去遗忘形式规则,用未能被阐明的实践去安排行动,这同样是重要的;这对人类来说通常更为有效。第一个理由是在对其不进行思考(如当我们没有有意识地处理规则)时,看来更容易有效操作运动技巧;第二个理由是比起对每一案例都乞求一个更进一步的规则来说,一种无法言说的规则有着更为普遍的,虽然

〔1〕 我在与实验技能传授相关联的困难的狭窄意义上指"使科学不完善"。

也许是不准确的应用；第三个理由是比起阐述规则来说，社会化看来是教人们行动的一种更为有效的方式。[1]因此，人类不能说出所有的规则，如果这一事实看来是真实的话，一种无穷回归的表现可能是我们有限能力的一种人工事实，或许，如果我们意会性地理解了足够多的规则，它们能够被在带有一种较大数字能力的东西中提炼并表达出来，这可能会使无穷回归的问题看来不那么紧迫。[2]

再次，这与我们对科学的分析不相关，因为我们所知的科学，正如我们所知，是人类的制造，但它可能会对人们理解知识的方式产生原则性的影
【114】响。或许，一个神经系统的网络能够学会足以进行一个困难实验的能力，而无须通过任何实践，只是因为它能够把握如此之多的规则。

三、对理解意会知识而言，生活形式的重要性

神经系统的网络看来易于处理意会知识。我们能够理解人类如何具有知识与能力，却不能阐明对应的规则。正如我已经讨论过，这对科学知识社会学，对我们所理解的科学是无关紧要的。不过，如果存在的所有意会知识都是运动技巧与规则的回归，那么至少从长远的观点来看，神经系统的网络承诺了一种形式化或至少机械化那些曾经神秘的意会知识的方法，因此剔除了科学中的神秘性与不完美性。[3]不过，即使所有的意会知识能够通过运动技巧隐喻或规则回归模式来理解，在原则上能够被像人工

---

〔1〕 见 Collins (1990: Chapter 6)，一个说明这一点的不重要的例子是随着自动售货机的普及其指令就越来越少。

〔2〕 Douglas Lenat 等人 (1986)提出了一个计划，以有效地检验规则的回归是否会永远地进行下去。Lenat"CYC"计划目的是把人们理解一本百科全书所需要的所有知识输入一台计算机的程序。Lenat 的意图不仅包括百科全书的输入，同样包括理解这种输入所需要的背景。我不知道 CYC 取得了什么进展，但我近几年来还没有听说。我的猜测是任何想清晰地阐明这样一组知识的尝试很快就会陷入困境，虽然这些困难是根本的，还是能力的问题，对此，我不准备在本文中进行讨论。

〔3〕 可能正是这一点导致了对人工智能的批评家，如 Hubert Dreyfus，去用更大的热情去而不是应有的期望去拥抱神经系统网络，仿佛神经系统网络已经解决了把人类的能力输入机器，或公式的主要问题(我相信对以 Dreyfus 为代表的人来说，结果都是一样的)。

的神经系统的网络程序之类的东西所替代，但正如我们在科学共识的形成过程中所看到的那样，我们认为这些规则的构成是不能够被如此取代的。这是因为科学共识形成的历史是科学家群体的历史，科学家不是人工神经系统的网络。

科学家能够被神经系统的网络所取代吗？不！我们只能想象用一种由共识的传统所确立的人类行动的神经系统的程序来取代一组不变的与最终的意会知识，但我们不能够想象这样的网络会以与人类同样的方式来形成这些传统。为参与传统的形成，网络将需要所有的身份、说服的能力、理解什么对他人来说是可信的，等等，科学知识社会学已经表明了在新知识的形成过程中所涉及的这些因素。换言之，这样一种神经系统的网络将不得不具有在社会生活中持续变迁的状态，就像人类那样。或许将来某一天会做到，但人们目前还没有关于如何做到这一点的一丝想法，甚至在原则上也是如此。

四、社会嵌入

到此为止，我所做的是考虑三种研究意会知识思想的途径。在前两种情形中，我举的例子使得我可以承认这样的事实，即我们称为意会知识的东西可能与人类大脑计算能力的局限性有着密切的联系，并且，对意会性来说，没有哲学上更基本的东西。那就是说，我还没有发现这种说法的困难，即想象复杂难理解的意会知识可能被转化为一种亚符号(subsymbolic)的计算机程序。由此或许可以转化为一种我已经讨论过的符号的计算机程序。然而，我已经讨论过即使情况如此，意会知识的思想对分析我们所知的科学是至关重要的，已经永远改变了我们至今为止的分析科学的方式。【115】

我随后考察了第三种研究意会知识的途径，暗示这引起了一种新的问题——新共识知识的产生。即使我们允许所有共识的意会知识可能被转化为人工的神经系统的网络，但这要求参与到我们所熟知的科学创造的过程中的神经系统的网络必须像人类的科学家那样去适应社会，我们不知道如何能够安排这样的事情。

现在，我想关注更为令人困惑的事情，回到我前面举的例子来思考这些问题。骑自行车需要被分解成两种不同的活动。波兰尼所讨论的，与我们到此为止所讨论的应该被称为“平衡自行车”。平衡自行车就是在一个没有车辆通行或交通行驶器械的地方来操纵自行车。这只是因为波兰尼所讨论的骑自行车被限制在平衡自行车上，因此我们才能够谈论骑自行车的物理学，才能够想象这种物理学被描述或嵌入在一种或另一种计算机程序里，包括我们自己的大脑的程序的安排之中（我假定我们所有人都同意平衡自行车是由什么组成，平衡自行车的物理学是共识的与不变的〔1〕）。

骑自行车的另一方面是在往来的行人车辆中骑，这更为复杂。人们可能会问一位骑自行车的人：“当汽车从你的右边经过前方时，你为什么跨越了两条公路的交叉点?”他或她可能会回答到：“我与驾车司机互相使了眼色。”但这并没有为跨越交叉点提供一种指令，因为与境是如此关键：它依赖于这一国家，在其中人们骑自行车，及其所涉及的居民与特殊的小车驾驶员在道德上的诚实性；它依赖于骑自行车者是否是一位儿童，当然还有是否互相使眼色的意指。就什么是其他情形下的“同样”情况来说，随着小车与自行车的相对地位的变化，对骑车的认识可能会在时间与空间中变化。因此，骑车的这一方面要求自始至终被牢牢嵌入在社会环境之中。不仅在骑自行车规章的创立阶段要求社会嵌入，而且社会嵌入的要求会贯穿于始终。

在跳舞中能够发现同样的两个方面。数据先生可能已经知道了贝弗利·柯拉雪所教的某些步子，但把这些步子应用于跳舞实践完全是另一回事。在《星际旅行：下一代》中所讨论的那一情节中，教练柯拉雪对数据先

〔1〕 然而，当平衡自行车是一种惯例时，就能够做恰当的事情，见 Bijker (1995)。足以令人感到吃惊的是，甚至打高尔夫球也有几分这种惯例的样子。恰当的打高尔夫球动作的范例在过去几年中已经出现了明显的变化，模仿第一个成功的高尔夫球手的动作，随后又模仿另一个，争论继续在一个高尔夫球手让打球的标准符合他或她自己，还是遵从公共的标准（Jenkins 1994）。

生留下了深刻的印象，因为数据先生把握了她示范过的步子的即时特征，随后评论道："现在你所做的一切都是即席表演。"正是在这里，《星际旅行》脱离了其习惯的科学保守主义，因为"即席表演"完全是我们不期望数据先生能够进行的活动。即席表演要求对人类社会有一种准确的关注，一种非常深刻的理解，因为它不是遵循一种行为指令的活动，而是要脱离它到达这种程度，即必须与精华的、无法言说的约定相一致。比起笨拙的跳舞者拼命地试图用不恰当的即席表演想给教练留下印象的做法来说，要想进行模仿更为容易，但这并不难以解释。当我们转向嵌入社会之中的人类行动 【116】
的各方面时，就很难想象它们被嵌入一个计算机模式之中，无论计算机是符号化的还是亚符号化的。这些种类的行动要求行为是变化着的，但不是随意的，而是按照社会环境的要求而变化。这类行动就是库施与我所称的"多形态行动"（'polymorphic actions'），与少见的"单形态行动"（'mimeomorphic actions'）。相反，人们通常宁愿每次都用同样的行为来作为后者的例证。〔1〕

恰当地即席表演，或恰当地完成任何多形态行动的能力能够被还原到一个神经系统的网络的安排中，这看来是不可能的。我个人认为有关这些事情的最为经济的思维方式是把个体的人类视为这一个社会群体的一种表现，而不是相反。即使我错了，可以再次肯定的是我们在下述问题上的看法不是最无力的，即如何组织在任何种类的公式或程序中的这些能力，或如何制造一个人工的社会化实体，如果存在着做这些事情的规则，其场所是社会自身，为理解它们，人们不得不介入社会生活的持续流动之中。基于这一理由，当我认为在产生对科学的更好理解中，研究意会知识的所

〔1〕（Collins and Kusch 1995a，1995b，1998。）在这一点上，可能值得严密地注意这种看待世界的方式如何与 Dreyfus（如 1993）的不同。对 Dreyfus 来说，一种像技能性的平衡自行车的活动超越了计算的能力，因为人类是通过他称之为"直觉"的手段来做的。这种途径是除非我们使骑车处于恰当的状态——包括骑车的交通规则等社会要素等，否则关键的特征就不会显现出来。本文所提出的途径是与 AI 狂热者途径相一致的，在后者中对平衡自行车问题的一种解答（如至少一种可能的解）是更强大的符号化的计算机。这可能不是做这事的最有效的方式，但在原则上没有理由相信不能这样做——这是对大量函数的快速处理过程，这些函数控制着由系在自行车上的各部分的传感器反馈回来的数据之间的联系。如果认为这种途径可以扩展到社会嵌入被包含于其中的这些方面时，AI 狂热者就会误入歧途。

有途径一直并且继续具有巨大的成效时，我相信多形态行动与社会嵌入的思想是最为基本的概念。这是一个在我们的实践的实际研究中不能被还原与放弃的概念。相反，我们所需要的是用一种更为发达的语言去讨论其

【117】 一般性质。[1]

〔1〕 Collins and Kusch (1998)，开始尝试研究这样一种语言。

抛弃意会规则手册

学习与实践

斯蒂芬·特勒

我已经在别处指出过对“实践”的讨论在“共有”的概念问题上陷入了麻烦。(Stephen Turner 1994)存在着“被共有”的实践的这种想法要求解释某种实践如何达到了共有的认识,这种认识反过来又表明了实践如何被理解。如果我们确定这些困难是无法克服的,我认为我们就可以放弃共有实践的概念。不能共有的实践,用在 19 世纪中流行的话来说,就是习惯——个体的而不是共有的。习惯仅是术语“实践”所描述的现象的一部分,即使人们具有同样的共享事物这种想法被消除,这一思想还继续存在。然而,“习惯”是一种可能误导人们的术语,特别是如果认为习惯是一种普遍的另类说明,而不是作为遭非议而被从中排除掉的实践概念的残留部分时。下面我将通过以稍微不同的术语来重述我那反对实践是“社会”观念的观点,同时也没有借助于作为一种概念的“习惯”,通过利用认知科学中当前研究的相关讨论来试图避免这种可能的误解。

为了下面的讨论,“实践”被定义为一种被把握的活动的那些非语言的条件。“一种实践”,我将指一种活动,它要求其真正的参与者去把握那种意会的东西以实施这种活动。我打算讨论的内容是学习的某些一般特征,它们能约束我们的实践观念,因而是一种依赖于这些特征的实践观念。通常,意会的内容并不完全等同于实践。几乎所有实践案例都包括明确的交流,甚至明确的规则。规则并非自发应用,因此在存在着明确的规则的条件下，如法律中，相关的实践是一种能够使人们遵从规则的实践，如一位律师或法官解释法规。时常并不存在着明确的规则，但存在着明确的讨论。如油漆一间房子，就可以恰当或不恰当地进行，对错误就有一种相当详细的评价与描述的词汇。某些可能被称为“一种实践”的“知道如何”进行的行动，可能并没有这样的评价与详细说明的词汇，或许我们根本就没有。
【120】如打情骂俏的行为，在被理论化之前，它可能就缺少这样的词汇，调情的儿童应该没有什么词汇用来讨论这种行为——但它仍然得学。我整个文章所关心的是一种实践的意会部分。

一、语言的类比

在讨论实践时，语言扮演着一个规则性的角色。未能说明语言的任何实践的解释都将是有缺陷的，因为语言是许多其他实践的组成部分，因为语言实践在原则上不足以与其他实践相区分开来，以视它们具有一种完全不同的特征。什么被包含在语言之中，通常的理解是：我们通过这种高度结构化的整体，一种共有的语言来进行交流，这种共有包括应用语言的非语言性的学习条件——实践。这一概念能够用一种更为谨慎的方式来考察，如戴维森谈到“共有一种语言，无论在何种意义上来说，这对交流而言都是必需的”(Davidson 1977：166)。共有的“必需的意义”可能是最低限度的，可能并不是由共有的意会规则所构成的。在下面，我将讨论“必需的意义”是什么的问题，它如何能与一种合理的学习解释相符合。

戴维森的评论是当代哲学中相当传统的内容，却显示出这是难以捉摸的论证。这是一种未系统阐明的超验论证吗？即它意味着这样一种主张，在这些术语(“语言”与“共有”)未被阐明的意义上，“语言”的“共有”是“交流”的可能性的条件，而“交流”这一术语在其中也未被阐明，这是事实吗？或者说这是否是一种推论，推出这是最好的解释，没有什么可取代它——可以说，是一种得到唯一解释的推理(这或许是超验论证的一个不错的定义)吗？有很好的理由来怀疑这种形式的讨论。然而这种对语言基础中共有的(可能是意会的)东西的一般描绘是很吸引人的，把它扩展到实践之中，这也是很吸引人的。除非存在某种共有的实践，某类事情可能就不会发生，这种主张是陈词滥调，尽管或许是因为其含糊性。

二、高级认知过程的符号与联结主义的模式

正如我所指出，超验主张的致命要害是这样一种看法，即解释项所指的唯一解释可能不是仅有的解释。在这种情形下，讨论将一无所获。在认知科学中存在非常类似的讨论，至少在许多人看来，它当前已经承认一种另类解释的充分性的证明。人们有进行数学推理的能力与符合语法规则的说话能力。我们可以分别依据形式的证明与语法的规则来明确表达数学推理与一种语言的语法结构。人们在其大脑中能进行的形式证明或符 【121】
合语法规则的所说，这一事实同人们进行交流这样的事实一样。正是这种事实，它看来要求进行数学推理或符合语法规则进行说话的人具有非常类似于或同样进行形式证明的能力。简言之，在进行数学思维或符合语法规则说话时，人们必须具有某种类似于进入数学证明之中的推理规则或公理的智力。对于认知科学家来说，问题就是通过识别所采用的意会规则与公理来模式化这些能力。

在认知科学中，这一问题导致了特殊的困难，即斯摩楼斯克(Smolensky)、勒让德(Legendre)与宫田(Miyata)论述了如下的"认知的中心悖论"：

> 逻辑推理、语法与其他高级智力的形式理论迫使我们认为心灵是一台机器，其规则是基于对结构化的符号串的操作。我们对大脑的所知迫使我们认为人类是依据较大数集的相互联系的神经元来处理信息的。最后，人类行为的丰富性，在日常环境与心理学实验室的受控环境中，看来拒绝基于规则的描述，表现出对在经验中、在信息的结构化性质中的微妙统计因素具有强烈的敏感性。(1993:328)

在这种情形下，存在着另一种解释或途径，即联结主义(connectionism)。

“联结主义”主张,模拟人的头脑中实际发生的思维运算过程的最合适的模型并不是像曾一度盛行的观点所认为的那样为符号的逻辑处理模型,而是在一系列的实际计算机应用(如飞行模拟)中所采用的那种并行分布式处理模型,这种模型的实现要求极强的运算能力。“符号处理”模型的工作过程如下:通过预先的程序设定或者通过学习,头脑获取对输入信息进行处理的规则,此种获取方式类似于通常那种计算模式,即计算机程序对输入的精确定义好的符号进行计算处理,就像将计算“规则”机械地“应用于”这些符号以得出预期的结果。联结主义模型的工作方式则完全不同。一开始计算机仅仅被给予一种学习算法,而不是任何具体的“规则”。然后该计算机开始接受“训练”:它收到输入数据,而后又收到对于“正确”答案的反馈。这种计算机与其说是一台康德式的机器,不如说是一台休谟式的机器。除了最基本的预期能力来自于外界输入的数据或者说来自于经验之外,该计算机本身已具备了它所需要的一切。外界输入的数据并不是(精确定义好的)符号,而只是来自于各种感觉源的脉冲;这些感觉源分布在大脑中由一系列“联结”所形成的路径上;这些“联结”本身则是通过一种
【122】脉冲与另一种脉冲的关联而统计学式地形成的。在联结主义的数学模型中,这些“联结”由脉冲的“权重”来代表,它们从某一个“节点”或某一条路径连接行进至另一个“节点”,与此同时也恰恰正在修正该连接(就像一个在树林中穿行的人同时也正在开辟一条路一样),提高了将来类似的脉冲也以类似的路径连接方式被传播的可能性。这种可能性的改变就是“学习”。这种计算机方法事实上已经被应用了:并行分布式计算处理系统学习诸如探测癌症的工作,这种计算处理系统接受纯经验性的训练,即输入的只是图像数据以及对于正确预测的反馈。在此方法中无须任何理论,也没有任何规则的参与。整个过程是统计学式的,而计算机的能力和输出取决于以数据和反馈的形式所反馈给它的东西。

试图处理人类认知的模式的问题是这种途径能否解释高级的思想活动的过程。一般的解释问题是这样一个疑问,即统化的、相干的、编制的与富有成效的能力如何借助联结主义利用的特殊种类的“有限与确定的资

源"来获取(Smolensky, Legendre, and Miyata 1993: 383)。这些引言的作者发表的那篇很具影响的论文表达出某些与这一问题有关的技术结果。的确,在几乎所有的认知科学家与哲学观察者看来,这些结果表达出解决这些问题的一个具有决定性意义的转折点。简要地说,斯摩楼斯克、勒让德与宫田所确立的是一种联结主义的解释能够被赋予某类语法结构,先前人们认为如果不涉及内化的形式规则,这种解释是不可能的。他们的策略是表明联结主义的"数字活动的一种充分分布模式"如何可能"在功能上几乎与一个符号结构相同"(1993: 382)。也就是说,通过联结主义解释大脑时所采用的扩散激活的简单机理,他们表明了诸如"规则"之类的事情如何可能是"学习"的产物。他们分析的关键思想是某种有目的的过程,当"激活扩散过程满足某些数学条件时",这一过程就出现了(1993: 383),一个他们称之为最大化和谐(Harmony)的过程。这篇论文的策略是使规则的获取(他们实际上是指功能上与一个规则相同的获取物),进入到联结主义学习的一个特殊案例之中。这产生了同种明显的可能性:实践也许太过于表现为这种类型的特殊案例;或相反,依据联结主义学习的一般性质,实践也许最好被理解为非同类型的一种特殊案例。在下文中,我将暗示后者是最合理的结论。

我认为通常存在着两种主要的研究联结主义的社会实践的兴趣,一种来源于另一种。第一种是因为学习从一种某些学习已经出现于其中的系统状态开始,所以我们期望学习总是状态 A 与状态 B 之间的转换的一种产物,以至在另一台机器中的另一种状态与一种在功能上与 B 相当的状态 B^n 【123】之间的转换,这将是一种从一个不同的起点到另一个不同的终点的转换。简言之,讨论中的机制,即使它们被同样基本的简单机制所控制,将会被机制的历史赋予个性化。通常机制越简单,在简单机制之间的联系串越长,在所谓训练史中的差异所产生的变化就越大。像空间中的一点到另一点的途径一样,在一个网络中产生"同样"能力的关联可能在结构上不同。

这种有关社会实践的理论或共有实践的思想的含义是两位有能力的个体,会以一种完全不同于心理描述层次上的方式来完成一种通常的任务。更简单地说,如果我们放弃这样一种思想,即存在着一本人们能够从意会上去把握的规则之书，以至能够进行交流的话，那么我们同样也要放弃这种思想，即为了进行交流，存在着所有人们都必须能够把握的某些单一的事情。斯摩楼斯克、勒让德与宫田采用的方法修改了这种含义，因为它暗示非常“同样的”语法规则的东西可能来自于这一事实，即在事实上存在着一种把握某一个语法过程的共同终点，也即最大化和谐。但这一途径也提出了这样一个问题，即何时与何地，这一功能上等价的概念是可应用的或相关的。

它暗示着对这一问题的下面的答案：何时信息是丰富的并具有结构，以至于“最优化和谐”或某些其他的准目的系统的目标可能会导致相同的类似规则的结果。由联结主义所提出的一般要点是这样一种思想，即作为基本成分的机制越简单，产生这一结果的整体结构就会越长或更为复杂。不像规则之书，依据不同的学习事件，这些各式各样的复杂的个体精神结构会随时间而发展。通常将会存在一种重要的多样化效果：许多获取认知技巧的历史的个别事实将会随着结果的不同而不同。问题在于，在何种情况下结果是类规则的，类规则的结构是共享的，而又在何种情况下会出现恰恰相反的结果。偶尔，我注意到斯摩楼斯克、勒让德与宫田并没有谈到是否不仅只有个体产生的复杂性的化归可能在功能上等价于一种语法结构。然而，看来没有理由相信有一个以上的结果可能是最优化的和谐。此外，实际的说话者表现不同，因此并没有理由认为存在着哪怕是一组规则的等价物，在任何语言中，和谐的过程将必然会趋向于这些等价物。

当然，我们不能够直接回答有关共享的功能性规则的等价物是否存在问题。但通过考虑学习“规则”的途径，可能会对这些问题产生一些想法。如考虑儿童获取解答简单算术作业的能力的问题。什么是“能够”进行2+
【124】2的加法？它仅仅是对正确答案的一种模仿吗？应该不是。的确，在维特根斯坦的意义上，也许不存在具有这种能力的“标准”。显然，在这种能力可能会像开关一样开启的意义上，一个儿童并不是直接或突然地把握了算术。首先必须把握其他的一些事情，如数数。通常，这些是相当毫无疑问地暗示以不同的方式被把握的事情。某些儿童可能用他的手指来数数，有些儿童通过唱数字歌来识数，另一些儿童可能通过死记硬背把握了大量的

材料但没有把它们联系在一起，只是到后来在一种数学意义上的数与数之间建立了联系。简言之，学生是从不同的出发点去学习 2+2=4 的。他们随后被置于一系列的计算经历之中，当然每个学生的经历会稍有不同，每一个教室的经历也是不同的。

然而，这种差异不应该导致在能力的操作中的差异。存在着正确的答案，带有先前不同经历的学生所经历的目的是把各式各样的经历聚集在一起，从而能够在认知上转变儿童，使他们能够正确地完成认知任务。几乎所有的人都力图这样做。在把握前的时期，依据我在这里已经给出的图像，支持着儿童努力的认知结构将会不同。不同的儿童在把握的途径上有不同的经历，认知结构将是途径与经历的结果，沿着这条途径，儿童从其起点出发到把握认知任务的目标的终点。儿童的目的同样也会变化。就其目的而言可能存在着复杂的差异性。某些儿童可能希望避免被老师叫到黑板前计算的尴尬，避免犯计算错误而丢脸。其他儿童可能有一种更为主动的学习经历，为自己的成就而感到骄傲。这些差异，就像学习历程的不同一样，对能力本身不会产生任何影响。

问题是为什么？根据对最符合意会手册模式的把握的解释，这一原因在本质上如下：把握刚好是“获取”基本的算术规则，这些规则对所有的人来说都是相同的。学生尝试着这一规则与那一规则，被纠正，被告诉答案是正确的，没有理解地做了一切。但在某时刻，突然顿悟（something clicks），学生“把握”了这一规则。获取的过程是无关紧要的，因为重要的时刻是把握规则的那一刻，学习的模式，我将称之为“点捕捉”（‘snap-on’）模式，使得过程无关紧要。在获取前与获取后之间存在着相当的差异，前一时期的学习事件对后一时期没有影响。

这显然是一个引人注目的故事。它能够很好地符合维特根斯坦的某种看法，的确可能——虽然我怀疑——表达出对他的遵循规则的观念的看似最为合理的解释。在本文中我不希望直接讨论这一问题，但我注意到在受《哲学研究》影响的历史中，我在这里所给出的解释，维特根斯坦的学生

【125】与解释者从前也提出过。[1] 不过，我认为它通常误导我们对实践的认识，误导我们去寻求“标准”或“共识”，而在此，不会发现任何此类的东西。主要原因在于把握——无论人们希望如何理解它——在几乎所有案例中，在不同的环境下，对几乎所有的人来说是不同的。它是与目的相关的，涉及活动中的个体的目的是不同的。在它依赖于规则被应用的原材料的意义上，它同样是情境相关或经历相关的。

目的上的差异导致了经历上的差异，这意味着反馈到系统中的信息的差异。差异性是正常的结果，但差异性仍然与大量不同的合作相容。我认为的确与交流相容。下面我将考虑某些例子，暗示我称之为实践的所有这些例子能够被更为合理地认为是带有不同学习目的的人的日常活动，而不是由相同的类似规则的共有结构所可能引导的活动。显然，这里没有为不可抵抗的(knock-down)论证留下空间。的确，我认为所涉及过程的复杂性确保了它们总是难以分析的。但就在实践的认知方面上，目的上差异的可能影响着某些有用的暗示。

注意算术教学中的少数几种不寻常的特征。学生依据他们对乘法表的把握而经受测验，显然存在着对这类问题的正确与错误的答案。学生随后在这些正确答案上接受了训练或反复训练。的确，在几天中，通过这种训练，乘法表被简单机械地把握，让学生进行某些乘法的概念上的理解，就不会费多少心思。如果我们考虑“实践”的空间，这种训练就是反常的。无论这种空间被认为是由什么所组成的，它应该包括这样的“实践”，如罗伯特・伊莱亚斯(Norbert Elias)所描述的礼节的标准，作为确保议会讨论的富有成效性的手段的自我控制与妥协的习惯，从约翰・奥斯汀(John Austin)到迈克尔・波兰尼与迈尔克・奥克肖特这样的思想家一直都认为这些手段出现在英国议会政治的核心活动中，或许还有其他东西，如实验室科学家用来识别对象的手段，还有我在本文中所给出的调情与油漆房子的

〔1〕 正如Rhees指出的：“我们明白我们相互理解，并没有注意到我们的反应是否吻合。因为我们在我们的反应上达到了共识，所以我可能告诉你某事，你也可能教我某事。”(引自Winch 1958：85)在某点上——在这点上，我们在反应上的共识被制成了某种类似存在一个规则的标准——这是无瑕疵的维特根斯坦式的思想(比较Ambrose 1979：89)。

例子。

学习的点捕捉解释也适合这些案例吗？一种差别是:在这些更为复杂的案例中,或许调情的例子是个例外,除了其意会的基础外,存在着较大量的可言说的或更为明确的因素,一种评价的词汇,或甚至于有关这种行动的理论。在初等算术例子中,存在着理论,但它们只被认为是对数学家而言,而不是初等数学被用于其中进行换算或类似活动的组成部分。与算术理论的另一个差别是在这些“复杂”的实际案例中,传递信息的对与错的手段是不同的。参与实践团体的目的是不同的,没有统一的内核,就像进行 【126】
正确的换算一样。因此,如果一个没有这些差异的模式更能够理解学习的实践,就不值得过多地惊讶。如果我们视算术的教学为利用被设计出来以产生绝对一致回答的各式各样的行为技巧,学习者之间的目的上的差异这类的因素就不会对所学内容产生影响——这是被设计来消除差异的一种行为技巧的容易出现的结果——这就毫不奇怪了。但就这些其他种类的实践而言,充当传递正确与错误的行为技巧在这方面就无效。

对语法的把握就没有同样明确的行为技巧。但像算术一样,目的上差异的影响可能会被重复的信息量,也或许被学习操作的信息结构所淹没。相反,调情是低信息的,个体的出发点非常不同。因此,想在这里发现规则就会是不可思议的。然而,调情,或至少调情与对调情的反应的个人方式是习得的,因此适合我开始讨论的实践的模式。政治的情形也与之类似。人们完全没有克服在经历中的差异、在出发点上与目的上的差异的不同影响的大量的必要经历。政治中明确而非意会的部分,评价的词汇、政治与历史的讨论、各式各样被明确阐明了的信念会使实践相互配合。诸如科学发现这样的实践,围绕着倾向于使个人参与到高度专业化的术语的讨论与操作普通仪器的训练而建立起来,在某些方面可能更像数学,带有明确的检验行为的技巧,至少在技巧的把握方面。但科学发现本身游离于相互可理解性的边界,并不会时常超越它。明确的讨论,而不是训练的基础,会把实践带入新的方向,朝向新目标与新经历。

三、社会学意义上的实践:社会秩序

过去社会学家分析社会实践的典型途径一直依据被观察到的模型。在其中,分析者可称人们仿佛正是在遵循一种特殊规则而行为着,分析家能指出某种约束,或当表明某种行为背离了规则时,分析家可能会作出反应,指出某种违反“看似”规则的行为。比起正确的算术测验来说,表达不同意见是传递信息的更具差异性的手段。以海滩上的着装为例,海滩着装在不同国家、不同地点是不同的。它们多少具有系统的差异。在某一地

【127】方,或对某人来说是合适的着装对其他地方或他人就不合适,人们不能在此找到这些“规则”。由此,人们可能概括出在特殊地方的海滩上的常客中存在着某种意会的“密码”,它禁止某种服装或规定了恰当的着装。但这是一种非常特殊的结论。它看来可概括如下:如果人们做各式各样的事情的话,某些人将会表示不赞同。人们可能会对整个赞同与反对的事情,暗含在反对与赞同的模型中的差异等给出一种相当清晰的解释。

但在这里,远不清楚的是我们在尽力试图把握相同的意会规则手册,或的确存在着某些正在被把握之中的共同的东西。我们是不是仅试图在海滩上着装以符合各式各样的目的,其中目的之一可能是——也可能不是——避免反对意见吗? 活动的表面结构仅是带有不同目的与各式各样态度的不同人的行动,表达赞同与反对的结果,这可能吗? 就像算术测验一样,意会知识手册要求我们思索,我们面临的社会生活是我们要依据赞同与反对来回答的一种测验。如果我们碰到赞同,我们可能会认为它是一种信号,表明我们并没有违反意会知识手册。反对表达出未能把握意会知识之书。我们从经验中学会了意会知识手册的内容,或如何应用这些意会规则。如果我们保留着这样的想象,即我们在此具有一本有非常复杂的大量意会规则的手册,那么我们就能够想象个体已经,虽然不是非常令人满意地,把握了或大略地把握了这本意会手册,更确切地说,是不完全或不令人满意的把握。

但由于各种各样的原因,这看起来相当奇怪。回到儿童在一个教室中

进行加法运算的例子。儿童的目的多半是想避免困窘。获得正确答案不过是达到这一目的并且毫无疑问也是达到其他目的的一种手段。从儿童的角度来看,一个令人满意的运算是设法达到儿童想获得的事情,或避免儿童想避免的事情的运算。当然,儿童会试图以许多不同的策略,如通过把自己变成班上的小丑,来避免在教室中所发生的令他感到困窘的情境。简言之,因为目的是异质的,"把握"同样也是一种异质化的概念。

我们认为通常种类的事情,如着装去海滩,是社会实践,但目的是异质化的。什么算作令人满意的,对不同的人来说是不同的。这对个人的经历具有意义,因此他们接受的信息是这些经历的结果。想避免被拘留的海滩上的行人,对能够使他或她这样做的知识感到满意,他不同于别的海滩上的行人,后者满足于欣赏性的浏览或被人们视而不见,因此可能避免社会指责。

这对是否存在海滩着装或调情的一种意会规则手册的问题会造成任何不同吗? 算术问题是个特例,因为即使存在着不少的日常目的,如儿童在学习算术时遇到的想避免困窘的情境,但最后的最佳的把握是必须的。【128】
但通常的事情却不同:不同的目标规定着不同的结果,因为对目的的追求导致了不同种类的经验。然而,时常存在着中间的目标,是同样的或功能上等价的操作或理解。语言看来就像这种情形。可理解性就是一个被众多的人所共有的中间目标。为达到这一目标,必须把握一种语言。人们有着不同的语言经历。但人们运用的语言材料的量是如此巨大以至它消除了许多这类差异。在海滩着装的例子中,情况就完全不同。人们需内化一种着装的规范以至参与到这种活动中去,这不过是对这一情形的一种过于夸张的说法。并不存在单一的"规范",它规定着各种"把握"策略,人们在对恰当的海滩着装的问题作出反应的过程中显示出这些策略。人们不仅在有关什么是恰当的、什么不是恰当的问题上具有不同的明确看法,他们作出的反应也不同。他们的不同经历使他们具有完全不同的进行活动的信息,在产生同样结果的这样一种方式中,信息的种类是不同的,但不是多余的与不可抗拒的。然而,对我们,作为分析者来说,将会存在某些被认为是社会实践的事情。

如果这是一个可能的解释，那么，它是一个比一本意会知识手册的想法更好的解释。社会生活的经历，由于缺乏大量高度结构化的经历，如学习算术，就会太过于多样化，太过于薄弱，以致个体无法从中推出任何确定的东西，就像对任何人都相同的那样一组规则。即使存在着这类规则，即使个体面对着物质作出反应时，最优化地获取功能上类似规则的等价物，人们也可合理地假设每一个体所具有的材料太过于有限——除了例外的所有情形中——以致他们无法获得类似规则的反应，就像他人所做的那样。

四、实践的领域

如果人们是“熟悉的”学习者，他们从不同的目的出发，通过不同的经历去获取了他们的所学，他们可能会依据随时会发生改变的目的去满足要求，因此在不同的情形中指导着经历与学习的途径，那么这可能显示出这里的真实之谜是指为何可能在根本上存在任何诸如社会实践或“社会秩序”之类的事情，除非存在着大量的冗长信息，这些信息在所有的群体的实践中产生出功能上与规则相同的约束力。我认为的确是一个问题，对这一问题的回答，所需的不是存在着意会规则手册，不是理解人们如何获取它的问题，而是我们认为作为社会实践的各种模型与规则不过是人们以相当
【129】异质化的方式学习到的，这些所学是协商达到人们所可能具有的任何目的的最好的或最满意的途径。这里所暗示的是人们获取社会学家称之为实践的东西正是能够使他们去做任何特殊事情的有益的经历，如在海滩上，对他人的反应感到舒服，或至少从他人的反应中能够感觉到人们不会反感。

这为我们对实践进行大致的分类提供了基础。某些实践的学习与把握这些实践的目的无关，或“最优化和谐”使它们对所有的人都一样。相反，对其他实践而言，把握与目的相关。我在这里已暗示的是，两种情形都无须一种共同的意会规则手册。在与目的相关的情形之中，这种意会手册是一种错误，因为它不过是社会学家的强加——对于假想的意会规则的复

杂框架的学习来说，没有人能把握它，也没有合理的学习途径。最优化和谐导致了规则的共享，使规则在功能上对所有的人都是相同的，在这种情形中，意会手册也是一种错误，因为它包含着这样一种错误，即从一种活动的明确形式推理出带有类似形式化的想象的认知基础。 【130】

常人方法论与实践的逻辑

迈克尔·林奇

常人方法论所研究的是实践的行动与实践的推理。通过描述在特殊情境下完成相关任务的过程，哈罗德·伽芬克尔(Harold Garfinkel 1976)在对陪审团成员、验尸官与社会科学研究者的研究中提出了这一议程。除了对在情境化实践中进行经验研究外，伽芬克尔的著作还提出了对哲学与人文科学中的经典问题与主题的一种具有实践趋向的解决。[1]这些主题包括语言、知识、信任、推理、意义、规范秩序、合理性、方法等等("等等"本身就是伽芬克尔给予特殊实践的一种名称)。简单地说，这一实践趋势的研究就不把这些主题视为本体论实体、基本过程、社会组成、社会结构、文化系统、行为机理或认知能力，而是各团体的情境化成就，这些团体的地域性实践"组合"构成了一个稳定社会行动的再现现场。因此，如当进行常人方法论的描述时，话语成为一种实践性的组织化现象：在特殊的环境中对某人的话语进行协调性组合。当以这种方式讨论问题时，社会秩序成为一系列实践的、自组织的与自审查(self—investigating)的现象。这里关键的问题不是秩序的理论问题，而是在单一的场合中秩序的实质性制造。正如伽芬克尔(1991：11)以其典型的风格指出的，"社会事实的客观实在性"的"社会学的基本现象"是"每一个社会"在局部中被内生制造出来，被自然组织起来，具有反身的可说明性、持续的与实际的成就，是无处不在的，永远

〔1〕 见 Garfinkel (1964；1967，Chapter 1)，and Garfinkel and Sacks (1970)。

的、独特的、准确的、完全的成员的工作，它不会中止，不可能逃离、躲藏、消失、延缓或被放弃。这种社会性的“令人印象深刻的”观点并不是常人方法论的独创。它是从霍布斯到帕森斯的社会学理论的整个传统的核心。[1]“实践的客观性问题、实践行动与实践推理的实际可观察性的令人困惑的问题”正是中心的问题，它为社会理论提供了一种长久的与未完成的任务；一个问题，“因为它令人为难，所以它就充当理论化主张的充分性的持续的资源与基础”(Garfinkel 1991：11)[2]。如果对常人方法论的反应是任何暗示性的，那么理解这一“实践的客观性、实践行动与实践推理的实际可观察 【131】
性的令人为难的问题”的范围与含意会异常的困难。在本论文中，我将通过常人方法论的思想来讨论如何减轻这种困难。随后我将试图表明这个问题是如何与社会理论家把实践置于议程中的努力相关的。

一、民间方法论

“常人方法论”一词字面上是指一种实践的原则或程序的民间调查。然而，我们已经碰到过这种含糊的说法。我们是否应该假设常人方法论学者是研究成员建构社会世界的方法的学者，或我们是否应该假定探索中的调查已经被实施为一个社会生产的组成部分？换言之，常人方法论是否是指一种实践，在其中，职业的学者研究逻辑或日常实践的各种逻辑[3]，或常人方法论学者假定探索中的研究在他们出现前就已经被实施着(或相反，“被记下”)？对这一问题的一种可能的回答是：“常人方法论既研究实践行动，也研究产生行动的实践逻辑。”

〔1〕 Garfinkel (1991：11)。在一篇未发表的手稿中更为广泛地讨论了秩序的问题。(Garfinkel 1960)

〔2〕 就我理解，在这一段中，Garfinkel在暗示某些理论所面临的问题，这些理论把局限制造的标准(或在传统的语言是“主观理解”或“意识”)指定为充分描述社会行动与社会结构的基础。对同一时态，人们时常有可能设计出相互矛盾的理论，但从局部制造的标准看，已能够选择一种单一的、相关的描述(对可证明是行动所具有相关的实用效应，可感觉部分的一种描述)，但如果是抽象或普遍的，这样的理论必然会超越其自身恰当性的这类局部的、实用的条件。

〔3〕 对常人方法论的这种实践性视角的准确评论与讨论，见Coulter (1991)。

在对话分析(常人方法论的一个分支)中,考察对话的录音记录的专业分析家谈论着一种内在于制造谈话的"分析"(Sacks et al. 1974)。对对话分析家来说,"分析"是一个关键的术语,它借助于其调查的客观领域来识别其自身的方法论活动。谈话的可理解性线索的协作性制造是主题,同时也是这种分析的资源。专业分析因此是一种再现分析工作的努力,这种分析工作是内生于协作性谈话的社会制造。因此,如在一次演讲中,哈维·萨克斯(Harvey Sacks)描述了出现在四位年青人吉姆(Jim)、艾(Al)、肯(Ken)与罗格(Roger)的一次聚会中的一件偶然事件。一位伙伴(吉姆)拿了糖果,首先发给了艾,然后给了肯一些。萨克斯(1992: 293)观察到"'吉姆被观察到'没有发给罗格糖果"。随后萨克斯继续说在社会学与人类学中,"某些没有发生的事情"的想法一直是使分析面临困境的一种持久原因:"如果你打算称某一X没有发生,那么存在着一种无穷系列的事物,它们也能够被称在那一时刻上还没有发生。如果情况果真如此,我们这里的案例与人们能够想象的不会发生的其他案例没有分析上的差别,那么,观察就无关紧要了。"(Sacks 1992: 294)在社会与文化理论之中,存在着大量的类似于"某些事情并没有发生"的例子——一场工人革命没有发生、没有进行潜能的训练、在一种文化风尚中没有回报一份礼物,或没有选择最为有效的可用手段去达到确定的目的——同样存在着识别"某些没有发生的事情"问题的大量"熟悉的"("为难的")理论解决方案,但萨克斯选择了一
【132】种具有常人方法论的解决方案。

> 或许我们能够做的就是看是否存在着某些有条理的途径使人们达到("某些没有发生的事情")这样的关注……存在着某些场合使这些"没有"被注意到。如果我们为它们描述其基础的特征,那么我们就能够提出一种有用的"没有"的概念。这样一种概念或许可能超越我们碰巧建构它的特殊的场合而被概括(Sacks 1992: 294)。

在这一例子中,萨克斯暗示着在对话中的一种"圈"('round')的概念

可以解释引人注意的没有提供糖果给罗格这一事实。重要的是要理解萨克斯建议这一俗语的“圈”概念既是一种普遍的分析概念，也是一种偶然产生的现象，它提供了理解一个相关行动没有发生的一种依据，如在刚才的例子中。这一个概念不是（或不仅仅是）专业分析家借用的一种概念化原则，以确立没有发生的行动的相关性；它显然在操作上与可解释的“没有发生”相关。对一种相关的局部秩序化原则来说，一种明显的证据是当事者能够评论它：如罗格可能埋怨吉姆没有给他任何糖果。类似地，当这一群中的人们说出“他们的”笑话时，而剩下的一位成员承认他完全不能回忆起这些笑话后，对于一种类似的“圈”的相关性，在一种开玩笑的场合中可能被发现。在这一场合中，对要确立当事人认可、解释与偶然实施一种有计划的集体活动的秩序来说，这种明确的评论并非是必要的。如果就像萨克斯所建议的那样，介绍、开玩笑、讲故事、给糖果等的圈展现出某些特征——如，发给第一个人糖果的行动用特殊的方式标记（虽然不必明确地声称这是第一个甚至一系列给糖果行动中的第一个），另一次发给糖果将被自然作为同样的“下一个行动”，直到完成一圈——通过其在偶然相关事件（在这一案例中，组成给糖果一“圈”的事件）的一种局部语境中的位置，一种没得到糖果的事件就会被注意到。

在这一例子中，萨克斯提出了一个分析的概念（作为一种偶然产生的那一场合中当事人活动的聚集的“圈”的概念），这一概念确立了一种显著的“缺场”（absence——没发给罗格糖果）的背景条件。在这一分析概念与解释性人类学和社会学中更为熟悉的理解一种行动的主观意义之间，存在着一种表面上的相似性，但同样存在一种关键的差异。考虑到韦伯的木版雕刻师的经典例子。韦伯用这一例子区分了理解行动的两种方式。当我们看见“木版雕刻师的行动或其他人的行动，他们拿到球形捏手以关门或其目标是用枪瞄准一只动物”时，这些就是“对行动的理性观察的理解”（Weber 1978：8）。韦伯区分了这种理解的“直接”模式与“解释性”理解之间的区别，后者在于把行动置于一种可理解的与更为广泛的语境之中（We- 【133】
ber 1978：8）。因此，在这种或那种动机性的语境中：如在为工资而工作、补充木柴的贮藏、进行某种训练或消解愤怒的爆发中，一种解释可能会取代直接的行为。如果人们将韦伯的区分应用于萨克斯的例子，就可能称萨克斯作为一位无意听到对话的人，"直接观察"到吉姆没有进行相关的行动（我们将暂时忽视在"直接观察"某事与"直接观察"某事（还没有）发生之间的重要差异）。如果萨克斯已经推断出为什么吉姆没有给罗格糖果——称这一行动是一个玩笑或一种故意怠慢——这应该是一个"解释性理解"的例子。然而，显然萨克斯主要不是在强调"直接"或"解释性"理解。虽然萨克斯自己的理解，吉姆、艾、肯与罗格的理解被隐含在对"某种没有发生的事情"的描述之中，但按照他的分析，相关的理解是基于具体化的与互相配合的给糖果行为的一种公认的圈的制造之中。考虑它是作为一种解释性的事件，在一种给东西的循环中注意到"某种没有发生的事情"并非在本质上有别于注意到在数列1,2,3,5,6,7[1]中少了一个数。在吉姆没有给予罗格糖果的例子中，有可能阐明一种抽象的规则（人们甚至可在一本礼节的手册中找到这样一种规则），用以解释某些事件违规（或没有事件违规），但萨克斯得出的结论之一是通过一种圈的制造，把这种违规视为偶然制造的相关。（缺场）行动的可观察性与这一行动引起人们关注的秩序化基础产生并贯穿于构成这一圈的实践之中。当我们从一种超然的视角来观察行动时，所讨论的合理性并非严格认可了我们看到的东西；相反，当我们介入具体化的、当下的场合制造时，合理性就是我们的所做（或在这一例子中，吉姆、艾、肯与罗格的显然所做）。分析焦点从对一种场合的观察者的解释转变到场合特征的一种互相协调的制造。类似地，对数列中消失了什么数的一种"直接的观察性理解"就预设了一种数数规则的传统约定。如果我们想象一种展开这一数列的非常规的做法（如1, 2, 3, 5, 6, 7, 9, 10, 11），那么就不会再认为其中缺少数字4了；相反，缺少4不能被解释为一种错误或反常，而应被视为这一个数列的一种构成特征。数数的传统模

[1] 或许，一个更接近的类比是数一群人的"人数"的例子。如，如果一位授课人要记录其课堂上的上课人数，上课的所有学生都期望"被点名"。在点名册中，某位学生上课了，但他的名字没有在点名册中出现。原因是当叫他的名字时，他没有答应所记录的上课的学生，因而缺少了他。虽然这是一个"点名"，甚至计数的工作，但相关的能力并没有被仅限制在数数的能力中，这可表现在学生所玩的恶作剧中，老师无疑会点名，但他们使老师在上课点名时，要识别谁上课了，谁没上课，"谁是谁？"这些日常工作中陷入混乱而大发脾气。

式并不会起源于一种永恒的、柏拉图的世界，而是通过整个一系列的日常活动而得到确立，在其中，我们通常与习惯地这样数数：1，2，3，4，5，6……我们依靠我们使用的数、我们数的事物以及以一种稳定与可信的方式进行数数的"行为"的人。类似地，我们"解释"吉姆去完成他招待一圈的行为，并注意到他何时未能这样做，这一事实是基于一种实践，在这一例子中，这种实践与数数不同，而是进行着一系列给予的行为，其中包括发给艾与肯糖果，但排除了罗格。对萨克斯来说，从中所学到的不是所寻求的秩 【134】序化原则起源于一种实践，而是实践被例证化在原地，例证化在机遇地确立其活动的一种不完整的例子的可辨认性的持续的制造中。

吉姆没给罗格糖果这一特殊例子是微不足道的，特别是当与诸如一场工人革命这类历史上被期望但未实现的著名的事件相比时，但这种微不足道性能被认为是一种公共的、相互间公认的与相互作用而组织起来的现象(发一圈糖果)。这一实践概念的理论含意远非微不足道。对于马克思主义的许多批评家来说，在几乎所有的发达资本主义国家中引人注目地缺少工人革命这一事实就被认为是这种失败的理论预言的证据：经验事件未能证实一种所谓的历史"规律"。从常人方法论的角度来看，这一失败主要在于一种组织化的制造：本应该使预言/制造"成为真实"的协同行动一直没有得到实施(见 Sacks 1963：15，n. 3)。或换一种说法，人们一直在有效地否定与抵制把相关的组织化制造为一种实际政策。当然，萨克斯并没有暗示对话分析应该走出其象牙塔，走向现实以有助于实施他称之为"恰当的一圈化('properly-rounded')的行动"(Sacks 1992：295)。他对这种现象的兴趣是分析性的。与马克思不同，他认为"我们要做的是分析某事情如何被完成，或某事如何成为'某事'，并且不是利用它"(Sacks 1992：295)。对萨克斯来说，在社会学家描述的构成事件和结构的周期性事件与缺场是如何被实际地制造出来的问题上，大量社会学文献"仍然是含糊的"，他视这为他与他的同事的任务，即消除文献中的这些含糊性。(Sacks 1992：295)

正如萨克斯所描述的那样，一个圈是一种抽象的现象，因为一种开放的场合系列能够被组织成圈。偶然相关的事件的概念甚至更为抽象，因为除了圈(如相邻的组对)，它还能够被用于描述相互作用的现象。正如萨克斯(1992: 295)提出，在没有给糖果的例子中的分析任务就是识别与描述抽象的"'工具'，它们将给我们提供'缺场'的那种习惯用法"。因此，这可能会分析识别出两种不同的场所。一种是对话发生的局部场所，另一种是学术创新的文字空间(在社会学文献中的观点差异)。在对话分析的纲领中的重任就是证明两种场所的一种联系。

在对话分析中，阐明在专业分析与当事人分析之间联系的困难任务的一种常用方式就是谈论"参与者"的倾向性。对人与行动来说，只要一种对话分析的研究采用了习语的范畴，相关的要求就是在分析上证明这些范畴是由那一场合的参与者所进行的"分析"的相关组成部分。未能满足这种要求可能是有益的。如施格罗夫(Schegloff 1987)就批评过由齐默曼与威斯特(Zimmerman and West 1975)所做的女人与男人之间对话的著名
【135】研究。

齐默曼与威斯特利用了对话分析与实验社会心理学之间相结合的途径，以检验男性与女性的谈话者在对话中的"打断对方"的用法及其反应。这一研究的发现证实了许多读者依据经验理由来猜测的事件，即男人支配着他与女人的谈话，极不愿意听取女性不得不说的事情。施格罗夫并没有暗示这种一般命题是错误的，而是认为齐默曼与威斯特的经验分析与命题的真与假无关。他评论了齐默曼与威斯特转述的几对男女大学生之间的交流对话(interchanges)，批评了两位作者那一识别"打断"与把每一次打断归于"男性"或"女性"的参与者的分析程序。"打断"的概念暗示着一个人在他人结束说话前就开始说话，并且没有正当的理由。但施格罗夫认为，依据他自己对齐默曼与威斯特的转述的再分析，他们所识别的"打断"在许多情形下可能具有更适当的局部上的正当理由，为提出(所谓)打断的可说明性，他同样怀疑范畴对"男性/女性"的相关性。

我并没有足够的篇幅来展开施格罗夫讨论的细节，但对这一问题的一种正确的评价可通过参考我上面所讨论的萨克斯的那一段演讲而获得。萨克斯引入了"优位项目"('priority item')去描述一种途径，在其中对一种持续的行动的打断可能在局部上获得其正当的理由。在某些恰当的条件出现时，一种"优位项目"是一个行动，它展现出"取代的相关性……的权利

与义务可能被实施,或许并不会涉及什么正在被取代"(Sacks 1992: 296)。他增添了"优位项目"的一个特征,即"当它们被恰当地借用时,它们并不会打断正在发生的事情,那些持续的应该停止"(Sacks 1992: 296,强调为本文所加)。声称这样一个项目的优位性的一种系统的途径就是在持续的活动中,制造它作为一种对一个可能错误或可能误解的"纠正"。这样一个项目的偶然相关性与优位性取决于"各式各样在场的人员以及在他们中确定'一位来实施这一优位项目'的一种系统的范畴"。(Sacks 1992: 297)〔1〕这一范畴是通过处于场合中的当事人而局部地被制造的,它与(或在某些例子中是可要求的)可认识的把这一优位项目识别为一种局部性正当性的活动相互交织在一起。因此,在它打断了一种进行中的对话,而并没有表示出它是一种典型的在那一时刻具有优位性的行动,或"打断者"在局部上具有操作此行动的资格时,那么"打断"就是一种多余的范畴。几乎所有的人都具有操作某些种类的优位项目的资格——如阻止某人以警告他们危险可能近在眼前——而其他行动——如阻止说话者是为了纠正他们的语法或发音错误,通常是由属于某些特定社会范畴(家长、老师等)的人来做的。不能声称一种恰当的相关权利的人易于受到反对,"你是能够这样做的人吗?"通过以下想象人们也许会对这一问题有一个大致正确的评价:想象一 【136】
种相遇的情境。其中一位说话者(一位成年的男性教师)在另一位说话者(这位老师教室里的一位女孩)说完前即开始说话。在这一相互交流的时刻,大量可供选择的场景可能出现:男性打断了女性;老师纠正学生的背诵错误;成年人控制着小孩;专家发现了新手的错误。看来可以合理地假定其中的每一种描述就像其他描述一样是正确的,理论前提(或意识形态预设)将决定着分析家所做的任一特殊的选择。就像人们经常会讨论的那样,如果无法避免观察的理论负载,那么一位具有责任感的分析家应对其理论前提持明确的态度,以避免"客观"事态的无偏见性的伪装来掩盖其意识形态的根源。但正如对话分析家坚持的那样,如果在讨论中的行动的

〔1〕这里,我脱离了原来解读Sacks,他并没有讨论纠正的问题。但我相信他所说的是某种有用的东西。

可理解性首先是基于一种明确的途径，在其中这些行动“适应于”一种局部的实用语境[1]，那么对于特殊的行动与其实施者的分类来说，某些理论(与运作的)标准可能是无关的(甚至是错误的)。事实上，虽然将两个对话者分为“男性”与“女性”可能在某些情形下是相关的，当一位学生在一位教师“打断”她以前可能想说却没有说完的话时，但这一可论证的一对个人的范畴(“男性/女性”)与行动(打断)在面临着局部相关的选择时，很难支持这样的选择：“老师/学生”与“正确”。因此，为了控制这样的根源，对话分析家认为有必要去证明分析家的描述偶然与被分析的行动的制造相关。在特殊的情形下，这种证明自身可能是值得怀疑与可商榷的，但这一策略的要点是制止一种太过于熟悉的解释倾向，即从一种具有特权的视角去规定身份与行动。

二、方法与方法的分析

常人方法论的理论陈述时常区分一般社会中“成员”所采用的方法与一个研究共同体的成员所提供的常人方法论的分析。[2]在某些方面，这种区分重申了在采用实验方法的实践者与阐明方法论策略和原则的分析家(包括某些实践者)之间的一种长期的分工。在常人方法论事例中的一个不同之处是各式各样的常人方法极大地超越了传统的方法论研究所提供研究主题的科学的与专业方法的范围。阐明方法的传统任务落在哲学家、逻辑学家与研究更为专业化的教学与实验方案的研究者身上。在所有这些文本中，研究者分析特殊的实践是如何被(或将要被)实施的，这种分析
【137】的任务不同于所研究的实践的操作活动。来自常人方法论的一个关键的，或许独特的视角是方法论(不仅是方法)自身以极大的多样性的“日常”形式出现，包括烹饪、园艺、儿童保育、性别、求爱、驾驶、汽车修理等，还有礼

[1] 引言中的“适应于”并非必然是指个体行动者的意向或心理状态。“适应于”的一种更为恰当的意义肯定要应付表达式与公共场所中的行动之间的明显关系。人们可能会描述复杂的情形，在其中答案是“适应于”一个问题，而无须把分析的优位性赋予回答者“头脑”中出现了什么。

[2] 例如，请见 Heritage and Atkinson (1984)；Hilbert (1990)；and Zimmerman (1988)。

节指南、对话的指令。的确，写下来的指令、手册、描述框架、计划、方案、地图等——不可抗拒的丰富性——的存在，应该让我们去注意到这一事实，即“方法论的”解释，就像方法本身一样，体现在常人方法论学者研究的世界中。当这一研究领域不仅包括民间方法，而且还包括民间方法论时，社会科学家的方法论与成员的方法论之间的关系就变得混乱并容易引起争议。

在某些方面，对话分析学者的任务就像其他方法论学者的任务一样，但至少在一个基本的方面存在着差异。不像逻辑学家与哲学家，对话分析家并不预设他们自身的描述正式保证了一种资历的基础，这种资格可能抽象自成功的历史活动，并且被习惯用来提升没有受过正规教育的实践。不像技术手册的作者，对话分析家并没有预设去指导读者如何去操作新的或不熟悉的行动，不像礼节手册的作者，他们并不预设控制熟悉形式的行为。在萨克斯对分糖果的例子的循环分析中，并不存在吉姆需要补上方法论这一课的暗示。依赖于吉姆的共同参与者如何对他没有给罗格糖果一事作出的反应，吉姆可能受到一场尖锐的指责，令人不安的神色，或一种十分有趣的机敏回答。如果他被补上礼节的一课(嘿！你应该给我们所有人糖果！)，对话分析的描述将不会去更多关注规则(“当给聚会中的人提供糖果时，你应该对所有在场的人提供糖果”)，而是去关注规则在作为一种实际笑话的抱怨、要求或评价的特殊场合的情境性应用。甚至在某些案例中，似乎可以使用礼节手册中的规则，但对话分析的任务只是表明它如何被应用。

就某些特殊类型的情境，如“一次聚会中的主人应该……”而言，礼节手册中的指令通常被牢记在某些特殊类型的人心中。应该存在大量指令发挥作用的时机，在其中，晚宴上并没有主人，而介绍却仍然发生。随后的问题是人们如何从带有一组最初指令范畴的手册中选择出另外的范畴，用某组有用的范畴来取代各式各样的范畴，用新的范畴取代旧的范畴，如看看谁“像一位主人”或某些类似的情形，或把“主人”视为具有某些其他身份的另类的一个例子，如这里的“负责人”或其他类似的人(Sacks 1992:297)。

从这一例子中，我们能够看到一种独特分析的机会不仅能够被发现在“社会学文献的缺陷”（这是由于盲目地信任如何产生秩序化社会现象的常识普通知识的社会学文献所导致的“差距”）之中，同样也在实践的文献解释与成员的实际活动的差距之中。后一种差距确定了一种由意会知识的
【138】概念所掩盖的认知边界。在科学哲学、科学史与科学社会学中，人们广泛承认了这一事实，即科学家很少会试图遵从哲学家为他们所绘制的科学方法。他们利用的是常识。[1]就这点而言，可加上的是，当试图遵从写在特殊的实验室的手册与研究报告中的更为特殊的方法论指导、处方或计划时，科学家同样利用的是未得到系统阐述的常识。这不仅是在科学论（science studies）研究领域中许多学者广泛认可的有关科学（而且也是许多其他形式的实践）的事实，它同样也在这些学者研究的实验室的当事人中得到了广泛的认可。的确，这一事实，以及它被广泛认可的事实，是一种有组织的（organizational）现象。例如，生物技术公司指导着孕期检查技术，指导着分析犯罪证据的法医实验室，这些公司通常会雇佣一个专家团队用以开发、传播某些实验方案并监督它们的实施，而另外一个雇员团队——一些更高级别的科学家和技术专家——则负责实施这些方案。这种做法符合人们所熟悉的工厂的劳动分工，即在工业工程师与手工劳动者之间的分工，写出和检验方案的工作与在车间中处理样本和操纵分析的机械工作相分离。尽管存在向着标准化方案、监控技师的服从与自动化任务的给人深刻印象的努力，人们已经广泛承认（特别是技师）在提出好的方案与地方性的实际技能之间还是存在着差距。这种差距会使方法期望的目标变得模糊，会持续地挫伤设计与管理标准化方案的努力，但这一还没有被消除的差距的存在会涉及组织工作的许多相关的方面：任务与实验室空间的分离；技师工作的监控；预防措施的制定；要求保持记录；在分子生物学实验室中“神奇的”与“优秀的技巧”的公认的作用；对“常识”的未加说明的容忍

〔1〕这一引文来自 Max Perutz（1995：56）。Perutz 批评性地评论了 Gerald Geisons（1995）对 Louis Pasteur 的研究。在一次回复中，Geison（1996：68）承认包含那段引文的著作支持了 Perutz 的看法。看来在相对主义者的社会历史学家与实证主义科学家之间的所谓“文化大战”中，这些对手至少在这一点上是共识的，即哲学方法论并没有描述科学家的日常实践。

(Cambrosio and Keating 1988; Jordan and Lynch 1993)。

当面临着方法论指令与实践之间的差距时,许多哲学家、社会科学家与技术文献撰写人试图通过发展与详细阐述方法论作品的传统形式以填平这一差距。这样做的一个普通策略就是在人们所熟悉的、得到明确阐述的方法论的原则下,消解这些未被明确阐明的方法。例如,在其著名的意会知识的讨论中,迈克尔·波兰尼利用了一个概念,即"隐含规则"来架接明确的与含糊的实践之间的联系。

> 通过示范来学习就是服从权威。你照师傅的样子做,是因为你信任他做事的方式,即便在你不能够详细分析与解释其效力的情况下。通过观察与仿效他的现场示范,学徒无意识地把握了那种技艺的规则,包括那些师傅自己都没有明确理解的规则。只有通过毫无批判性地委身于他人进行模仿,人们才能消化隐含规 【139】
> 则。一个想积累个人知识财产的社会必须服从传统(Polanyi 1958: 53)。

从对这段话的解读中,人们就可以理解为什么波兰尼由于保守地强调传统与科学权威而一直受到批评,但这并不是我现在所关心的。相反,我关心的是,波兰尼将师傅和徒弟的实践刻画为下列隐含规则时所引出的一系列问题:我们为何知道师傅与学徒都没有明确地理解这些规则?一个规则(或相反,说习惯)如何可能被"无意识地"把握与遵从?除了它们还没有得到明确阐明以外这些隐含规则是否像其他规则一样,如果我们写出这些探索中的规则的方法论解释——一种能够详细解释师傅与学徒共有的做事方式的无意识的效果的分析——这将会改变他们的实践吗?

波兰尼对隐含的、无意识把握了的规则的引用就是时常出现在认知科学中的一个清楚的分析趋向的例子。这是一种用形式的方法论语言去描述或比较分析推理与实践中非科学的、无意识的与非理性的模式的做法。因此,人类(或在某种程度上非人类)实践是在科学方法的想象中被书写,是一种被赋予了理论、模式、假说、启发、方案与决策规则的能动者，[1]但方法论的探索(方法的分析)是分析家的而不是实践者的特权。这方面所强调的是伽芬克尔所称的“实践的客观性，实践行动与实践推理的实际可观察性的令人苦恼的问题”，通过消除差距的努力，却又重新打开了形式的方法论与情境实践之间的差距。再次，分析家对“隐含”或“无意识”方案、模式和规则的明确表达与这些方案、模式以及规则所描述和决定的实践之间存在差异。[2]分析对话的学者并没有通过比较它们，或赋予它们以公式化方法的解释来研究个体能动者的能力。就像其早期讨论的那样，当萨克斯(Sacks，1992)相信甚至在礼节手册中的指令与介绍的循环的分析也相关时，他并没有提议一种特殊的指令(“聚会中的主人应该”)去充分地描述或规定这相关的有条理的行动。相反，他暗示了一种不同的实践秩序，通过这种秩序不同的群体局部性地使指令(或类似于指令的东西)适应于不同的关系身份(identities)的组合。虽然萨克斯用诸如“一种机制”(‘a machinery’)或“一种装置”(‘an apparatus’)这样的表达式来描述产生秩序的工作，这些工作出现在所分析的谈话中，但这些术语并没有暗指引入遵从规则的一种内在机制，相反，它们暗指一种集体制造的人工物——介绍的循环——这是在场行动的不同群体所组装起来的。对话进行分析家的方法

【140】论任务就是描述一种机制，通过阐明一组指令，在特殊的场所中建造与操作它。一种指令的语法——描述你如何建构与利用人工物的——根本不同于一种内在机制如何引起你的某一方面行为的这种决定论式的解释。指令的语法并没有把行动还原为运作在公众场所之中的机制，但(就像萨克斯在讨论像“循环”与“偶然相关的现象”之类的抽象对象时很清楚表明的那样)它也没有把行动还原为情境的独特因素。在很大程度上，对话分析者描述着在单一情境中复制社会技巧的工作，联系着“再做同样的事情”的相容的、偶然相关与可重复的同一性阻抗着在地域材料、社会环境、物质资源与直接目的的变化。利用这种社会技巧的情境重复的常人方法论的观念，人们能够把对话

〔1〕 对非人类的动物的行为研究的一个经典案例，见 Krechevsky (1932)。

〔2〕 对明确的分类原则的“隐含的”版本的理论应用，Turner (1994)进行了一个类似的讨论。

分析中的研究与科学知识社会学(SSK)所研究的主题联系起来。[1]

不像对话分析学者那样,SSK 学者面临着方法论著作中的原初主题:科学方法;也不像对话分析学者那样,他们大量关注于批评现有的哲学与技术的方法论。他们的批评不应该与去证明科学方法的不充分性的尝试相混淆,就像他们时常所做的那样。情况看来并非现有的实验方案"未能"描述实验的情境应用,这就暗示着实践是一种不充分的方法。特殊实践可能会出错,出错时常是由于方案的不完备性,但这种过错与出错也与情境相关。有关实验重复的问题,SSK 学者的主要教训在于它认为当进行经验研究时,实验的情境性(重复)制造可能是出现更大的困难、实际的斗争、容易引起争议的一种原因,并不像方法论文献中通常所认为的那样。SSK 的研究已经引起了争议,这不是因为它威胁到特殊实验实践与发现的充分性,而是因为它与由其他哲学与专业的人士所作出的实验实践的原则与程序的解释相冲突(Lynch 1996)。

SSK 学者的论证充分利用了已经引起其自身问题的怀疑论哲学的资源。就算不考虑这一事实, SSK 学者的研究也可能会突出不仅对传统的方法论观念,而且对常人方法论来说令人困惑的问题。正如我已经暗示过的那样,如果对话分析学者描述了在各种特殊场所中重复社会技术的工作;如果对话分析学者正如在这一研究领域中的文献时常暗示的那样,在成员的规则、成员的模式与其他抽象的工具的形式中描述这些工作,那么"重复的问题"同样提醒我们在对话分析与这类规则在各式各样特殊场所中的情 【141】境应用之间存在着一个有待探索的差距。正如在实验技术的例子中,当仔细研究时就会发现,比起对话分析的文献通常所认为的而言,普通的对话"装置"的情境性(重复)制造可能会导致较大困难、实际斗争与容易引起的解释。[2]

---

〔1〕 见 Collins (1992)。代表性的研究文集与系统的论证,见 Knorr Cetina and Mulkay (1983), and Pickering (1992a)。

〔2〕 这方面更为详细的批评,见 Lynch (1993) and Lynch and Bogen (1994)。

三、实践的逻辑

我在前文中讨论过常人方法论学者哈维·萨克斯如何处理一个熟悉的分析的问题:你如何确立“没有发生的事件”的相关性? 这是逻辑学家与哲学家所熟悉的问题,但萨克斯以一种不寻常的方式来处理这一问题。处理这一问题的一种标准途径是去清晰地阐明所探索的事件将会发生的条件规则、规范或经验命题。如果这些规范的期望、事件并没有发生,那么可以合理地说该事件显然缺场。萨克斯的解决是不寻常的,因为他并没有明确去阐明一种规则或一个经验命题,而是去描述一种日常的实践,能够确定“没有发生的事件”的相关条件的局部出现。虽然萨克斯强调一种一般的方法论问题(一种不同的相关问题),他的解决(或宁可说,他描述的成员的解决)采用了一种有条理的、再现的、主体际性的解释(intersubjectively accountable),在活生生的时间与空间中的具身制造。简言之,萨克斯描述了一种对逻辑问题的情境化的、有条理的与具身性的解答。

我可以想象许多读者会发现这种解答的含义是不明确的。由萨克斯(Sacks 1992: 294)暗示的一种可能的含义是对逻辑上解释秩序(像一种显然的缺场)的有条理制造的系统描述,这可能会在分析上产生“有用的”概念。人们可能会问“对谁有用? 有何目的?”看来可以有把握地说当对话分析家的共同体中其他研究者进行更进一步的研究时,这类概念对他们是有用的。但就具体说明某些还没有发生的事情的问题的一般性而言,我们可能会期望更为广泛的理论含义。我认为对这一问题不可能存在着一种普遍的理论解答。相反,我认为对一个问题如何被提出与强调的研究可能具有更为广泛的批判性含义。为了减轻这种批判性含义,看来有必要放弃寻求能促进分析性学科发展的任何“有用的”概念。在这篇文章的余下部分,我将阐述常人方法论是如何将逻辑与实践相关联的整个图景推向极端化的。为了证明这如何可能,我将简短地探讨另一个事件,在其中“某种还没有出现的事件”变得显然。然而,在这一例子中,“缺场”概念的方法论应用
【142】具有基本性与倾向性。

在1994—1995年的美国橄榄球超级明星奥兰多·詹姆斯·辛普森(Orenthal James Simpson)涉嫌杀人案中，辩护律师巴里·彻克(Barry Scheck)与洛杉矶警察局的刑侦专家丹尼斯·范(Dennis Fung)之间进行了一场持续的交互讯问。范是负责从犯罪现场收集血液证据的官员之一。下列对话节选自1995年4月12日的证词，其中，彻克一直在质问范有关在被告的福特越野车门上有“4个红色(血)污点”的问题。

彻克：好的，范先生。我想直接问你，在6月13日的早晨，侦探富尔曼(Fuhrman)向你指出了在越野车的门的底部有4个红色的线索、4个红色污点了吗?

范：我记不起他这样做过。

彻克：当你说你记不起时，你是说这件事没有发生?

范：我并没有这样说，我是说我记不起他是否这样说过。

彻克：好的。如果你曾经在6月13日的早晨在越野车的外壳上见到过4个红色的污点，你应该把它们用相机照下来；而你没有这样做，是吗?

范：这将视情况而定，我不知道当时是否应该这样做。因为那将取决于当时的情境。

彻克：让我们来分析一下这些情境。有人告诉你门的把手上有一个红色的污点?

范：是的。

彻克：有人向你出示过这一污点的照片，对吗?

范：是的。

彻克：在收集物证的过程中，你应该是指挥摄影师的人。

范：是的。

彻克：你应该照下某些重要的证据的照片，而这是一位侦探向你指出的。

范：是的。

彻克：在这一案件的情境中，如果你已经看到了在越野车的门处有4个红点，你就应该指挥摄影师照下它们吗？

范：情况也许是这样。是的。

彻克：如果你已经看到了4个红点在越野车门的外部，你在6月13日没有做一个佐证检验？

范：可能，我——如果必须，我应该会做。

彻克：如果你看到了4个红点在越野车门的外部，你没有取它们的样本吗？

范：我应该——我可能取过样本。

彻克：如果你看到了4个红点在越野车门的外部，你在你当天的那份报告中没有提到那一观察。

范：如果我认为这对调查来说是重要的，我应该会在我的记

【143】录中包括它，是的。

彻克：回顾这一案件的情形，这4个红点难道不是你无疑应该包括在你的记录中的重要的细节吗？

哥尔德伯格先生（公诉人）：我反对，应找一个相关专家来证明他这样说是否恰当。

法官：驳回。

范：现在从我的角度来看。

彻克：让我们随后试试从你的角度来看。

范：我不能够回忆起当时准确的精神状态，但它——我无法确定我是否记录下来它了。[1]

在这一段话的前面，彻克质问范在6月13日，即谋杀发生后的那天早晨，侦探富尔曼是否向他指出过特殊的血液污点（在"感觉数据"语言中被描述为4个红点）。范表示回忆不起，彻克随后追问范为什么没有记录（或清楚的回忆起）所看到的证据。这种追问线索的要点是驳斥富尔曼的证

〔1〕 记者对这一辩论过程的记录，见 The People of the State of California v. Orenthal James Simpson, Superior Court of the State of California for the County of Los Angeles, Case No. BA097211, Volume 124, April 12, 1995。

词，揭露范的逃避行为，或暗示范以一种相当不负责任的态度来收集与记录证据。

彻克提出了系列以经典的如果一那么的命题格式展开的问题，并以此追查事情原委(第 5、15、17、19、21 段)。每一个这样的问题在逻辑上设计"没有发生的事情"为一种显然的、实践上偶然的缺场。问题被用短语表达为各式各样的违反事实的条件形式："如果 A 一直是这种情形，那么 B 也应该是"，[1]这是用逻辑来陈述自然规律的一种标准形式，但这里的"规律"被明确阐述为一种在感觉到某东西与采取行动之间的偶然的时间关系："如果你见到了 A，你就应该做 B"，或质疑说，"如果你看见了 A，你没有做 B 吗?"这样，一种经验上普遍的形式就被转变为一种方法论的规则。如果范最初表示回忆不起在 6 月 13 日曾经看到过 4 个红点，彻克反复的质问显示出暗示。如果范那时看到了这些红色的污点，他肯定会用照相机、试验结果与笔试记录下它。当彻克声明(并且范确认)给范看到的照片是另外的血液污点(第 7—10 段)的，他甚至更强烈地暗示出如果范"在这些情境下"看到了 4 个红色污点，他应该已经记录了这一事实。彻克进行的来自方法论的推理因此得到了出自于范自己实践的样本的加强。[2]

毫无疑问，范在整体上并没有附合彻克对他的实践的解释。范用了等待检验的表达来进行多次回答(第 16 段中的"它应该是可能的"、第 18 段中的"如果是必须的"、第 20 段中的"我可能已经"、第 22 段中的"如果我认为它是重要的")。没有完全反击彻克质问中所表达出来的违反事实的情形——如果你已经看到了 A，你没有做 B 吗——范反驳在情境与行动之间暗含的每一种方法论关系的说法。这还不足以能称这些反驳暗示犯罪现场与现处在范位置上的人应该做什么这两者之间有一种不确定的、偶然的或可能的关系，它们同样引起了情境判断的问题。范暗示当他研究犯罪现场时，他并没有简单地看着特殊的证据细节，然后依据标准的规程来记录它们，他得首先判断什么是相关的与重要的以记录与收集。应该来说，除 【144】

〔1〕 我对反事实条件的情境应用的说明兴趣完全不同于 Hempel 与 Goodman 的形式分析。

〔2〕 准确地证明律师如何可能通过论证去"理解"一位专家证人证词，暴露出其证明过程中的明显的过失。见 Oteri et al(1982)。

了他在6月13日事实上所记录与收集的证据外，他暗示他记得有关犯罪现场的东西同样依赖于他最初作出的可收集的特殊证据的重要性的判断。换言之，当承认彻克明确表达的方法论规则的重要性时，他同样暗示他并没有机械地遵从这些规则。

这一对话同样只是辛普森案件的大量辩论中的一系列方法论之争中的一个小的片段。在这一案件中，在有关实践逻辑的无休止争论的一种情境中，彻克与范假设了不同的立场：在其中，彻克依靠一种方法论的规则去确定范的方法必须（或应该）如何，而通过暗示密切依赖于对重要性与相关性的判断的方法，范为他独特的收集证据的方式进行辩护。两者的判断本质上都不是“正确的”，虽然两者都要听从于旁听的法官对合理性与可信性的一系列评估。

人们时常假定常人方法论给实践的“主观主义的”观点以特权，这与其他许多社会科学的分支所倡导的更为确定的逻辑相反。正如我在开始时所暗示的那样，当方法论本身被视为一种社会现象的领域时，一种不同的理解成为可能。因此，日常的（“常人的”）方法论是由实践行动或实践推理的情境调查所构成的。它并没有被局限在科学与其他方法研究的学术领域之中。彻克和范共同进行着一种情境化的方法论的研究，在这种意义上，两人不仅在进行着“常人方法”的活动，而且还在相互争吵中分析这些方法的秩序与逻辑的含义，因此，我概括出他们正在进行着常人方法论的一个案例。彻克首先检查了范的方法，他采用了一种抽象的工具（在反事实形式中所表达的方法规则），这种工具确定了“某种没有发生的事件”（6月13日范没有记录4个红色证据点的事实）的可分析性。处于更为激烈对立立场的范，部分上同意彻克的分析，但他同样通过增加各种前提条件、不清楚的回忆与利用对案发现场的判断来反驳彻克的“分析”。因此，对确定彻克提问的方法规则的描述上的充分性来说，在旁听的观众面前表现出来的这一对话本身就是一种相关的偶然性。A证人没有资格去确证形如“如果你已经见到X，你没有做Y吗？”的问题，因为所有实际的目的会把讯问
【145】的分析转化为一种诉诸规则的倾向：“当我看见了X，我做Y”。未能认可这一规则并不会必然否定其相关性，因为正如我们从上述对话中可看到，讯

问者在追踪问题与挑战证人的可信性时可能还会重申规则。

这段特殊的对话提供了一个异常清晰的例证，它表明了讯问者对一种形式逻辑工具的情境性应用。彻克努力通过例证表明一种规范的机制，它决定着范在实践上本应该包括什么样的细节，他那不断重复的质问坚持重申一种特殊的逻辑推理线索。对范来说，他不断（但不必是成功的）通过暗示一种更不具有机械模式色彩的推理来反驳质问的逻辑力量，是他的实践的特点。在实践的逻辑上，对这场法庭辩论的分析允许我们去把握一种基本的常人方法论内容。它是“基本的”，并不是在它把握了事物的本质意义上，相反是在它取代了想揭示这类本质的逻辑分析性方法论的意义上。彻克的方法论规则被陈述在一种强烈的决定性的形式中，但其逻辑的力量还得根源于一种有条理的、重复的、主观际可解释的、具体的法庭辩论的过程中。看来在逻辑工具发挥效用前，它必须返回到现实生活之中。在法庭“现实”的这一案件中，相关的平台被情境化在一房间中，并体现在一种话语的视角中。[1]

四、结　论

在这篇文章的开头，我引用了伽芬克尔（Garfinkel 1991：11）的观点“实践的客观性与实践行动、实践推理的实际可观察性之间的令人困惑的问题”，它为社会理论提供了一种持续且未竟的任务。我随后暗示这一问题不仅得研究“方法“，还得研究“方法论”在制造社会现象时所扮演的一种积极角色。来自于萨克斯演讲的例子的讨论表明对“某种没有发生的事情”的可观察性这一经典的分析问题来说，存在一种常人方法论的解答。这种解答采用了一种具体实践（给予糖果的“循环”的不可还原的形式），但我随后讨论了对社会理论来说，对实践的一种抽象解释可能只是重述了这一“令人困惑的问题”：在方法论文献与文献描述、规定或控制的局部实践之间的差距。辛普森案件的例子就证明对实践的确定的、逻辑的解释与实

〔1〕 对这种“现实”的一种具有启发意义的讨论，见 Macbeth(1992)。

践本身之间的差距，这种差距对法庭证词来说是一种内在的、有组织的现象。我们从这一案件中所学到的是，寻求对"实践的客观性与实践行动、实践推理的实际可观察性之间的令人困惑的问题"一种普遍的解决是无意义之举，因为对实践的逻辑的任何抽象的解释就是直接重述了这一问题。因此，常人方法论的研究任务就是描述实践的逻辑的可说明性本身如何成为实践探索的一个主题，一种可能包含争论与脆弱的共识的探索。常人方法
【146】 论的描述被置于学术领域与文献之中——人们通过其他案例来了解。它们批判性地介入现有的理论之中，强调社会科学的概念——但它们并没有接受宏大的理论，即"实践的逻辑"是一个统一的社会分析的主题这样的错觉。仅就这一原因，常人方法论为当代社会理论家提供了一种有价值的治
【147】 疗方案。〔1〕

〔1〕 这里暗指 Wittgenstein (1953)著作中的一种暗示，即他的研究在疗法上放弃了弥漫于科学哲学中的"对普遍性的渴望"。常人方法学论是经验的，但它并不抱有逻辑实证主义的梦想，不会去追求一种通过"感官"来揭示实在秘密的特殊形式的研究。

第三部分

后人类主义

海德格尔如何为自然科学的真理与存在物之间的符合论辩护

休伯特·德雷福斯

长期以来,科学一直主张去发现宇宙中自然类的关系,这些自然类独立于我们的心灵与应对的方式。如今几乎所有哲学家都采取否定这一论题的反实在论立场。当代反实在论者争辩说这种独立的论题不仅是错误的,而且还是矛盾的。因此,这些反实在论者指出,这些实在论者错在他们认为实在就像它们在自然中显现的那样,我称他们为紧缩实在论者(deflationary realism)。他们认为科学研究的对象就像我们日常实践所遭遇的棒球、石头与树一样真实,但不能脱离我们的实践而独立存在。[1]与这种紧缩实在论相反,我主张坚定实在论(robust realism),这种实在论认为实在独立于我们意识的主张是有意义的,科学在原则上能使我们接近宇宙的功能成分。[2]这是由于这些成分本身可通过我们日常关注、我们的感官能

---

〔1〕 持紧缩实在论立场的重要观点见戴维森(Davidson 1991, 1984)论文。对紧缩实在论的一种相对独立的成熟解释,见阿瑟·范(Arthur Fine)在 The Shaky Game (Fine, 1986)一书中对自然的本体论态度的描述。杰夫·马尔帕斯(Jeff Malpas)与约瑟夫·劳斯扩展了戴维森信念与物的关系的看法,覆盖了与所对应物的实践的关系。与我的观点相反,马尔帕斯与劳斯力图肯定马丁·海德格尔是一位紧缩实在论者,见 Malpas (1992) and Rouse (1987, 1996b)。

〔2〕 当我谈论"物自身"时,并非是指康德的独立于任何概念框架的物的概念(因而是不可知的),而是指可知的宇宙的功能性成分。某些人认为自然类的信念要求一类与另一类在宇宙中的界线"必须"鲜明。然而,我设想人们只需能够明确地区分类的范例,就可能把宇宙描述成被分成不同的自然类。

力、甚至我们理解事物的方式而显示给我们。[1]

紧缩实在论者与坚定实在论者的立场都是海德格尔留给我们的部分遗产。因此,在第一节,我将介绍那些反对实在独立存在的紧缩实在论观点。随后在第二节,我要表明虽然海德格尔开拓日常生活的紧缩解释,但他却寻求去确立对科学的一种坚定实在论的解释。在第三节与最后一节,我会采用索尔·克里普克(Saul Kripke)的解释,这种解释直接关注到海德格尔对形式显示(formal indication)的说明,基于克里普克对海德格尔式的严格指示代词(rigid designation)的观点的利用,我将讨论我们的确拥有实践,使我们去获取独立于我们所有实践的事物。

一、紧缩实在论的讨论

紧缩实在论开启了拒绝传统的笛卡尔式的人本主义的观点,即人类是作为一种自足的心灵,其有意识的内容直接指向这个世界。海德格尔与戴维森(Donald Davidson,一位最重要的反实在论者)否认这种观点,他们用人与物、人与人之间不可避免地交织在一起的观点去代替这种看法。海德格尔认为人类不得不通过与物打交道,通过承担的社会角色来指向世界。
【151】戴维森认为人类是语言的使用者,为了使语言具有自身的思想内容,人们必须认可其共同体的语言的约定。我称海德格尔与戴维森为实践的整体论者,因为他们两人都主张意识最终依赖实践、物与精神内容的不可分离性。海德格尔在其主张人类在本质上是在世之在(being-in-the-world)的观点中捕捉到了这一思想;戴维森在其意义的因果理论中也得出了类似的观点。

两位思想家主张的整体论使他们能够回答笛卡尔式的怀疑论。海德

---

〔1〕 问题——宇宙的一种本质结构是否依赖于我们研究它的实践的思想——无须考虑其他重要的自然科学的讨论而被研究。因此,我没有继续思索以下问题:(1) 无法被观察到的存在者是否是真实的(工具主义的问题);(2) 宇宙中的事件贯穿着规律,还是具有某种程度上的随机性(决定论的问题);(3) 是否存在着很好的仅基于概念分析的对形而上学实在论的论证。如见塞尔(1995: 149—197),在本书中,塞尔赞同还没有被发现的,也不是构成赤裸裸事实的概念上的必然性。

格尔认为，如果人类在本质上是在世之在，那么世界与其他东西的存在问题，显然不是由人类而引起的怀疑论问题，正如海德格尔问道："那是谁引起这一问题的?"(Heidegger 1962: 246 - 247)海德格尔因此主张任何想回答怀疑论的尝试都是错误的。认真对待怀疑论，并证明我们能够知道存在着外部世界的，所有这些尝试都预设了心灵与物的世界、心灵与他人的分离，这种分离违反了人类如何理解日常事物与他们自己的一种现象学的描述。戴维森认为，依据对人们学习语言的途径的一种逻辑重构，虽然人们在任何特殊信念的真实问题上会持不同的看法，但为了获取一种语言，人们必须共享几乎所有那些说这种语言的人的信念，几乎所有这些共享信念必须是真实的。

由此我们得出结论：我们不能够理解物的整体性是否可能与我们的实践的整体性无关的问题，或事物是否在本质上依赖于我们的实践的问题。提出这些问题意味着要求从彼此都声称具有逻辑的优先性的角度，思考我们所想象的相互之间完全是独立的物的整体性与实践的整体性。但这会导致这样的结论，即我们不能观察到还没有包括物在内的我们的实践，不能观察到还没有包括我们实践在内的物。因此，实践整体论看来无法理解所有这样的主张，即排除我们实践的物自身与排除物的我们实践的整体性的主张。看来，由于有关对象的真实陈述无法暗示对象与我们实践之间的相互依赖性或独立性，这些陈述必须被理解为描述对象，就像它们是被保留下来的唯一的意义中的"are"，也就是日常情境中的"are"。因此，我们进入一种批判形而上学实在论与超验理念论的紧缩观点。

一旦一位紧缩实在论者主张人们不能够理解超验理念论或形而上学的实在论的话，只要他一方面并没有使坚定实在论成为这样一种主张，即科学给予我们一种宇宙自身的功能性分界的解释，另一方面也没有提出极端的建构主义主张，即自然必然是一种文化创造，那么他就能够在表面上接受科学的结果。当寻问他认为这样的主张是否有意义时，即在自然中的物在人类之前就出现，即使人类从来没有存在过，它们也将肯定会存在，紧缩实在论者的回答像是一位科学家，他们会说，根据经验发现的基础，某些 【152】
类型的存在者会在我们之前就存在，即使我们从来没有存在过，其他类型的则不然。但戴维森式实践整体论者是基于这样的意义在谈论这一点的，即任何对自然的谈论都是在谈论自然本身，因此，从这一角度来看，这种看法本身是站不住脚的。

二、海德格尔的坚定实在论的尝试

像戴维森一样，海德格尔通过表明我们的实践与日常世界必然会交织在一起来回答这种怀疑论者。他曾经详细讨论过“此在存在着就是世界”。[1] (Heidegger 1962: 416)此外，海德格尔看来也是赞同紧缩实在论的，尽管存在者表面上看来是独立于我们的，但存在者的存在或可理解性仍然依赖于我们的实践。任何对物自体的讨论必须被置于引语之中。因此，海德尔格谈到自然存在者时说：

> 必须指明的是，存在者是存在“其自身”中的，是独立于任何对它的理解的；然而，存在者的存在只有在与其打交道的遭遇中才能被发现，只有通过现象自身的展现以及对遭遇结构的诠释才能被解释为可理解的。(Heidegger 1985a: 217)

当加上如下的话时，他看来甚至更像紧缩论者

> 当然，只有此在存在(也就是说，只有对存在的理解是现实上可能的)，存在才“在”[或；才“有”存在]。如果此在不存在，那么“独立性”也不“存在”，“在自身中”也不“存在”。(Heidegger 1962: 255)

---

[1] 当海德格尔谈论日常实践或日常性时，他通常意指器具应付的实践，或指这些实践以及我们通过这些实践所遭遇到的。当我谈论日常实践时，我更广泛地是指通常遭遇事物的我们更为熟悉的方面，因此包括我们熟悉的知觉方面。我在本文中所研究的作为非日常的实践是我称之为奇怪与科学的实践。更广泛地说，对我而言，公共机构实践，包括科学的、宗教的与某种美学实践，其可理解性是依据非日常经验，因此只能算作非日常实践。然而，当我明确描述海德格尔的观点时，我所用的术语“日常”是海德格尔所用的含义。

约瑟夫·劳斯(Joseph Rouse)在其《知识与权力》一书中,看到了海德格尔的整体论与戴维森整体论对怀疑论者回答的类似性,他对我没有因此肯定地把海德格尔理解为一位紧缩实在论者而感到惊讶。然而,正如我将要表明的,在《存在与时间》一书中,海德格尔描述了能够使他区分日常世界与宇宙的现象,因此我主张在自然科学发现的存在者问题上,他是一位坚定实在论者。此外,他还有概念资源,使他能把他对这些现象的描述转化为对坚定实在论的具有说服力的辩护。

海德格尔要我们注意到的两个现象是两种不同的存在方式。他指出通常我们把物处理为器具(equipment)。从它与其他器具、人类任务和社会目标的关系中,器具获得了其可理解性。海德格尔称存在的器具方面为上手状态(availability),但海德格尔同样指出了另一个同等重要的现象:我们时常体验的存在者是独立于我们的工具性应对的实践的。这发生在器具出现崩溃的情形中。海德格尔称如此遭遇的存在者存在的模式为显在状态(occurrentness)。显在的存在者不仅被显示在崩溃之中,而且同样被显示在当我们采用一种对物的去语境化的超然的态度,或——用海德格尔的术语来说——去世界化对象(deworlds them)之时。在这种超然的态度中,我们遭遇到作为带有性质的物质的显在存在者。 【153】

在较弱的意义上,这种显现的经验仍然是语境化的且有意义的。如果这不是可能遭遇的存在者的世界,那么就不能提及是否可能存在着独立于我们关注的存在者的世界的问题,更为重要的是,如果我们没有赋予存在的显在方式以意义,独立存在的问题就无法理解。因此,海德格尔得出了这样的结论,即存在的显在模式的存在或可理解性是依赖于我们的,存在只“存在”于某些存在者的领悟与理解之中,这些存在者的存在中就包含着对存在本身的领悟与理解。(Heidegger 1962: 228)但他仍然坚持“存在者独立于人们在揭示它们时的个人体验,独立于人们对它们熟悉与否、对它们的确凿把握”。(Heidegger 1962: 228)

从表面看来,这实际上是一个矛盾的观点,即我们有着理解独立于这些实践的存在者的实践。这一知识界的格式塔人物可能会选择两种方法中的一种,依赖于人们是否强调存在者依赖于实践,还是独立于这些实践。

因此，这导致了在海德格尔是否为一位坚定实在论者、一位超验的理念论者或一位紧缩实在论者的问题上，在学术界的文献中出现了三方面的争论。[1]利用上述在《存在与时间》中的引语来支持我的看法，我已经讨论过海德格尔是一位想要成为坚定实在论的人(Dreyfus 1991)。威廉·布兰特纳(William Blattner)却持相反的看法，认为海德格尔必须被理解为一位超验的理念论者。因此，那些看来支持坚定实在论看法的引言，应该被解读为仅仅支持了经验主义的实在论。(Blattner 1994) 大卫·塞伯恩(David Cerbone)对布兰特纳作出了反驳，他利用对戴维森思想的解读，在其中有海德格尔对人类与世界不可避免的交织在一起的解释，这种解读使他认为把海德格尔视为无论是坚定的实在论，还是超验理念论都是不可思议的。(Cerbone 1995)

为了更清楚地理解我为什么主张海德格尔是一位想要成为坚定实在论的人，我们必须回到去世界化的现象中。正如我所说，海德格尔指出在极端的器具崩溃的情形下，我们遭遇到的事物作为显现，独立于器具世界——也就是说与我们日常的应付实践没有本质上的联系——并且始终隐藏在我们的日常器具之下。“无法被使用的只是躺在那儿；它显示为一件看上去是这样或那样的器具，并且，作为这样的可用的器具，它也总已经在那儿了。”(Heidegger 1962：102)[2]

因此，自然被揭露出一直都存在于那里。在这一例子中，海德格尔相信：“那些指引我们与世间存在者打交道的存在理解发生了改变。”(Heide-

---

[1] 海德格尔本人在这一主题上看来是矛盾的。在《存在与时间》中提出他那看似表面的实在论的立场8年后，他在《形而上学导论》中写道：“严格说来，我们并不能做如下断言，在有人之前就有时间。人的存在贯穿整个时间，不论是过去，现在还是将来，只要我们承认：只有人存在，时间才时间化。”这一断言，就如早在《存在与时间》中的那样，来自于如下的论点，即没有此在就没有以前和往后。但是海德格尔也在他1928年的讲座(1978年出版)中说了以下这段话：“我们能在多大程度上将此在的解释看成是宇宙—本体论意义上的时间性，这是一个我自己还不能决定的问题，一个对我来说仍然晦暗不清的问题。”(Heidegger 1984：210)我认为海德格尔应该已经意识到自然的显在时间摆脱了理念论，因为它不能依据我们的在先或在后的日常意义来理解，而是被理解为状态的一种反对称秩序。

[2] 在其后来的旁注中，海德格尔增加的这种对显现的揭示并不要求实际的崩溃，或一种主动地忽视器具的有用方面，而是通过训练自己，使自己关注在某种程度上与我们的应付活动无关的存在者的特征，从而能够达到这种显现的揭示。

gger 1962：412)[1]我们处理上手状态的实践与处理显现的实践在根本上是不同的。因此，海德格尔理解从在手状态的物到处理它们作为显现的这 【154】种改变是分离的。对海德格尔符合紧缩实在论的说法，这种改变是关键的反驳证据。

这种分离的极端性时常被对崩溃的不充分的现象学描述所掩盖。当一把锤子如此之重以至一位木匠无法使用它时，它随后通常被体验为太重了。但因为太重了(being-too-heavy)也是依赖于情境的，它仍然预设了锤子的器具本性。但崩溃可能太过于严峻以至在个人体验中所留下来的只是某物——"只有显现"(Heidegger 1962：103)。在任何可理解的方面，那些人的特征并没有与锤子的功能联系在一起，因此，超越了日常的理解。海德格尔主张在其他体验中，焦虑使我们接近这种不可思议的显现。海德格尔写道："焦虑""揭露出……存在者处于其充分的，但因而是隐蔽的奇异状态，像是那些根本的他者"(Heidegger 1977：105)。[2]

当然，被判定为极端的他者的未被解释的存在并不是理论上的存在者。海德格尔知道如果我们要接近理论存在者的话，在整体崩溃中所揭露出来的存在必须被去与境化或重新用理论的术语来解释。海德格尔因此认识到科学所采用的数据具有理论负载。他称"只有因为研究者理解在原则上不存在'纯粹的事实'，'事实性科学'的'基础'才有可能"。(Heidegger 1962：414)不幸的是，他没有意识到这些具有理论负载的数据应该与在极端崩溃中所揭露的极端的他者关联，也就是说他并没有意识到理论的去与境化应该是有效的。[3]对他来说，重要的事情是理论存在者被视为自然的要素，也就是宇宙的要素，它们是先在的，是独立于我们理解事物的日常模式的。在这一重要的意义上，科学，按照海德格尔的说法，是有关这种不可

---

〔1〕 劳斯正确地指出"海德格尔在据说是出现了的转变问题是令人不安的含糊"。(Rouse 1987：74－75)

〔2〕 约瑟夫.P.费尔(Joseph P. Fell)在其"The Familiar and the Strange：On the Limits of Praxis in Early Heidegger"(Fell 1992：65－80)一文中发展了这种观点。

〔3〕 罗斯在这一点上，再次正确要求海德格尔的观点要更为明确。如人们可能会问道：通过什么样的技能，科学家解释了他们的数据，如果技能是必要的，那么科学家为何有权声称他们理论所确证的理论对象是独立于所有人类活动的呢？

理解性的。他写道：

> 自然是原则上可解释的而且需要被解释的，因为原则上它是不可思议的。它是不可思议的纯净而简单的。自然就是不可思议的，因为它属于"尚未被世界化的"世界[意即尚未被纳入人们日常生活的意义世界中]，如果我们以物理学所理解的这种极端意义上的存在者来理解自然的话。(Heidegger 1985a：217－218)

要点并不在于整体崩溃、理论观察或焦虑赋予我们充分的理由去相信我们不理解其特征的自然事物的独立存在的现象。虽然引语可能暗示这一点，但我们将看到整体崩溃的现象不可能提供这样的理由。整体崩溃的现象所支持的是最低限度的主张，即自然可能作为一种独立于我们的应付实践，并隐藏在日常事物之中的东西而被经历。如果我们只具有所遭遇的存在者的这种"有用的"模式，那么我们可能决不会遭遇这样的存在者，它
【155】们是比特殊的锤子更独立于我们的应付实践的存在者。但如果海德格尔是正确的，我们就能去世界化(deworld)这类存在者，被引导去把它们视为宇宙的显在部分。〔1〕

海德格尔显然想认可坚定实在论，因为他超越了紧缩实在论的局限，他写道："从存在论上说实在是奠基于此在的存在之上的这一事实不正表明只有当此在存在而且只要此在存在，实在才是其本身所是吗?"(Heidegger, 1962：255)

我们现在能够理解在捍卫有关科学存在者的一种坚定实在论时，海德

〔1〕 虽然在自然存在者方面，海德格尔持实在论的立场，但他不是还原论者，或自然主义者。在《存在与时间》的第19、20与21节中，他详细讨论过我们展现存在的方式，因而是发现存在的实践能力不能依据显现来理解，因此，显现，在自然的一种成功的科学中被重新语境化，它不可能提供实在的基石，自然科学所能告诉我们的仅是什么是因果上真实的，但它不能解释我们理解存在的各式各样途径的能力，因而不能解释我们展现各式各样的存在或实在的领域的能力，这些领域包括物理科学所描述的存在者。因此，科学不可能是一种终极实在的理论。他说："实在论者试图通过实际存在物之间实际的交互联系来在'存在者层面'上解释现实……但是存在是不能通过存在者来解释的，而恰恰是对每一个存在者来说都是"超越"的。"(Heidegger 1962：251)

格尔推进了两个重要的进展。虽然它们看来是在正确的方向上推进了,但就像海德格尔呈现出来的那样,还没有充分成功地支持坚定实在论。

(1) 海德格尔指出了两种特殊的态度(对抗器具的崩溃与焦虑),从表面上来判断,它们摆脱了我们日常的、利用器具的实践的约束。由于海德格尔把他的意义解释奠基在利用器具的实践之中,所以他概括出这种特殊的态度,通过“正在去世界化”的存在者,完全摆脱了我们日常的意义,使我们接近其本身所说的“不可思议”。但如果人们对日常的意义有较为广泛的观念,包括感知外在于利用关系的事物,那么这样一种“转变”将不会外在于日常。〔1〕

(2) 海德格尔承认他描述的转变给予我们这样的存在,它们可能无须涉及我们日常实践而在一种理论中被重新语境化。但他并没有解释由崩溃所显示的无意义的存在如何为科学充当数据,也没有解释在允许处理不可思议性,而同时让它独立于我们所有实践的转变后,还会有什么样的实践被留下来。也就是说,在表明我们能够遭遇去掉其日常功能性的物时,海德格尔并没有表明我们能够遇到作为独立于我们理解这些事物的所有实践的物。这里仍然存在着非常特殊的这种实践,这种实践使理解它们是不可思议的。

除此之外,当海德格尔后来研究科学研究如何成为一种公共机构的工作问题时,他主张一种整体的草案筹划(Heidegger 1977b)。他主张研究是一种研究自然的近代途径,它是通过以下途径而进行的,即确立一种有关自然是如何运行的整体理论,随后处理显现出来的反常,因为理论被假定为要覆盖所有的现象。因此,对海德格尔来说,常规科学有着试图解释反常的持续的任务,而当阻抗性反常导致科学家提出一种新方案时,在科学中的革命性前进就出现了。〔2〕

〔1〕 因此,劳斯合理地反对那一点:“并不是因为海德格尔称之为显现的这类事物能独立于处于实践与功能性器具之组合中的行为性反应,而是对这些事物的恰当的行为性反应被谨慎地剥夺了任何功能性指称。”(Rouse 1987: 74)

〔2〕 1938 年,海德格尔预见到托马斯·库恩在《科学革命结构》一书中对常规科学的解释。海德格尔同样在《存在与时间》一书中认识到科学通过革命而发展:“当其基本概念经历了多少极端的改变后,科学的真实的‘运动’就出现了。”(Heidegger 1962: 29)

作为研究的近代科学的最本质性之处是其整体化主张。海德格尔认为这种整体性主张是一系列有关存在的所是状态的整体化主张的现代形式，这一系列一直显现出或许是自阿那克西曼德(Anaximander)，但肯定是
【156】 自柏拉图以来我们形而上学文化的特征。因此，正是一种被有意排除的去世界化与不可思议性的去语境化的广泛的文化实践，它被证明是海德格尔把近代科学研究解释为一种公共机构的基础。这种对研究的文化实践的认可看来将破坏坚定实在论。〔1〕

然而，我们将很快看到研究的实践可能构成了一种公共机构，这种机构可被理解为宇宙的功能性成分，就像它们本身一样。为挽救其坚定实在论，海德格尔将不得不认为，虽然使我们接近存在者的基于实践的遭遇结构在本质上依赖我们，但我们所遭遇的东西仅偶然地依赖于这种结构。因而，我们的日常与科学实践，虽然不可能从科学所揭示的存在者的解释中排除，但可能被理解为不是一种构成性的实践，而是一种允许"真正的理论发现"的实践(Heidegger 1962：412)。

为此，海德格尔从一开始就需要发现一种实践形式的不明确的指称，它

---

〔1〕 的确，劳斯注意到后期的海德格尔放弃了《存在与时间》中的实在论立场。他注意到海德格尔在1938年提出的类似库恩观点的评论：

"我们不能说伽利略的自由落体学说是正确的，而亚里士多德教义即轻物体努力向上运动是错误的，因为对希腊人对落体与位置的本质的理解，对两者之间关系的理解是基于对存在者的不同的解释，因此是以对应着不同的理解与询问自然存在的方式为前提的。人们不会假设莎士比亚的诗歌比埃斯库罗斯(Aeschylus)的诗歌更先进，更不可能声称对任何东西的现代理解比古希腊更为正确。"(Heidegger 1977b：117)

这里，海德格尔显然在反驳伽利略已经驳倒了亚里士多德的主张。但他相信理论不是相对于自然的真，而是相信两者都是真实的，在这种意义上，他并不是在反驳，就像库恩在《科学革命结构》一书中所说的那样。两者都在"阐明"，这可能是一个无关紧要的观察，但在海德格尔的另一个评论，即"物理学所反映的其实是自然本身，然而不可否认的是，这一自然仅仅是一个对象一领域，它的对象性首先是通过物理学的特征——精确定义——被定义和确定的。"(Heidegger 1977c：173-174)

在这种语境中，不同的理论揭示出自然的不同的方面，这肯定是一个过强的主张。当然，如果人们认为亚里士多德的自然位置的理论作为对物理因果性的一种解释，意味着这种理论解释了为什么石头会下落，这种解释与近代物理学解释这种现象的意义相同，那么他的看法是站不住脚的。就我所知，近代物理学给出的引力规律的解释是正确的，而亚里士多德完全是错误的。不过，就像海德格尔相信的那样，有充分的理由相信亚里士多德与伽利略寻问的是不同种类的问题，因此，在不同种类的因果性上，两人都是正确的。

能以一种方式指称存在者,这种方式允许存在者具有本质的特征,并且在指称这些存在者时我们采用的性质在事实上不必是本质的。这使海德格尔发现这种实践也面临一个不同的问题。在 20 世纪 20 年代,海德格尔意识到他要讨论人类的重要特征,然而,在他开始研究时,他不能声称这些是本质的特征。这种方法论的要求使他在两方面与胡塞尔对立。胡塞尔相信:(1) 一般性术语通过对类型的本质特征的标示来指示它所指称的术语;(2) 人们可能具有一种本质结构的直接的本质直觉。因为海德格尔看到了其解释学方法剥夺了胡塞尔的本质直觉的任何可能的基础。因此,他需要某些其他的途径去接近人类的这些本质的结构。如果不知道其本质的特征,他又如何去指称这些种类呢?

为解决这一问题,海德格尔提出了一种"不明确"指称的说明,这种指称由于他所称的形式指示代词或指示物而成为可能。不明确的指称开始于偶然的特征,到达了本质的特征,如果经由研究后,存在着任何本质特征的话。〔1〕

海德格尔解释道:

> 这一空洞的意义结构[形式指示代词]具有一种被[所指示物]填充的趋向。这样,形式指示代词就包含了一种独特的关联;我必须顺着某个明确的趋向,经由对非本质性的东西的意识来完成对指示代词的填充,才能抵达那本质性的东西,如果真能抵达那本质性的东西的话(Heidegger 1985b: 33)。

因此,海德格尔相信指称不必把人们限制在任何本质的特征上;相反,它使人们以任何适合于这一领域的方式,去研究由其非本质特征所指称的 【157】
对象的什么特征是本质的,如果有的话。海德格尔继续说:

〔1〕 如见《存在与时间》,本书中,海德格尔说:"一种不明确的形式指示者,显示出某种物可能在某种特殊的现象学语境中把本身显现自己的'对立物'"(Heidegger 1962: 152),因此我把 Anzeige 翻译成"指示者",而不是"指示代词"。

> [我们必须]纵身一跳，义无反顾地从这里出发！……人生活在一种趋向自我完成、成熟的非本质性的占有中吗？原本的对象定义是否合适，其明证性并不是本质、基本的；恰恰相反，其合适性是绝对值得质疑的，并且该定义必须在其可质疑性以及缺乏明证性中被精确地理解。(Heidegger 1985b：34－35)〔1〕

虽然他从来没有利用这种不明确的指涉来为其实在论辩护，但这种方法论原则——人们可以通过其偶然性质来指示某物，然后被限制在寻求其本质性质的指示代词中——将会允许海德格尔利用转变显在及其特征，以表明接近实践如何能够放弃日常的意义。通过由转变之后的理论驱动的实践所揭示，人们能够认为性质是被揭示的存在者真实的偶然特征——能够充当一种指示存在者的特征，这些存在者的本质特征，如果存在的话，将会通过更进一步的研究来发现。

研究的实践同样也应该被视为偶然的而不是构成的(constitutive)。因此，海德格尔有很多基本的资源去回答他可能会碰到的既不是来自于日常实践(在一种广泛的意义上)，也不是来自于文化决定的实践的批评，但他并没有利用这些资源。为此：他应该需要承认我们的日常技巧经受住了这一转变的考验。的确，这些技巧对下列两点而言是必需的：(1) 识别由独立的态度所揭示的显在存在者；(2) 在实验室中研究数据以使它们充当理论存在者的本质特征的证据。然而，他随后却补充认为这些实践对实验室所揭示的东西来说都不是本质的。观念转变后，对日常实践以及科学机构的实践来说，将视它们本身体验与采用为可疑的或偶然的，因此遭遇的存在者在原则上可能以本质上独立于我们的身份而被遭遇。海德格尔看来在《基本问题》中有趣的一段话中谈到了这一点。“世间性并不属于在显在

---

〔1〕 这里，当海德格尔称现象学的给予肯定有问题时，海德格尔的心中应该有的是这样一种事实，即任何解释性的研究应该从日常的经验开始，这种经验很可能被个人消失与被传统所歪曲。然而，研究者肯定只有从他的所处的地方出发，只能希望逐渐地使自己明白掩饰与歪曲。如果人们想达到对海德格尔在《存在与时间》中对解释学循环的那难以捉摸的的评论，必须要从偶然与歪曲开始：“决定性的不是怎样跳出这一循环，而是如何以恰当的方式进入它。”(Heidegger 1962：195)

之物之为在显在的本质，但是它却是在显在之所以能显现为其自身的可能性的先验条件。”(Heidegger 1982：194)

三、对坚定实在论的一种最后的现象学论证

在很大程度上，我们遭遇到了人、器具甚至于自然事物，它们是作为感知与工具上熟悉的，并且必然与我们的日常实践联系着。然而，我们能够——虽然我们很少这样做——在一种不熟悉的态度中遭遇人甚至于物。在这种态度中，一种无关紧要的遭遇某物可能很容易就会出现。如果你反 【158】
复说出一个熟悉的词，我们最终听到这一词转变进入一种奇怪的听觉冲击。让我们称这种经历为去熟悉化(defamiliarization)与接近这种奇异的方式。〔1〕

去熟悉化是日常应付的崩溃，在去熟悉化之后保留下来的可理解性只有应付实践，这种实践能使我们在一种非明确的、偶然的，乍看是不充分的方式中去识别事物。接近独立于我们实践的存在者以理解它们，因此就被得到了以下的可靠的保证，即通过极端地转变日常实践所扮演的角色，从而使它们变成了识别对象的偶然实践。如果我们介入奇异的事物与其日常存在的模式之间关系的研究，就可能会依据重新识别它的充分特征去描述它，但我们不能确信这一点。因此，我们的日常实践被理解为不合适去定义什么显现出来。正如海德格尔所指出的那样，“合适性是绝对值得质疑的，定义必须被准确地在这种质疑中去理解”。〔2〕

这里所参考的著作是索尔·克里普克描述严格的指涉的工作，特别是一种自然类的样本的严格指示词(Kripke 1980)。因此，举克里普克的两个例子，我开始研究某种闪闪发光的金黄色的物质，最终发现其本质是具有

〔1〕 当然并非所有与奇异的遭遇都是相同的，我并没有描述其中的不熟悉的形式。赋予我们壮观的非凡事物的美学上惊奇并没有赋予我在这里所考虑的那种奇异的事物，也没有赋予我们一种极端的其他存在的经验上的宗教敬畏，更没出有赋予我们这样的哲学上的惊讶，即我们外在于日常世界，因此我们要把我们自己与日常世界合为一体。

〔2〕 Martin Heidegger(1985) *Gesamtausgabe*, *Band* 61, *Phanomenologische Interpretationen zu Aristoteles*, Frankfurt, Germany: Vittorio Klostermann, pp. 34 - 35.

197的原子量。或我偶尔把闪电看作是在黑夜天空中的一道闪光，最后发现它却是一次放电。因此，某物被一种描述所指示，或通过指出它不能获得事物的本质所指示，[1]这样一种指示或描述为研究发现事物的本质的可能性留下了空间。正如我们已经看到的，海德格尔称这种指示模式为推理的“不明确的形式指示代词”，称它是空洞但具有约束力的。

严格或形式的指示词的实践，正如我已经描述过的那样，表明我们的确有着这样的实践，它们使我们解读我们已有的实践的悖论，以一种坚定实在论的途径去把握独立于这些实践的事物。此外，我们能够把奇异性理解为可能具有某种必然的统一，这种统一潜藏在识别它的偶尔的日常性质之中。[2]这种统一足以理解一种自然类的概念，其本质是独立于我们理解这些事物的途径的。[3]

我要感谢下面的同仁，在许多方面，他们反对这篇文章的观点，并进行了详细的批评，从而帮助我理清了我的立场，他(她)们分别是：William Blattner，Taylor Carman，David Cerbone，Donald Davidson，Dagfinn Flesdal，Sean Kelly，Lisa Lloyd，Jeff Malpas，Stephen Neal，Joe Rouse，
【159】 Ted Schatzki，Mark Wrathall，特别是Charles Spinosa。

〔1〕 我并不相信有关本质的主张中的必然性会需要大卫·刘易斯(David Lewis)的可能世界的主张。如Dagfinn Flesdal赞同一种形式的严格指示代词，这更像克里普克那最小本体论的观点。对Flesdal来说，对“所有可能的世界”思考可被分解为有关对象的这种想法，即我们的语言能够使我们理解虽然我们有许多有关对象的错误信念，但并不知道它们的许多特征，也不知道它们的特征如何随时而发生变化(Flesdal 1986：97－113，esp. 107；Kripke 1980：15－21)。

〔2〕 所有关注严格指示代词的人都讨论过出自于严格的指示代词的本质主义的主张，最接近我的观点的人，见Flesdal (1996：356－359)。

〔3〕 一种实在论者的科学肯定要确信它在其领域中具有寻求对象本质的实践，这些对象并不依赖于我们理解它们的日常标准。通过承诺在理论纲领中的学科的解题训练的充分自主性，这样一种实在论者能把自己与日常活动相区分开来。在这样一种制度下，解谜的一种解，无论其在知觉上，在知性上是如何反直觉的，将有能力迫使科学家放弃他们当下的可理解性的原则。量子物理学是一个例子，它放弃了长期被公认的可理解性原则。对谜的解创造了更困难的谜，这暗示着解谜是活动，它让宇宙的本性指导人们对它的认识，使人类的理解远离无中生有，使宇宙显示出像它本身一样。

实践与后人类主义
——社会理论与力量的历史

安德鲁·皮克林

这篇论文穿梭于理论与历史之间,在微观层次上探索分析科学实践的某些方向,这些分析有可能被暗示扩展到宏观社会研究中。本文的目的是为研究与反思,而不是为严格的分析(特别是在§5中的案例中)打开空间。我认为这一主题是有趣与重要的,足以保证这一研究的合理性。

一、实践与社会理论

马克思的格言:"生产不仅为主体创造了一个客体,同样也为客体创造了一个主体"(Grundrisse, quoted in Schivelbusch 1986: 164),科学实践的微观研究帮助我们把握了这一思想。在对测试梅毒的一种试验,即瓦塞尔曼反应的建立的解释中,鲁德维克·弗兰克(Ludwik Fleck)将其描述为人与物之间相互调节的一个过程。血清学家把瓦塞尔曼反应转化为一个物质程序:"现在加上'稍多点'或'少许'试剂",让反应持续更长或更短些,如此继续,直到检验的成功比率从15%～20%到70%～90%(1979: 72—73)。同时,一个特殊的社会共同体得以形成:能够进行瓦塞尔曼反应、有"血清学实践经验"、在进行这一反应时有内在分工的训练有素的实践者共同体,他们的活动"类似于管弦乐队的演奏"(97)。瓦塞尔曼反应,对实践者共同体来说是作为一种对象,实践者对对象来说是作为主体:在相互间的关系中，发展出并采用了一种特殊的形态。

马克思的“主体”与“客体”的语言过于贫乏。科学家与试剂比这些词所暗示的更为主动。我们需要思考力量的操作来做事。瓦塞尔曼反应的确立要求社会与物质的相互调节。这就是研究科学实践的共同主题（Latour 1987；Pickering 1993，1995a）。[1]

【163】

大多数传统的社会学理论是人类主义的，主要的原因在于关键概念被置于特殊的人类领域之中。特殊的人类力量——愿望、利益、规则、知识、社会结构等等类似的概念——的属性被用来解释所讨论的现象。这种人类主义的社会理论的共同缺陷可依据上述内容来评判。人们不能够依据人类的各种因素去解释瓦塞尔曼反应的实践者共同体的特征；人们得在与物质世界的斗争的关系中去思考这一共同体的构成。当然，我们也不能够在反人类主义（antihumanist）的术语——依据瓦塞尔曼反应如何自身进行的科学解释（的确，存在着这样的解释）——中去把握这一共同体的属性。相反，我们需要一种后人类主义的社会理论，即一种从开始就认识到物质力量与人类力量相互间构成的理论。

从一种不同的角度来看，我们能够注意到社会学理论传统上一直模仿自然科学，寻求揭露出隐藏的结构以解释可见的现象。斯蒂芬·特勒（Stephen Turner 1994）已经非常有效地批判了这种观点。相反，在弗兰克对瓦塞尔曼反应的解释中没有什么是隐蔽着的：物质程序与人类力量是可见的。实践研究暗示可见物的社会理论是充分的（Pickering 1997a），不必求助于隐藏的结构。

当社会理论传统的隐藏的解释试图发现潜在于表象流动之下的解释的固定本质时，弗兰克的研究暗示存在着的只有这种流动。在确立瓦塞尔曼反应的过程中，从物质装备到其与人类力量的相互作用中的所有事情都是关键的，要重新定义。我能识别的实践的唯一普遍可靠的与持续的特征是我目前为止一直称之为调节的模式，在别处更为详细分析为一种阻抗与

〔1〕 见 Pickering (1995a：217—229)，在这里，我详细讨论了 Baird (1993) and Haraway (1991) 的著作，说明了两者在文化研究与实践研究上的差异。

适应的辩证法，简言之“冲撞”（‘the mangle’）。（Pickering 1993，1995a）冲撞是一个时间性的突现过程，其结果事先完全没有被给出。这意味着一种充分的社会理论至多等同于一组在我们与经验现象相遇时的敏感性：我们应该特殊关注人类与非人类相互交织在一起——不仅主体对客体的建构，而且还有客体对主体的建构——的后人类主义的观点，我们还要注意到在人类力量与非人类力量的遭遇过程中没有什么本质上的持续东西。因此，实践的理论应该使我们的注意力集中在特殊性上以及在机器与社会领域的特殊的相互定义的问题上。当然这不是传统的理论如何发挥作用。正如我已经指出过的那样，传统上，一直在要求人们从表象的流动中抽象出一种固定的框架。或许，我们应该说一种认识到了时间性突现的理论在传统意义上是反理论的（antitheory）。正如鲍德里亚（Jean Baudrillard）曾指出过“在表象领域中诉诸具有毁灭性破坏是难预测的，其对隐藏意义的具有的特权性寻求可能一直是一个深刻的错误。”（1988 a：149） 【164】

二、力量的历史

不断使我们返回到具体细节上的一种后人类主义的反理论（antitheory）有何用处？引用杜威（John Dewey）论实用主义哲学的话来说，这种用处是否是宣告“社会学的死亡”？（1960：68）

这种反理论本身就拒绝求助于不可见的框架，但同时暗示着一种可见现象的主题。后人类主义把我们的注意力引向人类与物质力量的相遇之处，我们可能会受到鼓励去研究一种力量的历史（或力量的社会学，或一种哲学——这些不再是非常不同的研究了），这种历史会聚焦于人类与非人类力量相遇的宏观的、持续的与明显的可见场所，如工厂（代表着一个有组织的生产完整场所）与战场（代表着有组织的破坏），甚至于在其从生产到消费的历史变迁中的家庭。〔1〕

---

〔1〕“力量的历史”是对我称之为“操作的历史编史学“的一种较为清楚的描述。Pickering（1995a：230）对力量史的更进一步的发展见 Pickering（1995b，1997b）。

力量的历史的论题因此接近马克思的编史学的论题，易于利用传统的经验工作。然而，就其避免任何社会学还原——如还原成人类阶级斗争的框架——通常还有市场的意义上来说，力量的历史与马克思的编史学又不同。[1]

力量史的时代划分应该体现出一种在生产与破坏的模式之中的不连续性。在生产中，最近的突破点应该包括工业革命，其次是19世纪后期，第二次世界大战与20世纪80年代发生的技科学的(technoscientific)工业革命。在破坏中，力量历史的分期还不太清楚，但作为一个例子的原因，朗达(Manuel De Landa 1991：64—72)区分了技社会(technosocial)战斗形态，他称之为时钟机构(clockwork)、机动化军队与网络军队，第一种形态可追溯到1560年，第二种形态可追溯到18世纪后期与后法国革命时期，第三种形态突显在第二次世界大战之中，表现在"二战"时的德国的闪电战之中。我们注意到在生产与破坏的历史中的这一系列突破点并不是同样的；通常一种力量的历史有多样的时刻(clocks)。但也要注意到20世纪的世界大战显示出制造与破坏这两方面的历史。清楚的是，随着我们目前的研究进行，破坏性力量与制造暂会日益强烈地显示出相互间的交织。

三、力量史的几个场景

（一）合成染料工业与第二次工业革命

在一篇引人注目的文章中，贝尔特(Henk van den Belt)与里普(Arie Rip)(1987)把合成染料工业突现的日期追溯到威廉·亨利·柏琴(William
【165】 Henry Perkin)在1856年对苯胺紫色染料的发现。随后一个物质的修补时期导致了持续不断的一系列新的合成染料的生产。

这种物质的修补是依靠化学理论来指导的，这种化学理论包括凯库勒(Kekul)在1859年提出的结构理论以及他在1865年提出的苯理论(van

〔1〕Noble (1986)的著作是这种还原论的一个重要例子：对其详细的批判，见 Pickering (1995 a：Chapter 5)。

den Belt and Rip 1987：144)。后者形成了近代有机化学的基础。物质实践与科学理论的交织在这里需要被强调一下。有机化学并不是首先依据其自主发展而在先出现，随后在染料工业中找到了其用途。相反，其历史最好被理解为对当时这一工业的现有成果——合成的物质过程与产品——的反思，目的是更进一步生产这些成果。因此，科学应该被置于实践的层面上：持续不断地从物质力量与人类力量遭遇处，如工厂中突现出来，并返回到这些场所(虽然偶尔循环地分离到诸如大学这样的地方中去)。事实上，这就是我们为何期望发现科学是显现在力量的历史中。[1]

1877年偶氮染料的历史特殊且很有趣。在当代化学中，所谓偶联反应在不同成份的"一种无穷组合的游戏中"(van den Belt and Rip 1987：151)，承诺产生一种无穷系列的新染料。对这种认识的反应是一种新的社会机构的确立，即德国合成染料工业中的工业研究实验室。从这一观点来看，化学家在合成染料历史中有两种角色：(1) 一种公认的角色，即作为大学中学术研究者；(2) 被置于工业本身之中的"科学的大众劳动者"的新角色，他们会尽其所能地进行着无止境的合成游戏。工业研究实验室因此代表着一种工具，通过它，染料工业可使自己与科学家相互间紧密地联系在一起，这是一种最优化其自身活动的策略。[2]

因此，在合成染料工业的历史中，我们看到了物质的、概念的与社会的力量是如何共同进化的。新物质生产程序与产品(偶联反应与偶氮染料)的确立、新的知识体系(近代有机化学)与社会机构形式上的变化(通过在工业研究实验室中的工业来吸引科学家)牢固地联系在一起，相互间强化，相互间建构了对方的发展。用马克思的话来说，我们看到了为何"生产不仅为主体(工业、科学与消费者)创造了一种客体(合成染料)，而且同样为

〔1〕 把科学史置于力量史之中的经典文本包括 Hessen (1971)与 Bernal (1953)论物理科学的作品，以及福柯(1979)论人文科学的作品。相关作者与文本的较长的目录，见 Pickering (1995 a：221, n. 12)。Bowker (1994)著作是一本最近研究对从油田中突现出来的地球物理学的引人注目的著作。Lenoir (1997)著作包括一系列对19世纪与20世纪早期的德国科学发展的历史研究(还有"二战"时期美国的研究)，这些研究是沿着同样的方向进行的。

〔2〕 对两者的更多联系，见 Pickering (1995b)对操作性研究与军事企业的讨论。

客体创造了一个主体(如今科学已经被包含在其中的工业)。"[1]

人们不能期望一种人类主义的社会理论能把握这些发展。不思考在【166】物质生产程序与产品领域中的变迁,人们就不能够理解作为一种社会机构的工业研究实验室的突现,同样,在这里想去寻求隐藏在场景后面的时间上的非突现结构的做法也是无用的。人们不能够事先就了解物质的、社会的与概念的发展如何进行这一故事的真实实践,人们做的一切就是记录人类与非人类的可见的与特殊的交织。但这足够了吗? 人们还可能期望更多的吗?

(二) 工业革命:铁路与震动(shock)

施伊费尔布什(Schivelbusch 1986: 168)说:

> 刺激保护模式是如此抽象以至它能够被用于所有可能种类的刺激:应用于技术引起的刺激(如速度),还有文化的刺激(如法律、消费等)。因此,罗伯特·埃利埃斯(Norbert Elias)所描述的"文明化过程"可能被理解为一种刺激保护的形态,就像我们已经理解铁路旅行过程一样。在文明过程中个体……同化了的刺激是有尊严的上层社会阶层内化了的社会规则……对这些规则的违反或放弃通常被描述为"震动":它是对惯例的刺激保护的破坏——一种类似于在军事冲突或铁路事故中所引起"震动"的事件。

如果不考虑"刺激保护"的这种令人不愉快的概念,放弃他认为社会生活可依据规则来理解的可疑想法,那么施伊费尔布什的纲领是有趣的。他想从以埃利埃斯著作为例的人类主义社会学转向人与物的后人类主义的社会学。更进一步说,他想探索技术,特别是他称之为"工业化意识"中的

---

〔1〕 除了刚才的讨论外,这一例子中的社会的改变还有许多有趣的方面。最引人人注目的是德国的专利法就是在发展显色染料过程中冲撞出来的。(van den Belt and Rip 1987: 148—155)对于上面展开的线索的更广泛讨论,见 Pickering (in prep.)。

内在的人类经验——一个在主流的英美(或甚至于法国)科学理论界很少探索的领域。跟随他,我们将很快会发现什么是关键的。

施伊费尔布什认为19世纪的铁路是工业化意识发展的一个关键场所,并从几个不同的角度去探索它。探索过程的一个直接的例子就是他称之为全景的视角(panoramic seeing)的发展(1986: Chapter 4)。他暗示铁路旅行培养了一种新的欣赏风景的方式,完全不同于早期的理解,如联系着四轮马车或走路的理解。当后者培养着一种对地域环境的具体方面的细节的介入时,铁路支持着一种对地带的全景式(并且纯粹是视角上)的把握,在其中当背景被合成地看,在市镇、农村与乡村之间的不断转变被把握成一个整体时,直接的前景消失(由于观察者的相对速度)。这仿佛是显示 【167】
为车窗屏幕上电影的一个情境。

因此,在主体与客体之间相互作用的问题上,施伊费尔布什提供给我们一种完全不同于前面所讨论的内容。这里,对客体(铁路/风景)而言,内在的经验是主体(全景式的观察者)建构的组成部分。值得强调的是全景式观察并没有被设想在铁路的建设与利用之中,也不是铁路旅行的发展中重要的(服从于修补的)活跃东西。在这种意义上,全景式观察是一种突现的现象——一种感觉在一种新的物质情境中正好突然显现自己的新方式。〔1〕

就像施伊费尔布什在别处讨论工业革命的意识一样,这里可能会出现某种困境。一方面,他无疑看来证明了在一个工业社会中,那些看来具有特殊意义的东西,另一方面,不包括内在状态的特殊语言。以某种方式,施伊费尔布什通过描述外表而达到了内部:风景很快就过去了,因此当然前景变得难以理解的模糊,但风景在远处却像一幅地图那样展开了。人们可能会怀疑这种变戏法。但我认为这种怀疑是错误的。需要注意到的要点在于当存在着许多种方式去描述在铁路旅行中的身份与对象的运动与关

〔1〕 评价全景式观察重要性的一种途径就是去反思地球的人造卫星的想象,它是从研究铁路开始的这种趋势的一个目前的例子。Elichirigoity (1999)认为把地球的人造卫星想象为一个漂浮在太空中的孤立的对象,这种想象对20世纪60—70年代的全球化的独特话语的突现具有关键的意义。

系时，施伊费尔布什从某一个视角或主体的位置——迅速移动的旅行者的涉身位置——描述了外在的环境。铁路旅行利用了一种新的主体位置，从中全景式的观察突现出来。

虽然施伊费尔布什声称的焦点是工业化的意识，但他同样探索了身体或身心的现象——思考身体(或心身)的新方式。铁路事故，或许是由于其前所未有的暴力与缺少预先警告，会使受到震动的受害者的一种新的心理现象突然出现——人们没有遭受到严重的身体创伤，但在事故后的一段时期内时常表现出反常的精神或生理症状。因此，震动就是一种新的身体的活动——另一种真实突现出来的现象——它是由于乘火车所创造的新的主体身份而成为可能。[1]通过把震动与金属疲劳比较，施伊费尔布什在一种细致的、不纯的、后人类主义者的隐喻中讨论了在这里什么是关键的主题；就像金属在铁道上出乎意料地出现了断裂(一种随后用异常的与特殊的动力学应该来解释的现象)一样，人类也在铁路事故中出乎意料地出现了精神障碍(随后用弗洛伊德的刺激保护理论来说明)。

这里，我们能够发现更多的意义，在其中，生产为其客体(震动、全景式
【168】观察)创造一个主体，同样也为其主体创造了一个客体。施伊费尔布什著作至少在打开了分析技术、身份状态与内在的人类经验之间的关系的分析上是有价值的：正如上面所述，这是一个长期被主流的科学技术论，同样也是被人文社会科学所忽视的领域。

(三) 交界面

我前面的讨论是从一个超然的学术观察者的视角来进行的。但人类与非人类的交织时常是一个具有直接的实践重要性的主题，人们已经从多少带有反身性的角度对此进行过多次讨论。

我们发现工程师著作的范围中的不具反思性的结尾处，如施伊费尔布什认为坐火车旅行时出现的大量经过布置的家具是对身体与金属相适宜的问题的一种解决——特别是要解决乘火车旅行时震动在人的身体上引

〔1〕 严格说来，对“震动”的研究并非从铁路开始；它是在战场上被认识。但把类似现象与铁路联系在一起，可能出乎人们的意料；当然从力量史的视角来看，“震动”与战场的联系是有趣的。

起的不舒适感的问题。(122—123)他暗示经过布置的家具因此隐藏了铁路旅行工业本性,在功能上,这种本性实际上表现为与思想世界中的意识同样重要的物质世界中的东西。人们或许应该认真对待这一暗示,但同时,它证明了在社会理论中后人类主义隐喻的启发性力量。我们可能不会再信任过去那种错误的意识观念,但它仍然指出了一个值得分析的课题,或许,思考舒适的椅子可能是一个好的开始途径。(cf. Benjamin 1968; Baudrillard 1988b)〔1〕

与当前学术相关的是,我们也许要思考人的大脑与硅片相协调的问题。战后时期的所有发展都联系着计算机的交界面,从介入准自然语言、数学与机器密码之间的高阶语言,直到交界面与模拟。这些东西直接使客体适应了主体,而不是相反。但它们同时是带有在相互关系中定义了一种人类与非人类的长期历史的一个纲领的组成部分。如可见的交界面部分上就是从机器的识别模式那野心勃勃的纲领的失败中突现出来,从双方都认可的识别模式是人类特别擅长的精神任务——人们可以说这是人类的本性——的失败中突现出来的。

在这里人们可以更进一步发展施伊费尔布什的物质意识的思想。计算机的交界面无疑会模糊机器的内在工作状态,但在科学应用中,它们能够充当人类的使用者与超越计算机屏幕的某些东西之间的联系,如对一场雷电交加的暴风雨的模拟就代表着可理解形式中的大量计算的产品,它使得机器的内在状态容易接近人类的外部状态。然而,另一方面,可视化的 【169】
其他运用被打算作为纯粹的表面。在从计算机游戏到虚拟现实的娱乐中,交界面实现作为纯粹物自身的完美图像:物质正在摧毁显示在屏幕上的太空入侵者。这种表面/深处的对照是一种谈论后现代性的邀请(Jameson 1991),对此我将不会继续讨论——除了注意到一种功能化的虚拟现实使得一种充分异化主体的立场成为可能外。当然我们也不会讨论"异化",但保罗·维利里奥(Paul Virilio 1993)的"终端市民"('terminal citizen')的概

〔1〕 值得注意的是铁路旅行的讨论使我们从生产转向消费,这是在思索力量史时需要考虑的一种转向。

念仍然值得考虑。[1]

经过布置的家具与计算机界面是对人与物相适应过程中所遭遇的实践问题的物质解决。其历史进化不会取决于对后现代的物与人的结合的更为一般性的反思，至少直到当前为止。[2]存在着一种使这种反思至少回到工业革命时期的做法(Pickering 1997b)，早期的政治经济学家，从亚当·斯密，查理斯·巴贝奇(Charles Babbage)到卡尔·马克思，强烈并明确地关注于在工厂中人与机器的结合，工厂正在把社会重新改造为像他们所写的那样。然而，不知何故，随着后人类主义思想在19世纪晚期到20世纪初期再次返回学术界，这条线索就一直反复显示出屈服于人类主义者与反人类主义者的纯洁性。早期科学管理中的原型后人类主义(proto-posthumanism)看到了20世纪20—30年代出现的分裂。正如彼特·米勒(Peter Miller)与尼古拉斯·罗斯(Nikolas Rose)指出："工厂(随后)被理解为一种弥漫着一种个人态度与交流气氛的现象，一种社会一心理覆盖在生产过程本身的实际组织之上。"(Miller and Rose 1995：435)这样，人类主义的覆盖物被社会科学家所主张，但"生产过程本身"却被工程师所保留。[3]

"二战"期间以及"二战"结束后不久，一种后人类主义或赛博科学的自主意识开始再次在几种不同的场所出现。我认为运筹学、系统动力学与系统论、生物工程学与赛博科学为战后出现的相当非常规的学术分支；工作生活的质量(the Quality of Working Life)、共享的设计与计算机所支持的合作活动，被视为特别是生产领域中所强调的具有同等地位的东西。所有这些，不管如何，论题化了人与非人的相互作用，主体与客体的交互性调

〔1〕 与机械化的计算机联系在一起的人的早期的重新定义，见Daston(1994) and Schaffer(1994)，这篇论文讨论了18世纪后期与19世纪早期对"智能"的重新认识，这种智能是由de Prony对大规模生产的计算方法的引入，Babbage的差分与分析性发动机所产生的。

〔2〕 对计算机的交界面的历史的更多讨论，见Rheingold (1991)。

〔3〕 比较这些趋势在西方与苏联之间的差异是很有趣的。我没有这种比较的系统的信息，但通过对Zinchenko and Munipov对人类工程学的解读，暗示着西方的人类主义者/反人类主义者的净化并不会自然出现在一个这样的社会之中，即马克思的作品是圣典，工业劳动直接与学术研究联系在一起的社会。那么我们就可理解"苏联的伟大的十月社会学主义的革命"作为力量史中的另一个关键证据。

节。〔1〕

人们如今还在很大程度上继续谈论着战后时期的赛博科学的整个历史,但有一种特征看来特别与这里相关:即当我研究这段历史时我称之为déjàvu的可怕的意义。追溯到20世纪50年代,我认为塔维斯托克(Tavistock)的人类关系研究所(Tavistock Institute of Human Relations)——工作生活质量运动的家园——在严肃地思考实践与文化变迁的开放性驻足点(open-endedness),一个我在20世纪80年代后期就开始努力探索的主题。同样,短语“社会技术系统”——在科学论中一个众所周知的行动者网络研究中的艺术术语——由塔维斯托克研究所首创。人们无须在这一领域中获得博士学位就会知道在其讨论诸如“纸板警察”这样的人造物时,布鲁诺·拉图尔(如1988)只不过是在研究人类工程学。我们应该如何理解这种观察? 【170】

我自己的第一反应是感到不悦。当我发现我想写的有人实际上已经在我之前阐明了我自己的解释框架时,我感到了不安。或许,一种可安慰的诱惑是称这种一致说明了我们双方都是正确的;但我对科学知识社会学的对称性原则的偏爱妨碍这种诱惑。相反,这看来更像是一个令人不快的例子,它把理论瓦解成为其对象,佛瑞德里克·詹姆士(Fredric Jameson 1991)把这描述为后现代性的特征——疏远分析性、批判性等等的丧失。

更为肯定的是,人们能够认为后现代社会理论为在§5.06中所列举的第二次世界大战后的纲领的一种继续。因此,这是一种不安,虽然从反身性的角度来看是正确的操作。要我来看,这种说法相当于把我当前讨论力量史,即我称之为“二战”制度的力量史的研究置于一种特殊的,别人已

〔1〕这一系列论题的第一部分包括Pickering (1995b, 1998, forthcoming a)与Zinchenko and Munipov (1989)。第二部分,见Easterbrook (1993) and Bowker, Star, Turner, and Gasser (1996)论合作工作的著作,Asaro (2000) and Jirotha and Gognen (1994)论参与的设计。我感谢Peter Asaro,他引起了我对这些文献的注意,并对此进行了讨论。

经讲过的故事之中。[1]这一看法，当然也面临着这样的问题，即什么样的后人类主义的社会理论或反理论的立场在赛博科学的全面发展中作出了贡献？但幸运的是，对这一问题存在着两种对立的答案。首先，后现人类主义介入主流的学术学科几乎不可能会造成任何伤害。而大量美国社会学中坚定的人类主义使人们相当难去理解 20 世纪后期社会的技术与科学的机构。其次，本文就开始论述的科学实践的研究已经使后人类主义者的分析进入了其他赛博科学还没有触及到的经验领域。

最后一点想法。在赛博科学中，我发现赛博特别有趣，虽然我对相关文献没有进行系统的解读，但我被两件事打动：(1) 赛博的世界观与实践研究呼吁的后人类、时间中突现的形而上学之间存在着相当的一致性。(2) 比起实践理论而言，赛博已经提出了更多的、大量详细的、有实质内容的分析性指令系统。因此，或许一种后人类主义的社会理论应该从赛博科学中

【171】学习些东西。我用三个例子来结束本文。

我已经利用了对某些赛博思想来说是关键的一个概念，即一种突现现象的概念。当朗达(Manuel De Landa 1991：30)引用德鲁兹与瓜塔里的著作(Deleuze and Guattari 1987)，称"追踪(机器)门类(phylum)……包括发现物质的不同组合的'突现的性质'：也就是说从不同部分的一种组装中产生出来的物理属性，但这种属性不会出现在分离的不同部分之中"时，他沿着与施伊费尔布什对论震动与金属疲劳的评论的同样线索发展着。这里，在突现的概念中存在着一种不连续性与非线性的观念，它脱离了诸如卡琳·诺尔·塞蒂纳(Karin Knorr Cetina)过去的"笨拙的修补"的思想(1981)，或我的"调节"的隐喻中的渐进主义者的想象。或许这也正是我宁愿选择更具强烈意义的词"冲撞"的原因。(同样也见 Pickering forthcoming b.)

---

[1] 这也许在事实上是正确的，虽然发现它对我来说是一种惊奇。为把握后继的发展，我猜测人们需要回想学界社会科学在战时与战后的纯化运动，它想在大学内边缘化赛博科学。然而，与这种趋势相反，看来可能通过 Bruno Latour 的工作，把赛博科学引入科学论(我感谢 Geof Bowker 对我的暗示)。如 Latour (1987)一书中就制造了某些在特征上类似赛博科学的活动。Buck (1985)对社会科学的纯化运动在美国的结束的某些思考；人们如何人性化或丧失赛博科学中的最有趣的内容，Parsons (1965)著作给人们上了很好的一课。用马克思的术语来说，Parson 的计谋是强调上层建筑，完全遗忘了社会的物质基础。

对赛博来说，另一个绝对关键的术语是动态平衡的观念，产生于对在各式各样环境中生物机体的稳定性的反思。在当前科学实践的研究中并没有发现有利用动态平衡的需求或愿望，因而我发现这正是我感到困惑的事情。这意味着在当前实践研究中的某些盲点吗；或许表明了赛博错误地把一种重要的特殊性（生物机体的稳定性）认为是一般的情形，或其他什么。〔1〕

因为对反馈回路的迷恋，赛博以一种清楚与重要的方式使分析单位的问题显现出来。如在进化论中，赛博的途径强调分析单位并不仅是机体，而是机体加上其环境：两者相互关联地进化着。（Maturana and Varela 1992）人们可能会认为这种思想强化或扩展在实践分析中出现的一种反语境主义者的论点的范围——即对人文科学中的一种解释性语境的要求会冒着去抹煞"语境"本身迷人的"冲撞的参与过程"。我前面对合成染料工业发展的讨论证明了什么是关键的因素。如，社会不能够被视为一种物质的解释与概念的变化，因为社会、物质与概念所有这三类异质性文化层面都是强烈地相互交织在一起的。因此，分析的单位通常只能在经验研究中被发现（并且没有必然的瞬间稳定性）；传统的学科图式与解释性的分界时常正好阻碍了这种发现。〔2〕

（这篇论文献给在我 1995 年夏季的技术社会学研究生课程的参与者，感谢他们许多具有刺激性的讨论与争论。我同样感谢 Norton Wise 对这篇论文的评论，特别是他对"突现现象"的洞察。） 【172】

〔1〕 我特别注意到动态平衡的概念非常吻合认为社会性重复是分析的关键主题的社会学——典型的人类主义的与非突现的社会学。

〔2〕 对语境主义的批评，见 Collins and Law (1989)，Pickering (1992b，1997b)。

客体化的实践

卡琳·诺尔·塞蒂纳

在这篇论文中，我想提出某些概念，设计这些概念的目的是在具有创造性与建设性的实践领域中去捕捉有效的与关联的实践基础。当前的实践概念强调实践的习惯性与规则支配的特征。虽然围绕着相关规则与习惯的准确细节有着大量的争论（见 Bourdieu 1977；Giddens 1984；Lynch 1993；Turner 1994；Schatzki 1996），但几乎所有的作者似乎都认可实践应该被视为可再现的过程，它由能详细说明的偏爱与命令的图式所控制。这些过程无疑突出地表现在许多社会领域中，它们的存在支撑着我们把实践理解为习惯与常规的行为方式。然而，许多职业与机构具有重要的知识基础，这同样也是当代的一个特征。在这些领域中，人们期望实践者得不断学习，那些提出知识基础的专家不断地重新发明他们自己获取知识的实践。在这种意义上，实践看来呈现出完全不同的一组意义，导致了不同于由习惯性行动所产生的问题的另一组问题。如，我们如何才能在某种程度上考虑从研究工作的专注与兴奋（engrossment and excitement）——情感基础——的角度来理论化实践？什么样的实践特征可能使观念更具活力，并在其中包括变化的潜力？由于物的定义、问题的意识等被客体以及它们所认可的反应有意地包围着，研究工作看来就具有特殊的意义。这种做法造成了自我与研究客体之间的分离，使干预与反思的时刻进入研究的过程中，在其中，解读客体的反应与感受它们的视角的努力扮演着一个决定性的角色。我们如何能够在协调这种分裂的意义上来想象实践呢？

在这篇论文中，我想以下面这一种特性为出发点来强调这些问题，即以知识为中心的实践的一种特殊属性——一种可以追溯到海德格尔，但同样也可以在科学家对其工作的自我理解中寻求到支持的属性。这种属性的核心在于这样一种假定，即创造性的与建设性的实践——当我们面临着非常规的问题时所获取的那种实践——与诸如技能或习惯任务的操作所 【175】
暗示的流行的实践的观念不同，它们更具内在的分化能力。我心目中的分裂是在主体与(研究的)客体之间的区别；虽然时间的差异同样也是重要的，但我认为主体—客体的差异更为直接地捕捉到了当工作不再是习惯性的程序时会发生什么。那些把分离性的实践整合起来、赋予其延续性的东西是主体与客体间的关系；这篇论文首先试图在关系的术语，而不是操作性的术语中去发现以知识为中心的建设性的与创造性的实践的基础。为在这一方向上拓展工作，我假定了关系的术语才能充分地捕捉到研究的动态特征。关系的术语同样带有认知实践的反身性与情感性的内容。除此之外，本文将关注非人类客体，它支配着大量专家的工作。

在后面，我简要地评论了知识社会的论点——这些论点坚持职业的社会活动正在当前的西方社会扩展，并构成了后工业社会工作的引导力量。如果这些论点是正确的——如果在社会生活的许多领域中，我们面临着以知识为中心和以知识为基础的活动的增长——，那么认知实践可能会支配其他实践。从一种实践理论的观点来看，这些实践的特殊属性随后同样变成有趣的。后来，我讨论了一种概念化实践的关系途径的原因。我将简要地重新回到海德格尔对这些问题的看法，同样用例子表明专家与科学家本人是如何看待建设性的实践的。

为了详细说明客体的关系如何定义实践的过程，人们需要稍微详细地讨论与知识活动相关的“客体”的观念。这将是下一节的主题。知识的客体在某些重要方面不同于在文献中所讨论的日用品、仪器与日常事物。这一节将清楚地说明这些差异，把认知客体想象为是通过它们缺失存在的完备性与其自身的不同一性来定义的。

知识客体缺失存在的完备性与研究的力本论(dynamism)相一致。只有不完备的客体才能引起更进一步的问题，只有在考虑客体为不完备时，科学家才推进了其工作。第五节中,在尝试更进一步详细地说明专家实践的关联性与情感性的动态发展中,我转向了主体而不是客体。这一节将提出一种思考方法,从而将专家的客体关联的粘合、反身性与相互性视为这一实践的主干。

一、知识社会的论证

什么驱使人们去思考创造知识、有效化知识或"认知"实践呢?一种研究以知识为中心的活动的当前理论资源是转变论(transformation theory)的看法。这些看法依据从一种工业社会到"后工业"或"后传统"社会的转
【176】变去思考社会变迁,在工业社会到"后工业"或"后传统"社会中,知识日益强化了与经济和社会生活的其他方面的相关性。如今还存在着一种广泛的共识,即当代西方社会正在日益被知识与专家所支配。诸如一个"技术社会"(e. g., Berger et al. 1974)、一个"信息社会"(e. g., Lyotard 1984; Beniger 1986)、一个"知识社会"(Bell 1973; Drucker 1993; Stehr 1994)、一个"风险社会",或一个"实验性社会"(Beck 1992; Krohn and Weyer 1994)的概念扩散就体现出这种理解。这种意识的当前资源来自于丹尼尔·贝尔(Daniel Bell 1973)。对他来说,知识的直接影响体现在经济上,它导致了非常广泛的变化,如在劳动分工中的变化、专业的发展、新企业的出现并持续地增长。贝尔与后来的评论者(如, Stehr 1994)同样提供了大量的统计数据,表明了欧洲与美国 R&D 的成就、R& D 的人员与 R& D 成本的扩展。最近的评估也没有改变这一论点,甚至于还更进一步增加了知识影响的领域。如哈贝马斯有关通过认知与技术合理性的普遍原则而达到社会生活的"技术化"的观点,它试图去理解抽象系统向生活世界的传播(Habermas 1981);狄鲁克(Drucker 1993)把知识与在组织结构与管理实践中的变化联系在一起;贝克(Beck 1992)描述了通过与科学家群体的合作,政治范围的变化;最后,吉登斯(Giddens)认为我们生活在一个日益增强的以专家系统为中介的反身性的世界之中,他把这种看法扩展到了自我,指出如今通过在日常生活中解释与行动的专家所产生的信息,个人介入了广

泛的环境与自我(e. g. , 1990)。

吉登斯采用专家“系统”的优点在于它使人们开始不仅看到了单独的知识条目或科学技术精英的影响,而且还暗示存在着整个专家工作的语境。然而,这些语境继续被他或他人视为社会系统中的异化要素,最好被留给其自身设计的因素。知识社会的观点认为知识更新的生产力——在后工业社会中——日益扮演着资本与劳动在工业社会中所扮演的角色。这些观点同样强调专家、技术及其相关的风险与电子信息结构的作用(Lash and Urry 1994)。但向知识社会转变的过程包括更多的专家的出现,更多的技术新发明,更多的专业人士的出现,而不是参与者的解释。它包括知识过程本身的存在——依据这里所选择的术语,它包括认知实践的存在。

从现在的观点来看,理解知识社会将肯定包括理解知识实践。在后工业社会中,知识场所不再被限制在科学中。如,每家重要的银行都雇用了“分析家”与其他“专家”,为银行研究和描绘银行运行于其中的世界。因此,不同种类的研究与分析实践贯穿于社会生活的各个方面。在某种程度 【177】
上,这些实践成为这些领域的组成部分。如,如果没有由信息咨询公司与其他类似的机构的专家所创造的交易活动与语境事件的符号报告与分析,全球金融市场就不可能存在。换言之,全球金融市场是一个由专家所提供并由专家所观察的“屏幕上的”实在。创造这种屏幕实在的实践将要求从他们所操作的特殊的知识生产与知识的有效性的策略方面来进行分析,就像早期的工作所暗示的那样,在不同领域中的知识生产活动要求不同的认知文化(Knorr Cetina 1999)。但同样关键的是从一种理论的视角来概念化以知识为中心的实践,这是本文的主题。

二、形成认知实践的关系基础

我想从这样的一种观察开始描述这一实践,即实践不再是一种常规的程序,而是作为离散的动态发展开始奏效。正如上面所指出的,这里的分离指的是主体与客体之间的分离。这种分离我们意指什么呢?它如何产生？它为何重要？带有精神状态的主体与独立的客体的分离在所有的日常生活领域都是普遍的。如，在我们的感觉与大量的经验中，一辆小汽车与其司机是不同的存在物。然而，当我驾驶小汽车时，我的汽车就变成了海德格尔所称为的“上手的”（‘ready-to-hand’）与透明的（transparent）东西（Heidegger 1962：98ff）。当我正在利用它时，它有着消失的趋势。换言之，小汽车成为一种达到目的的毫无疑问的手段，而不是一种与我处于相互联系中的独立的事物。它变成了被吞没在驾驶实践中的一种工具，就像我一样，一位驾车的司机，也被吞没在驾驶实践中——我也变得透明了。当我介入这种实践，我适应了我得路过的街道、交通与方向。我并不适应于小汽车——除非其发生故障并暂时熄火。我也不会把我自己视为脱离直接行动的自我。

当科学实践是常规的或习惯性的时，它显然就对应着这种描述。如考虑如下一位在分子生物学实验室中研究者的评论，我曾经问过她对实验方案的使用（详细细节见 Knorr Cetina 1999：Chapter 4）

> DS：你询问有关方案的问题。我们不仅用方案来工作，我们也依据它们来思考。当我在研究这一方案时，比如说用试管，我并没有真正地思考我正在研究的对象。当它是常规性的，对我来说在我那里用的细菌与我将提取的DNA，还有为切割DNA而将
> 【178】要注入其中的酶之间并没有差异。“做一件事”不过是一个方案而不是处理DNA，这更主要是处于程序化过程而不是物质之中。

或考虑在同一实验室中的另一位生物学家，他在下面描述了克隆实验：

> HB：克隆或许处于低于实验室中所进行的令人激动的工作的一个层次上。你坐下，你考虑一种特殊的建构，然后才能克隆它。这非常不同于决定在地上钻一个孔，然后再挖掘——这是令人激动的工作。

在概念化它们的一种操作性语言中，这种实践可能会得到完善的描述，用维特根斯坦的术语来说，作为一种“无根据的行动方式”（‘ungrounded way of acting’）（Wittgenstein 1969：nos. 110，17e；Dreyfus 1995：155）。然而，同样也清楚地表明了以知识为中心的工作中主要部分——那些最为集中体现出认知实践的工作——并不能够在这些术语中得到充分描述，科学实践的这些主要部分并不是上述“常规程序”，它们只有在问题出现时，或当工作对一位研究者来说是陌生时才会发生。再次考虑一个例子，在我们对话的后面一段中，第一个研究者对她正在研究的蛋白质的一个问题的反应如下：

KKC：你的蛋白质如何？

DS：蛋白质，因为它先前一直是一个问题，蛋白质看来太过于喜怒无常。我思索它，我得到了更多的想象，我用不同的方式处理它，一句话，我越关注它，它就越可爱。我还不能够常规地处理它。

KKC：你如何想象它？

DS：在我面前，我看到了某一尺寸大小的蛋白质。我想象它为什么在沉淀，然后我想象一种解答，我想象到一个沉降与重叠的过程。我同样想象到使蛋白质改变其特性，被拓展并随后聚集在一起，我想象到它如何被注入溶液中，当它开始掺入时，它经历了什么变化。用这种表达，我想象到细菌以更为拟人化的方式生长，为什么它们会幸福？我试图想象它们不停地摆动，我想象好氧效应，它们来回大量地翻滚，想象什么能有这样一种效应。

在第二个例子中，客体（如蛋白质）不再是“不可见的”与“无差别的”，不再是一种活动过程本身的难以区别的部分。相反，它被增强。事实上研究者通过在各式各样的环境中想象它、想象它的环境与行为的策略而将之放大。重要的是要注意到这不仅要求主客体的区分，同样也要注意到为克服这种主客体的分离，研究者主动采用的各种手段——她利用了关系资

【179】源。这一研究者不仅本身要经历作为一个与认知客体相联系在一起的有意识的主体,她同样也利用了出现在日常生活中的“关系之在”(‘being-in-relation’)的资源以有助于确定与继续她的研究。我采用这些关系资源去包括他者所起的作用或视角,在他者身上进行一种情感的投资,展现出能够服务于他者的道德的亲和力与利他的行为。在这一例子中,DS据说能够声称获取蛋白质与她所研究的细菌的角色与视角;她同样想象后者的情感,介入或许是某种形式的移情作用。在下一段她对她的蛋白质的评论中,DS表明她自己的情感介入了其中。

> KKC:(蛋白质)是不是像一个人,一个你与之打交道的人?
>
> DS:不,不必是一个人。我能感觉到它具有人性的某些方面,但这依赖于它是否合作。如果它合作,那么它就会暂时成为你的朋友,随后我就会感到幸福,随后在我的书上写下惊叹的记号。但如果它不合作,它就再次变成了物质,它就会返回物质的状态。当它停止做我想做的事情时,我就会看到一个无礼的敌人,我就得再次对问题展开思考。

从主客体的分离与DS所获得的情境关系定义来看,人们想象、洞察与澄清随后的步骤,即认知的分工。换言之,DS利用关系的机制作为资源,以阐明和“建构”一种不清楚的、有问题的、非日常的,或许还是具有创新的认知实践。

当海德格尔分析我们的器具性在世之在(being-in-the-world)为一种无自我意识,但仍然是在其所指涉的语境中的具有目的导向的利用器具时,他同样指出当器具出了问题,会发生什么(Heidegger 1962: 98ff.):随后我们从“反应式应付活动”(‘absorbed coping’)走向“直觉式”(‘envisaging’)、“刻意的应对活动”(‘deliberate coping’),走向对存在物特征的“理论反思”的科学立场。这种特征重新捕捉到我已经给出来的某些内容,或许有一些差别。海德格尔要求以一种实践理性的“要挟”(‘withholding’)的理论态度来描述知识的性质。他给出了科学纲领如何显示出来自于在日常生活中视为理所当然的事物的最初状态的一种重要特征。但同时,他的这一特征并没有对知识的过程——在其中,器具的在场是大量的、具有工具性的扩散,正在进行的理论化——提供一种充分的说明,而是向我们表明其自身是一种实践形式。利用一种理论态度的观念,海德格尔回到了主客体分离的图景,他想利用他那作为一种应付形式的"此在"(自我与世界一起属于单一存在物:此在。自我与世界不是两个存在物,就像主体与客体一样,Dreyfus 1995: 67ff)来消除哲学的话语。但或许作为其较大纲领的一种结果,与他给予相关的应付的思考和关注相比,海德格尔从来没有给主客体之间分离的情境以同等的思考与关注。对海德格尔来说,理论 【180】
知识保留着一种"主题化"的形式,它从一种分离的立场客观化了对象。海德格尔并没有提出这种"分离"同时使得人们可能居住于其中的关系成为可能,使通过关联性机制与资源而扩展与拓展的关系成为可能的思想。我采用这种立场,即海德格尔式的分离应该依据一种(主客体间的)分离的观念来重新塑造。分离要求不同存在物之间关联的可能性,这为我们提供了为一种形式的在世之在在世界中的整合。这种形式的之在关系同样定义了一种形式的"实践",特别是它定义了认知实践。

三、一个客体是什么?缺失存在的完备性特征的客体

现在需要更进一步讨论的认知实践的"异类"组织要素是一个客体的要素。[1]我们如何描述知识客体的特征?为什么我们需要给予它们特别的关注?讨论认知客体的一个原因是我们日常客体(如海德格尔的"锤子")的观念似乎与科学家和其他专家所遭遇的客体的性质相矛盾。为阐明这些特征,我想从生物史学家赖恩伯格(Rheinberger)的一个建议开始,

〔1〕如果讨论科学与专家与近来的科学技术论的公认观点在知识文化的某一方面达到一致,那么这一方面就是知识文化围绕着专家与科学家专注的客体世界而展开(对新科学社会学来说,Callon[e. g., 1986] and Latour [e. g., 1993]一直在强调这一点)。科学史家与社会学家针对这些思想而开展的有趣的工作,见 Pickering (1995a), Wise (1993) and Dodier (1995)。对依附计算机的个体的重要研究,Turkle (1995)。在这一问题上,Thevenot (e. g., 1994b)的概念或许提供了最为一般的社会学视角。

他指“认知事物”为任何科学研究的客体,这些客体位于一个研究过程的中心,位于被物质化定义的过程之中。知识的客体具有开放性、产生问题与复杂的特征。它们是过程与筹划而不是确定的事物。观察与探索通过增加而不是减少其复杂性来揭示出它们。赖恩伯格同样强调在某种程度上,一个客体的在场依赖于其特征的下一步如何发展。赖恩伯格对研究纲领的历史结构感兴趣,这种结构围绕着脱离固定的知识客体而变化着。

基于赖恩伯格的思想,我想依据存在的完备性的缺失来描述知识客体(“认知客体”)的特征,这种客体被剥夺掉了它们在我们日常观念中所具有的完整性、可靠性与类物的特征。从日常的观点来看,从外部考察客体,就像人们考察易于处理或更进一步交易的工具或商品一样。这些客体有着固定不变的封闭的特征。相反,知识的对象显示出具有无穷拓展的能力。它们更像打开着的抽屉,其中装满了文件夹,这些文件夹无限伸展进入一个黑色的壁橱的最里部。因为认知客体总是处于被物质化定义的过程,所以它们不断地获得新属性,改变已有的属性。但这同样也意味着知识客体从来没有完整地被获取,如果你愿意的话,可称它们从来就不是完整的自
【181】我。在研究过程中我们所遭遇的是一个更为基本缺失的客体的表现。

从一种理论的观点来看,一个认知客体定义的属性是这种变化着的、展现的特征——或其缺失的客观性、存在的完备性与自身的不同一性。在完备性上的缺失是关键的。在许多领域中的知识客体有着物质上的实例,但它们必须同时被想象为一种缺场的拓展结构,就像不断“爆炸”,并“转变”为其他事物的事物,知识客体是由它们不是什么(但在某种程度上将会成为)而不是它们是什么而被定义。“一个机体的每一组成部分作为机体的组成部分,就像每一其他部分一样”,这种想法被一位看到一个特殊的植物以那种方式来扩展的科学家说出,它或许捕捉到了一种拓展本体论(unfolding ontology)的思想。客体的拓展本体论突出了瞬间性结构,用弗洛伊德的原话来说,就是知识物的确定存在中的事后性(Nachtraglichkeit)

(它们的事后分析),[1]这很难与我们有关一个客体的日常观念联系在一起。在下一节中我将论证这种客体的拓展本体论能够非常好地适应缺失的结构,在创造性与建设性的实践中使专家与知识物结合在一起。

另外,认知客体时常以各式各样的形式同时存在。它们有着多样性的例证,从图像的、数学的、其他表征到物质的事实。以高能物理学实践中的一个探测器为例:以部分的模拟与计算、技术设计的草图、艺术绘图、照片、试验物质、样品、幻灯片、书写与口头报告等形式,"它"不断地在一个物理学家的合作共同体中循环。在并非完整地构成"这一探测器"的意义上,这些例证总是不完全的。"部分的客体"与一个整体具有一种内在的关系。我所列举的这些例子,不应该被看作是为预测与描绘了另一个客体提供了方便或准备性材料。"真实的事物"本身就具备一种部分客体所展现的变化着的本体。但在一台探测器被建好,并当它是完善的并运行着时,物理学家是否意指它为一台物理机器?一个客体是否总是一种有意图的,一种想象的整体?这里我的看法是作为一种有意图的客体,一台探测器是一个无止境伸展的计划,它与一种标明缺失存在的完整性的认知客体的上述概貌相符。我们同样也可考虑一台技术机器,如"一台运行着的探测器"的确切定义也仍然是很成问题的:在任何一次使用探测器时,仅有仪器的部分被操作着,物理机器没有远程的控制、没有计算机与其他与之相连的设备,将不会运行,对几乎所有的实践的目的来说,工具的存在主要是在探测器(组成部分)的测量、扫描与模拟(当它运行时,它真实地被置于铅墙后面,无法接近)。最后,即使当这样一台仪器被正式宣布为"精致完美的"与"完整无缺的",个别的专家仍会敏感地意识到它的不足,或如何"能够"对它进行改进,它"应该"成为什么并且不会成为什么。【182】

那么"精致完美的"有效的探测器本身就是不完整的,本身不过是另一个不完整的客体。一个想象的客体的观念捕捉到在当前的案例与一种可能更完整的理想的,或另一种意义的扩展的客体之间的本体论上的差异。

〔1〕 对相同的精神错乱,Freud 阐明了其原理:某些孩童时期的经历会转变为深深的精神混乱倾向,只是在出现一种精神错乱后,这种混乱就会加重,而这可能出现在这种经历出现后的数十年后。

想象的客体可能本身就是在设计图案中的一个例证，这些图案计划了一种未来的或隐藏的状态。在这种意义上，虽然它与一种显在的客体不同，但想象的客体同样是一个不完整的客体。正如历史案例研究所表明的那样，科学家时常在其作品中绘制理想的客体，即使当时的技术还无法制造它们（如 Borck 1997：6）[1]。但想象的客体同样可能分离，通过突现出一种可能的新客体转向当下的实践，这种可能的新客体可能会质疑当下的关注或仅以避免的方式摆脱它们。这就是当下的实践为何时常建设性地扩展成新途径的原因。

现在转向不完整的客体：我并没有在一种指涉的意义上，想象它作为假定的"真实"客体的自然替代物。不完整的的客体，像一般意义上的认知对象，并不能从实在中获得其直接的实践的重要性。我想引起人们关注的要点是借助于这些客体的内在关联来表明（不完整的）认知客体力量的重要性。设想一个显示屏上有一条曲线，该曲线表示比如一台计算机在其整个寿命过程中不断增加的"故障时间"。这条曲线不仅仅"表示"关于一台仪器在其寿命过程中需要维修的一种不确定的经验。它明确地显示出维修事件发生次数的累积方式。它会显示出在开始几年中维修事件的次数轻微但持续的上升趋势，然后是"中年"时期的有起伏的急剧上升的故障时间，最后是"老年"时期维持在一个高水平上的缓慢上升。从这条曲线上，人们能够试图决定在何处要取代这台机器。这会使更进一步信息的要求变得尤为明显，如有关故障期的信息，它可接受一个计划——曲线正在告诉人们什么，但（甚至）谈得不充分。人们能够确定的是在曲线的哪些点上去更进一步获取消失的信息。如，人们能够通过在修理故障中的一个峰值附近的故障来计算出数据消失的代价。不完整的客体（通常是一般意义上的认知客体）的重要力量在于它们提供了进一步的可能探索的方向。在这种意义上，这些客体产生了意义与制造了实践，它们提供实践的连接性与建设性的扩展。人们同样可能说这些存在物的重要性在于它们显现出缺

〔1〕 Borck 指出 Einthoven1895 年的著作中描绘的一种理想的心脏绘图就是后来的心电图仪曲线的象征。

失，在于暗示它们包含着更进一步的拓展，如对于更为复杂的理论物理学的例子(Merz and Knorr Cetina 1997：918)。

因此，在创造性与建设性的实践中，(不完整的)认知客体必须被视为瞬间的、内在复杂的、显示出重要性的存在物，这些存在物通过释放出它们的缺失与需要来得到和构造活动序列的持续性。其内在的联接对认知实 【183】践的持续性是重要的，不仅是不同于其他客体，就像在一个索绪尔式(Saussurean)的语言宇宙之中。我并没有视不完整的认知客体为构成复杂整体的基本单位，而是作为复杂的联系，它至少部分上是通过被拓展成一个同样复杂的亚联系来扩展一个实践的序列。来自于日常生活的例子可能是一台装有相关软件的计算机。这台计算机可能"被扩展"进入显示的屏幕，在使用者那里，它用器具模似了一种认知与情感的关系(Turkle 1995)。

我一直在强调认知客体的拓展的、分散的与显示重要性(制造意义)的特征，特别是其与自身不同一性的特征，以使客体的思想与物质的日常事物的观念不同。我现在必须加上一句有关命名在与这些客体关联中所扮演的角色的话。我想提醒我们的要点很简单：一个稳定的名称并不是一个稳定的物性(thinghood)的表达或指示器。相反，命名，在当下的观念中，是一种不时被打断流动、忽视差异、声称它们是一种指向识别特殊目的的途径。对一系列拓展的客体的一种稳定命名，我趋向于认为人们会把它视为一种不同时区(time zones)之间转换的一种方式，但排除了个人与机构的时区。如当一系列客体与不完整的客体的状态被称为一种"氩液体量热计"时，它开始与项目资金筹措的要求、工作的组织原则、作者的写作、机构的职业历史等等相协调。一种典型的不断变化或拓展的客体的例子(同样为日常生活所熟悉的)是计算机程序。在专家编程中，编程者编制、运行程序，并随着他们自己兴趣的改变而更新它们。与此同时，他们为用户们提供的则是以各种"版本"、"升级"、"程序包"等面目出现的程序。(Merz 1997)对一组公认的"版本"与"更新"的进一步修改要求一种特殊的努力，编程者要重视使用者的要求。通过应用同一名称命名它们，一序列确定的程序段(可能其他程序段)被整合在一起，拓展的观念就是指这一序列程序段的发展。命名的过程与拓展(与分散)的过程是相互独立的，甚至可能处于相互间矛盾的状态之中。

四、客体关联所维系的认知实践

至今为止的讨论中，如何想象有关认知实践的大量建议一直都是含蓄的。我现在想更为直接与系统地强调这些。我把我本人限制在认知实践的两种性质之中：其潜在的关系动力与出自这一实践的横向拓展。第一个特征属于一种动态发展的、具有建设性（创造性），或许还有冲突的实践。正如前面所指出的，当代的解释偏爱于一种与习惯和常规相关的实践概念。结果这些作者寻求去通过借助于涉身性所获取偏爱、知觉的框架与反应的意向，借助于共有的意会规则去说明实践（被理解为实践）。前者更接
【184】近于布尔迪厄（Bourdieu）与德雷福斯的思想线索，在后者中，规则的本性，其与实践活动的准确关系，位于争论的核心（Bourdieu 1977；Dreyfus and Dreyfus 1986；Lynch 1993；Turner 1994；Rouse 1996b；Schatzki 1996）。在两种情形中，实践要求参与者把握他们随后在具体情境中采用或操作的某物。相反，我视认知实践奠基在一种形式的关系中（同样可见 Knorr Cetina 1997；Greenberg and Mitchell 1983），借助于其动态的本性。这种关系改变了自己、改变了由其形成的存在物。

什么种类的关系？再一次考虑上面所描述的认知客体。我要坚持知识客体开放的、扩展的特征很符合“欲望的结构”（‘structure of wanting’），某些作者用这种结构去描述自我的特征。我的这种想法出自拉康（如，Lacan 1975），但同样与鲍德温（Baldwin 1973：373 ff.）和黑格尔相关。[1]弗洛伊德的欲望来自于一种本能的冲动，其最终目的是减轻身体中的紧张，而拉康的欲望来自于一位小孩发展的镜像式阶段。欲望或愿望天生就产生于镜像中的一种对尽善尽美的形象的嫉妒之中（或父母的镜像式反应的形象之中）。而缺失是永恒的，因为在我们存在中的一种缺失的主观经验与在镜像中的形象，或他者的表面上整体性之间存在着一种差距。（如

[1] Wiley（1994：33）概括了 Baldwi 与 Hegel 的欲望的概念。

Lacan and Wilden 1968；Alford 1991：36ff.）人们可能同样会试图在一种更接近当下关注的表征性术语之中去描写这种缺失。因此，欲望总是指向一种以表征为中介的经验的客体——通过能指，它表明了客体并赋予它重要性。但这些表征绝不会完整地捕捉到经验的客体；它们总是在某些方面未能达到（错误表征）它们所阐明的事物。因此，它们不过是在重述缺失而不是消除它。[1]把这与认知客体联系在一起，我先前得出的要点是专家在其研究过程中提出的表征不仅是不完整的与不充分的，他们同样容易暗示在这一图像中还缺少什么。换言之，通过他们拓展的不充分性，他们暗示更进一步考察的途径。在这种意义上，人们能够说知识的客体结构化了欲望，提供了趋向于客体的实践的延续性与拓展性。

一种欲望结构的观念提供了什么，让我再谈一点：当人们转向一种社会学上晦涩难解的语言，就像我选择的那种时，就要进行某些解释。我这里所利用的拉康式的思想有助于阐明客体关联，我视这种关联为一种关注认知客体的实践的试金石，视它为奠基于一种形式的相互性之上的关系：视它为通过它们发出它们仍然缺失什么的信号，提供一系列欲望延续的客体的试金石；提供客体延续的可能性的主体（专家）的试金石，这些客体只能作为一系列缺场（absences），或一种拓展的结构而存在。无须我们关注的是拉康对主体中的缺失解释，这种缺失根植于儿童对他/她自己的自恋 【185】
的关系，而不是一位迷失的人，或他的镜像式阶段的解释性比喻。

人们不必认定拉康式的对镜像阶段的解释具有说服力，以寻求欲望的看似合理的一种结构的思想。后者是捕捉欲望具有不断寻求新客体并持续把握它们的途径的一种方便的方式——如果你愿意，可称之为一种捕捉欲望的易变性（volatility）与不可阻止性（unstoppability）的一种方便的方式。就知识而言，结构或欲望链的观点将整个一系列的变动及其潜在的动力推入人们的视野，而不是孤独的理性，就像动机、意图与行动的传统词汇所做。它同样暗示着知识活动的欲望本能的维度或基础，而当我们把科学

〔1〕 在这种论述中，我引用了 Baas 对 Lacan 有关物的概念的翻译，虽然我并没有声称我在这里的解读是正确。（Baas 1996：22f.）

与专门知识或技能想象为认知活动时,就会常忽视这些。

我相信这样一种维度的存在根植于专家所经历的客体性关系的热情与满足感。它同样与某位学者(Welsch 1996)识别出来的在广泛社会中对“经验”等在“本体上的再定位”相一致。一个知识社会的观念并不会与一个经验社会的观念相抵触,或与更为可见的或在视觉上模拟的世界相协调——与它不协调的是一种枯燥无味的与表面上具有认知名称的知识观念。专业活动长期以来一直被庇护与滋养在一种经验的精神中,如果“经验”,就像我所认为的那样,被定义为一种对个人应付能力与敏感性的激励。关联性与欲望本能的维度赋予实践一种完全不同于常规与习惯的味道与品质。

我想继续加上有关实践的横向性分裂的一个注释。拓展的概念,当被应用于实践时,很容易被理解为缺失与欲望的一种结构的联锁动态发展所驱动的向前发展的一系列步骤。然而,这忽视了活动经常被分裂成不同类别,一种可能取代另一种。这种横向的变化暗示着欲望与关联实质从一连串客体性介入到另一连串客体性的转变。正如科学研究所表明,探索的过程很少达到一种自然的结束,在这里,有关客体的值得理解的所有方面都认为被把握。一种欲望的结构的想法暗示着在决不能被最终知识所终结的理解中,存在着一种不断更新的兴趣。但它同样暗示着兴趣可能转向别处,跳上另一条实践的轨迹,在一个有点不同的方向中、不同的途径上延伸。认知实践的横向分离,从其侧面脱离自己,需要更进一步的讨论,但我在这里无法提供。不过,只要说出以下事实就足够了,即这种横向性分离为我倡导的实践观念加上了一个破坏性因素,一种在当前实践的观念中通
【186】常但还没有认识到的冲突性分裂的因素。

五、概括与结论

一个知识社会的观念暗示着关注认知客体的以知识为中心的实践已经突现在所有社会生活领域中。我已经依据其拓展的本体来描述所涉及的客体(它可能是自然事物、仪器、科学上制造的客体等),它们可能是同时

以各式各样的形式而存在的现象、其产生意义的关联力量。这些思想同时暗示一种实践的观念，它比现在流行的、基于常规或具身性技巧的、规则控制的实践所暗示的更具动态发展的特征、更具创造性、更具建设性。在当前的争论中，我们面临着的挑战是使实践的观念与其在人类倾向和习惯上的情结相分离，与迭代的程序化常规的分离。我建议从这样一个角度去思考实践的主题，即创造性，同时也是干扰性的途径中去拓展自己未来的关联性动态发展的角度。这种关联性的动态发展并没有暗示在个体与非人类的客体之间的肯定的情感联系。在这篇文章中，我所强调的是最好通过缺失的观念、欲望的联锁结构和联结，而不是肯定的联结与完成，去理论化这种客体关系。欲望结构的观念要求对客体的一种深度的情感投入的可能性；一种同时与这种投入的许多偏爱与倾向相一致的介入。

在结论中，我要坚持的是，不理解专家—客体的关系，就不能理解认知环境。以知识为中心的工作在"打包的"常规程序的操作与这篇文章所描述的差异化实践之间来回改变。正是在这种差异化的实践中，一种关联性术语看来是合理的，可能有助于认识各种活动之链。在知识语境之外，它同样可能与倾向于客体的实践相关。在一个知识的社会中，社会生活许多领域中的客体开始展现出它们在科学与专业中所具有的内在的复杂性与动态的扩展性。计算机、金融工具(Zelitzer 1994)，精致的运动器械是典型的例子——这些东西以一种不断变化的形式出现在市场上，它们既容易把握，又服从于更进一步的发展与研究。随着日常生活中的客体变成高度技术化的设备，其在专家语境中存在的某些关联性的方面同样可扩展到日常生活之中。这些设备在日常生活中所产生的某些问题很可能也与人们制造的相关要求有关，特别是在某些外行人士尚未准备好以适应这些要求的情况下。反过来，对某些使用者来说，利用这些客体同样可能会导致它们提供关联性的机会(对计算机，见 Turkle 1984, 1995)。当认知客体成为认知的日常的事物时，我提倡的关联性途径同样与理解日常工作活动与器具性行动有关。【187】

实践的两种概念

约瑟夫·劳斯

20世纪后期，哲学、社会理论与科学论一直在谈论实践，我自己也是参与者之一。人们所熟悉的对实践的讨论一直想阻止明确解释的回归的做法，对这种未阐明(但可解释的)背景的讨论当前一直受到来自斯蒂芬·特勒(Stephen Turner 1994)与斯蒂夫·富勒(Steve Fuller 1989, 1992)令人难堪的批评。特勒认为借助实践去解释社会生活中的规则、持续性和通用性，这是虚假的解释。按照特勒的说法，从普通行为推理出其共有的预设或实践的所谓潜在的资源，这种推理是站不住脚的，实践的因果力量必然是神秘的，因为这种推理无法解释这样的事实，即实践会随时传播与重复着，并且发生在从一个实践者到另一个实践者的转变中。富勒的批评也反映出特勒的上述反对的声音，但加上了一个政治维度：他认为求助于意会理解的精神科学的解释具有深刻的保守性与反民主性，至少是带有个人偏见去反思海德格尔与维特根斯坦，从这些实践哲学的先驱者的政治承诺那里寻求支持的论点。[1]

我认真对待特勒的批评，同时又认为他一直在误解实践的重要性。特勒从其讨论中概括出在哲学与社会理论中人们很少谈论实践，因此他试图恢复早就被抛弃的诉诸于“习惯”解释的这种说法的地位。但特勒在术语“实践”的使用中，显示出被视为规则的实践与作为规范的实践概念之间的

---

〔1〕 Turner 本人(1989)就认为从个人偏好出发考虑海德格尔政治，对广泛利用海德格尔著作任何实践的概念，都必须被视为相当显然的严肃问题。

根本的含糊性。这两种用法大致对应着这些术语在社会学理论(Durkheim, Weber, Oakeshott, Winch)与哲学(Kant, Heidegger, Wittgenstein)中的各自用法,一种在社会理论传统中对海德格尔与维特根斯坦的广泛滥用而被弄复杂化的区别。或许因为其关注点在于社会理论,特勒只认识到含糊使用的一方面。我认为他的观点的确说出了他实际所提及(作为规则)的实践的这种观念的反对声音,但反对的结果相反却突出了规范性思考实践的重要性。【189】

在这篇论文的第一部分,我要表明在把实践理解为规则与规范的理解实践之间最为重要的区别。这些区别涉及到实践是什么,它们如何变得明显、在实践中语言的重要性以及实践是"社会"的含义。我随后指出如果我们把科学实践作为原则上的关注焦点的话,就会有科学论的两个重要结论。首先,实践的规范性观念挑战了人们所熟悉的语言、知识与权力的看法,鼓励人们去关注科学实践的瞬时性、意义、辩护与影响。其次,对作为规范的科学实践的关注,这种做法会在理论上与政治上重新定位科学论的参与者。

因此,实践是什么? 带有某种压力的问题就会出现,因为事情的复杂性通常就隐藏于这一术语之中。特勒注意到"实践"与"传统"、"意会知识"、"范式"、"预设"等相互交替使用。实践时常被认为是意会的命题态度和无法阐明的能力或活动。然而,在这两种情形下,实践的概念典型地被用来解释在社会群体活动中的连贯性或共性。特勒认为为了解释其内涵,实践必须在客观上具有明确的规则。如果它们被预设为命题的承诺,它们必须具有某些"心理实在";如果它们是实践的能力,它们必须有某些因果效应。此外,在两种情形中,体现在实践中的内容或模式必须以这些方式来传播,即在传播中要保持其在不同实践者中的不变性。特勒最终拒绝了任何求助于社会实践的解释,因为在为"潜藏"于更容易显现在人们活动中的心理实在、因果效应与任何规则传播的不变性进行辩护时,会碰到所谓无法克服的困难。

如果把能动者的行动适当地理解为去解答正确或错误的实践规范的话,特勒不承认另一种"实践"观念的可能性,即,他们共享一种实践。并非所有的实践者执行着相同的行动或预设了同样的信念，但某些实践者易于受不恰当的或错误的行动或信念的约束。当然，并非所有不恰当的行为都会在实际上被纠正或认可。因此，表明某些活动是不正确的不同反应本身就是规范性实践。这一系列恰当的行动最后会终结在某种客观上被认可的规则之中，这总是可能的。但正如罗伯特·布拉杜姆(Robert Brandom)注意到的："我们能够设想一种情形，在其中(一个)共同体的每一种社会实践产生反应时，它就会产生出必须与另一种社会实践相符合的一种行动。"(Brandom 1979：189—190)这样一种行动网络无须等同于一种规则，即使作为一个整体。因此布拉杜姆认为应该规范性地去思考在规则与规范之间的差异，也就是说在因果术语中被恰当地说明的那些模式，与被恰当地
【190】理解为服从于解释与规范反应的事情之间的区别。

特勒本人的讨论是依据把实践的完整性设想为规则，因此他时常挖苦式地批评这样一种规范的实践观念。如特勒认为马赛尔·马斯(Marcel Mauss)观察到的步行在文化上的独特方式，并不容易被"与文化无关的因果范畴"所捕捉，在部分上这是因为"人们可以通过模仿，或某种训练以纠正各式各样的未受调教的步伐——在各个不同的方面纠正它们——以产生出在外表上一致的步伐"(Turner 1994：22)。此外，特勒声称描述实践典型地依赖于分类的图式，这些图式预设了熟悉其他实践：这种描述只有通过与其相冲突的地域的、文化上的期望比较才能被识别(1994：24)。它们只有在对照着其他实践的背景下才能被识别为实践，因此绝不能够被还原为客观的规则。然而，特勒仍然未能把握住另一种规范性实践观念，其他的实践理论家会认为它是规范的真实反应，他只是放弃了对规则的工具主义者的诉求(1994：37)。

特勒反对对社会实践规范进行工具主义诉求的做法，因为他们"未能把思想的原料与因果的、物质的世界相联系起来……(无法为)利用我们过去的理解或解释为保证未来的解释(提供)一个基础"(1994：37)。但只有当实践的范围在两方面被认为是相当狭窄时，这种反对才有意义。一方面，它预设了"因果的与物质的世界"不同于具有意义的实践世界、"社会世界"，因此两者需要重新联结。它同样更为微妙地预设了实践不同于语言

的表征:实践在本体论上是可疑的,而语言的意义与指涉并非如此。我先考虑"实践"与语言之间的关系。

对实践来说,研究实践的理论家时常对语言的重要性持矛盾的态度,反之亦然。一方面,未被阐明或无法阐明的实践经常矛盾于明确的断言或规则中;另一方面,实践的领域时常被扩展到概念或语言的实践中,或许甚至实践的范式的情形之中。共有的概念图式或预设时常是谈论实践的焦点。然而,一旦认识到规则性实践与规范性实践之间的差异,我们就会意识到两种语言实践的观念之间的一种基本差异。那些用规则(包括共有的信念或概念图式)来看待"实践"的人会典型地把语言置于实践领域之外;共有实践可以解释被表达在语言中的特殊的信念或概念图式,但语言的意向性本身随后被一种表征的语义学而不是一种话语实践的语用论来理解。相反,一种规范性实践的观念最好被理解为一种一般的意向性的观念。布拉杜姆(Brandom 1994)非常明确地把意向性解释为完全实用性,然而一旦我们清楚这种差异,我们最好如此理解海德格尔、维特根斯坦以及更晚些的戴维森的观点,即他们把意向性理解为规范性的而不是表征性的。【191】

对语言的、更为一般的意向性的这样一种实用的解释,动态地理解语言并没有使意义、指涉、或共有语言固化。共有语言或信念并不是预先就存在的可解释交流的可能性事实,而应该是在解释某人或某事过程中预设的规范。[1]只有认为说话者所说是言之有理的(在能使我意识到理解自己是有意义的语言或其他实践特征的一个领域中),我才能承认她的行动(或我自己的行动)为语言的。注意正是这种戴维森与布拉杜姆的解释语义学

〔1〕 解释(或就像 Turner 相当狭窄地分析它那样,"解释行动的属性")在本文中,以一种彻底的实用主义的方式,把它理解为对一种实践态度的采用,而不是提供一种明确的解释。"解释"某人为交流对象,就是聆听,并以恰当的方式作出回答。一个有用的类比就是海德格尔在 *Being and Time* 的讨论,在其中一个人通过用某东西来锤打就把它称之为锤子;这里并不需要明确的属性解释或意义。当然当介入这种解释时,一个人也可试图表明所采用的实践态度,但这种表明是终结在更进一步未能被说明的性质之中:这就是我们的所做。这种维特根斯坦式的要点时常被误解为进行"我们的所做",这是一种行为上的规则,依据维特根斯坦对规则的讨论,这不可能是正确的。我们诉诸"我们的所做"完全是为了中止对一种规则的说明的回归。这种回归不可能终止在另一个规则之中(为确定是那一个,说明是必须的),而只能终止在属性之中。"我们的所做"总是包括纠正不正常实践的更进一步的实践。

的特征(即真理、语言与其他语义学范畴只有通过在一种未经分析的语言的解释才能得到说明)困扰着特勒,使他无法接受“工具主义的”实践的特征。特勒解释道:

> (一个人)解释(另一个人行动)的前提可被确认为这样的前提,即仅仅是因为(一个人)处于能够进行一种特殊比较(与自己对于“相同”情境的理解的比较)位置。从一种不同的比较出发……将会导致不同的误解与进行解释的不同前提……那么,这样的“前提”不是自然的事实,而是解决特殊的比较问题的假说(1994: 33—34)。

但对戴维森与布拉杜姆(我将要讨论还有海德格尔与维特根斯坦)来说,正是在这种意义上,语言实践是非自然的。

在这种背景下,我们现在转向特勒对实践与“因果的和物质的世界”之间联系的忧虑。特勒清楚地意识到实践理论在目标上是反实在论的(工具主义的或社会建构主义的)。但一种语言的规范与其他实践的规范的观念挑战了实在论与反实在论在类似于表征语义学的共有承诺。[1]认识一种实践(包括语言实践)的态度与反应只是在我们与世界之间的内在行动中的内容。[2]我们解释言论只有通过在什么场合下,在什么样的世界环境中,说了什么(如对戴维森来说,我们是通过一种对其真理条件的先天认可来解释言论,对海德格尔来说,解释是世界之在的一个方面)。问我们的表征如何在世界中获得立足之处就是错误地预设了我们甚至能够制造或理解表征,而无须介入世界。[3]

因此,如果我们严肃地对待一种规范的实践观念,我们必须认识到并

〔1〕 Rouse (1987, Chapter 5; 1991; 1996b: introduction and Chapters 7—8).

〔2〕 用“内在的行动”来取代“相互作用”,我采用的是 Barad (1996)的做法,目的是想避免相互作为的事物有一种先于,或脱离其内部作用的确定的个性与特征的内涵。

〔3〕 对表征主义的批评,经典的哲学资源当然是 Hegel's Phenomenology of Spirit (1977)的导言:隐藏在实在论与反实在论之下的表征主义正是“显现出一种对真理的恐惧的错误的恐惧”。

不存在诸如“社会世界”(或“自然界”)这类的东西,除了来自于世界的固化的抽象。[1]意义、力量、机构或生活形式,社会建构主义者利用它们来解释自然,除了它们直接在我们面前的显现外,它们本身是无意义的,它们不可能独立于解释要素。但一般看来,在其他条件不变的情况下,自然类及其 【192】
因果能力只能够从其在理论模式化和实验活动的科学实践的规范应用中获得其构成性的反事实输入。

我现在考虑这篇幅论文的第二个主题。到现在为此,我还没有为一种实践的规范概念进行辩护,而只是阐明了其可理解性不同于实践的规则性。我继续以类似的方式勾画出将科学论的关注点放在科学实践中(以此种方式理解的实践,而非将之视为行为的规则或信念)所可能出现的后果。[2] 两组结果会显现出来。第一组涉及到在这种解释中占据着中心舞台的主题,它们是如何相互作用的。第二组涉及人们通常所说的“反身性”,即科学论本身的理论与政治立场。

当我们视科学实践为规范时,一个中心主题是其时间性。后经验主义的科学哲学所关注的一个中心一直是从这样的角度去理解科学的变化,即不会把它的不可理解性视为合理的。问题是科学实践的时间性不能够依据科学变化来得到充分的理解。如果人们认为科学共同体享有共同的信念、价值、概念内容或活动,那么人们会合理地去怀疑共识为何会随着时间而发生变化。但对科学共同体与定义其边界的共有承诺来说,这种观念预设了存在着一种现存的确定性特征。一旦科学实践被规范性地思考时,这种确定性就不能预设了,因为这类实践构成性地在时间中扩展。这些实践是什么,这在部分上会依赖于其规范力量如何被解释及其在后续的实践中如何持续。其当下的内容服从于重新解释与语义上的变化。因此,如赖恩伯格在其对肿瘤形成的历史研究中概括道:“1950 年的病毒必须被视为考

---

〔1〕 Brandom (1994)仍然把实践的性质等同于社会实践,但在某种意义上,他描述它们为社会相互作用的“我与你的模式”,而不是‘我与我们的模式”。我将论证采用术语“社会的”会更有意义,它将会必然有着超个体的存在物。但我们不要因此认为 Brandom 的理论是一种个人意向性的理论。那种被认为是带有“原初意向性”,以为主体本身是一个规范问题,而不是事实的问题。

〔2〕 在我目前出版的著作(Rouse 1996b)中第二部分中已经对几乎所有的后继工作展开了广泛的讨论。

察(佩顿)鲁斯氏(1910)的病毒的未来的可能性条件,因为在那时它还没有出现:未来的病毒。"(Rheinberger 1994: 77)这一点是本体论而不是认识论的:当下的语义内容类似于在还没有出现任何事实,或不是未知的意义上,如英式足球中某个进球是否是赢得比赛的关键进球(Wheeler 1991)。规范性地理解实践有助于我们明白为什么会如此:一种实践是什么,包括什么能算作实践的一个例证,这会与其意义联系在一起,如在实践中什么是具有争议的,什么是关键的,对谁来说,它与什么相关,因此与实践是如何被恰当或明白易懂地描述相关。

对科学实践的意义的充分解释要求对语言、知识与权力进行动态解释,就像《涉入科学》(*Engaging Science*,Rouse 1996b)那本书所讨论的那样。为概括出这种主张意味着什么,我在这里关注着语言、知识与权力的动态的或非固化的观念为什么会交织在一起。在批评特勒时,我已经指出了作为一种话语实践的语言观念,也就是在说话者与其环境的相互作用中
【193】的动态相互作用。语言实践不仅以约定的意义、语言或信念为中介,同样在部分上以具有一种历史共有的情境为中介。认识到其动态发展的意义之一是突出了比喻的重要性,其对应的不是"字面的"意义,而是类似的或无异议的使用。[1]在科学中,模式(包括数学的、口头的、物理的、图示或草图的、实验的模式)是比喻的特殊重要的例子。我认为模式应被认为是拟像(simulacra)而不是表征。关键差异在于"表征"时常表示个体认知者与世界之间涉入的一种语义内容,而拟像不仅是与其他事物之间有着复杂关系的世界中事物,[2]那些使它们成为模式,并带有一种模式化意向性关系的东西,它们自身也被使用在实践中,被使用在回答正确规范的模式中。

因此,在语言相互作用中的规范与约束这种构成性角色已经表明了对理解语言来说,"权力"与"阻抗"的概念的必要性。一种不熟悉的讨论或处理一种情境的方式是否被认为是一种创新、发明、好奇,一种对熟悉情形的

〔1〕 研究这样一种隐喻概念的杰作是 Davidson (1984) and Wheeler (1991)。

〔2〕 我在 Rouse (1996 b: Chapter 8)中讨论了拟像的概念。与"表征"相对立的意义无关于表征是否被认为是能够理解个体心灵的思想,或被认为是社会群体共有的概念框、语言或生活形式。

偏离，这主要依赖于在这情境中所遇到的那些人的权威的反对称性。然而，对作为拟像的模式的认可扩展了意义与权力的相互联系，使它超越说话者与其解释者之间的直接关系。为了理解为何如此，考虑一个时常会在修辞学上被寻问的有关意义问题：仅用不同的可能来表征事物，如何可能对事物产生因果的影响？有关拟像的一个类似的问题不可能具有相同的修辞学效应：拟像是世界的变化，更为重要的是，对人类的行动来说，它们改变了实用的可能性。通过在物质上使某些活动成为可能，而阻碍其他活动发生，同样改变情境使某些行动或作用丧失，而其他行动获得新的意义，拟像做到了这一点。[1]

至此为止，我已经勾画出"权力"的思考如何可能与从话语实践的规范性中突现出来的语言和意义相关。如果依据一种"权力"的具体化观念来分析这种解释，结果将是一种把意义还原为某些类似于修辞力量的东西，把语言还原为说服的技巧，这是一种在科学论中已知的转变。然而，把意义或重要性还原为修辞的效应是一种根本的错误。如是我们同样动态地想象权力，不把它想象为社会生活的规则，一种为主导的能动者把握或执行的东西，而是作为能动者及其环境之中一种情境化与时间性的扩展关系，这种错误就能被避免。

瓦腾伯格(Wartenburg 1990)为这种动态的权力观念提出了一种局部的模式。他通过注意到权力是如何以"社会结盟"为中介来展开自己的讨论：只有当别的能动者的行动恰当地与占主导地位的能动者形成结盟时，主导者的行动就会有效地在另一位能动者身上行使权力。如，法官能在犯人身上行使权力，只是因为法警、警卫、上诉法庭和其他行动与法官的所做 【194】
之间的联盟。权力关系是动态的，因为一种结盟及其效果的存在，取决于在受支配者努力反抗或避开支配者，支配者利用、强化或扩大受支配者的矛盾中，结盟如何被维持或随时而发生的变化。权力因此并不是被一个主体所把握或执行的某物，甚至在两位主体之间的一种关系，而是跨越一种可能性领域的扩散或扩展。瓦腾伯格的模式具有偏见性，因为他错误地把

〔1〕在 Rouse (1987：Chapters 6—7)中一直在广泛地讨论这些论题。

权力的中介仅限于人主体的结盟。通过物质的环境，一种更为充分的观念承认了权力的物质中介，因此工具的、过程的与物理的环境通常都属于支配、附属与阻抗的动态结盟。因此，正如实践不应该被还原为社会实践，权力也不应该被还原为社会权力。

如何理解没有固化的知识的认知，这初看起来可能更为困难。在戴维森与布拉杜姆的思想中，语言的动态解释拥有有益的思想前驱：福柯可能更为熟知权力的动态发展(即使一种动态观念的重要性在两人身上还没有得到充分的评价)。然而，瓦腾伯格对动态权力结盟的讨论为认知的动态观念提供了一种有用的类比。〔1〕只能通过结盟使一种行动能对另一种行动施加影响，权力才能够被行使或限制行动。同样，只有通过使一件事(一个陈述、一个模式、一种想象、一种熟练的操作等)能与另一件事结成动态的结盟，认知才能够增长知识。在确立假说与证据之间的推论性的关系时，科学哲学家如今强调"返回基础的知识"的重要性，但这一概念同样太均态与静态。认知不仅以主张的承诺的"背景"为中介，同样也以模式、技能、仪器、标准化物质与现象为中介，以认知者之间的情境性相互作用为中介，简言之，以实践为中介。此外，对话语实践的语言的一种动态的解释消除了在知识的表征内容与其物质或社会建构之间的任何清晰的界线。

这结果是一种知识的紧缩概念，模式化在紧缩或语义的真理概念上。在后一种情形下，真理主张及其用法对语言与认知实践来说是不可缺少的，即使真理的潜在本性没有统一或固化其恰当的应用例证。对知识的一种紧缩解释同样拒绝"知识"或"科学知识"构成了一种理论的相融类。在各式各样的主张、属性、信赖或竞争的理解与辩护中，存在着认知的许多恰当的原因，但不存在潜在于这些原因之下的知识的本性。〔2〕这种主张有着深远的意义：对科学知识主张的大量合法性或批评几乎总是不变地从这样

〔1〕 联盟不仅仅是一种类比。Wartenburg 研究权力的途径深受 Foucault 的影响，后者对权力的动态发展的反思被引用为一种对权力与知识关系的分析。Rouse (1993, 1994)认为 Foucault 在 20 世纪 70 年代的著作提出了一种认知的动态学，不过比较其权力的观念，这部分还没有得到更为广泛的说明。

〔2〕 Brandom (1994: 201—205)对类似的效果，追随了另一条不同的途径；他认为知识表示一种事态的规范状态，而不是其事实状态。

一种观念出发,即科学知识作为一种能够从整体上进行研究的理论上相容 【195】
的概念的观念。它能使这样的主张有意义,即科学知识作为一个整体是近似地真、理性达到的、社会建构的或利益相关的,如果存在着这(种)事情的话。[1]

如果我们规范性地想象实践,而不是把它视为潜在规则的构成,拒绝固化语言、权力与知识,那么这就会挑战许多最为熟悉的科学论的哲学与社会学的立场。这种挑战的一个重要方面涉及到科学论本身的理论与政治的"定位",时常在反身性的标题下被讨论。哲学家与社会学家一直渴望一种"认知霸权"的观点(Rouse 1996a),一种在科学实践"之外"或"之上"的理论立场,从中可一劳永逸地确立或破坏其合法性。如是我们规范性地理解科学实践,这种观点就没有用处。戴维森与布拉杜姆的语义学提供了一种有用的类比:他们视自然语言为其自身的元语言,从"内部"去说明语言。同样地,我认为我们必须认识"科学"包括其自身的元实践,从内部去涉入认知说明。

把科学论划归在科学文化"之中",这可能会导致富勒的主要担忧,对科学实践的解释性干预必然是保守的。富勒(Fuller,1992)主张科学实践的解释性干预放弃了相信科学是解释规范而不是其自身的选择的任何尝试。[2]富勒的批评仅表明其对规则的实践观念的承诺:他把科学"限制"在已经被公认为是科学的一组实践之中,把科学的"规范"限制在其目标上,把科学标准限制在参与者已经认可了的事情上,因此概括出批判性视角必须来自于别处。如是人们不把科学实践认为是规范的,科学或知识是什么,就不是已经确定了的东西,而是具有争议的科学家与他人所做的事情。各式各样在认知上有意义的实践是在规范上可解释的,但这样的实践也提供了实践所置于其中的规范的对立的解释。科学论的解释性资源因此包括科学与元科学的多元性,以及各式各样的边缘的与对立的认知实践。为解决这些现有的共存与相互对立的实践中的矛盾,科学实践不能来自于外

〔1〕 Rouse (1996 b: Introduction and Part I)阐明并批评了对"合法化纲领"的承诺,这种承诺对理解科学实在论者、历史元方法论者、经验主义者与社会建构主义者之中的分歧是必要的。

〔2〕 Fuller (1992)对这种反对声音提出了最为清晰与最具挑衅的说明。

部,而总是情境化在实践之中并干预这些实践。

在科学文化中,这种批判性涉入的观念可能引起人们关注到行使权力不仅排除了政治批判的有效性,同样也排除了其理性的合法性,如果什么是支配着赋予理性的空间。对这种担忧的一种反应就是承认它。并不存在着一种充分的资源,能够确保阐明与实现相互竞争的认知与政治批判。
【196】意识到为保持一个批判性反思与政治变革的空间,需要当下的政治与认知工作,这是一种反对自满的激励。

然而,有一种更具实质性的反应。要重视可能排除另类批判的可理解性的那种占主导地位的意识形态的霸权行为,这种行为会轻视认知实践及其政治意义的多样性与竞争性。对于占优势地位的科学学科,以及边缘性的和其他可替代的认识方式,总是存在着彼此冲突的解释,这些解释至少潜在地支持着对主导性评判活动的批判性观点。当前,公认的辩护绝对不会最终战胜另类解释,这完全是由于不存在能够自明的免于批评的认知基础。此外,语言意义的动态发展提醒我们霸权的意识形态应对批判性解读保持开放,而权力的社会与物质结盟不能自我维系。新形式的权力与统治会引起反结盟。如果认知与政治的批评必须总是被置于对过去与现在的实践的可理解性的反应中,那么我们仍然必须记住过去与现在的实践是什么就包括着其未来的特征,只不过它们还没有被充分地确定。因此,对不可抵抗的权力与自我封闭的意识形态的担忧的恰当反应不是去寻求一种批判的可靠基础,而是去干预看来陷入麻烦的特殊形式的统治、阐明他们那有洞察力并有效的批评、与可能具有这样关注的其他人形成特殊的结盟与团结。

这种科学论的批判性立场的观念要求一种反身性观念,这种观念比通常在科学论的文献中所阐述的更为深刻。反身性不仅有着修辞与认知的维度,还有道德与政治的维度:“我们的作品与所说的做了什么?我们对谁说?我们承认了什么样的另类声音与关注,为其留了空间还是排除它们?我们加强了什么样的趋势与结盟,我们挑战了什么样的趋势与结盟?最重要的是,我们对谁负有责任?”这些问题带有相当的影响力而出现,因为科学论同样也不是在政治上或认知上事先就规划好的立场:我们的任务可能会以各式各样的方式去阐明或加强占统治地位的认知结盟，考虑或进入对立的话语，或改变研究领域以预想一种新的可能性。对我们自己的偏见与情境持温和与自我批评的选择，解释我们的所说与所做，是在科学文化中我们自己的可能立场导致的政治责任。

注：这篇文章的一个扩展本版是 Joseph Rouse（1999），'Understanding Scientific Practices: Cultural Studies of Science as a Philosophical Program,' In M. Biagioli（ed.）The Science Studies Reader, New York: Routledge 442—456. 【197】

德里达式的扩散与海德格尔式的关联
——支配可理解性实践中的一般趋向

查理斯·斯宾诺沙

有关实践,人们可能会提出许多富有成效的问题。哲学家典型地询问实践为什么会充当各式各样复杂的人类行为的可能性条件,如,那些对认知行动感兴趣的哲学家会表明共有的习惯性实践对任何规则的应用来说是关键的。对人类生活的制度化的方面,如性别或送礼,感兴趣的人类学家与社会学家通常关注表明信念的系统、功能性分析或结构差异系统都不能解释这类制度化生活形式的即兴创造的特征。[1]那些经常受到心理学方面训练的人更可能询问实践是否更像是不断发展的技能或更像严格的习惯。当它们被主动地用来指向某种特殊的目的时,实践是否更像是发展中的技能,或当它们成为认识某物的基础时,实践更像是习惯吗?历史学家,如福柯,揭示出同样的道德格言或同样的社会功能为何制造出作为不同实践的完全不同的生活形式,即君主式的或规训式的,斯多噶式的或基督教式的,这些生活形式能恰当履行其行为准则或职责。所有这些分析是

〔1〕 当用术语"即兴创造"时,我回想起 Bourdieu 那个能够熟练把握他那种文化中进行礼物交换技巧的例子,这一例子表明在一个充满不寻常的偶然性的情境中,一位能够以相当反常的方式来违反其习癖性训练,但还能被相关共同体认可的专家,他的即兴创造既保留了其反习惯的姿态,又保留了礼物交换的传统实践。我认为"即兴创造"表明更像技能而不像习癖性倾向,它们不是为任何个人所特有。就许多环境而言——某些超越了这种专家的控制——要使专家的这种即兴创造成功,相关的环境是很重要的。如果在礼物交换的实践中,行动并没有发生某种变化,它就会被认为是无用的。见 Bourdieu(1990: 98—111, esp. 107)。

重要的(我仅考察少量富有成效的实践分析)。但我想关注研究实践途径的一个方面,我相信这是最容易被忽视的,并对基于实践的任何道德规范具有重要意义的方面。在本文第一部分,我将充实我感兴趣探索的实践的这一方面内容。在本文的第二与第三部分,我将描述德里达与海德格尔对实践方面所给出的两种完全不同的解释。在简短的第四部分,我概括出为什么海德格尔的解释是更可取的,如何修改它以进入德里达的洞察。不过,我的目的是打开思考实践活动中的一般趋向,指出认识到这些趋向的道德意义。【199】

一、实践自主拓展的一般趋势

当我谈论实践活动的一种趋向时,为了理解我指的是什么,让我举一个简单的例子。假如社会实践通常是把握技能,注意无论何时我们学习一种新实践,即使是非常简单的实践,如慢跑,我们发现自己容易不断地受先前没有注意到的新事物的影响,或我们会在一种新方式中感受到旧事情的影响。在慢跑时,如我们会对腿或肺的疼痛敏感,对我们心脏的跳速敏感,对我们出多少汗敏感,对我们慢跑时什么勾起了我们的兴趣敏感,也就是说,我们是否更有兴趣去把握某种知识的问题,以使我们跑完或看起来具有某种优美的跑步姿态。一般说来,我们依据任何新敏感性的显现来阐明我们的实践。我们有意识或无意识地提出这些阐明。因此,我们可能带有充分的意识去发现当我们慢跑时,我们是否非常关心我们腿上的疼痛,而同时试图解决一种知识的问题。或者我们可能发现我们会很自然地调节我们的跑步,让海风吹拂在我的脸上,因而汗水不会淌进我们的眼中。[1]然而,在这两种情形下,有意识或无意识地,我们都在处理某些出现在慢跑中,由我们参与的慢跑的实践而引起的问题。带有或多或少的有意识,我们涉及的条件越多,实践本身就会得到更进一步拓展。这就是在说只要我

〔1〕 依据观察我们完全无意识地发展在我们的文化中人们面对面谈论时相互间保持的距离的典型实践的模式,我想象出这一例子。

们参与实践,我们将提出应付由实践向引起的广泛的各式各样事情的途径。到此为止,我说的事情几乎不会引起什么争议。我认为只要我们行动,我们就能越来越好地把握实践,如驾驶、滑雪或在公共场合演讲,而这种把握会超越那些有意识地明确要想改进这些技能的实践。如我们会认识到,在我们放弃试图有意识地提高我们的驾车技术后,经过一段时间,我们发现我们的驾车技术依然还会缓慢地提高。

我的一般看法是实践趋向于其自身的明确拓展。的确,相当弱的并可能是无趣的主张对我要说的其他部分来说是充分的,但我可能会加强它,因为在其较强的形式中,其力量变得更为清晰。我想说实践趋向于其自身的拓展,不会顾及到我们的意向。为明白实践为何具有这种自主的趋向,回想起一旦技能变成了习惯,它们就不断地引导我们去认识与技能或实践相关的我们先前已经忽视了的事情。为明白这些新的认识并不依赖于我们进行实践的明确的意向,回忆一下即使我们放弃慢跑,的确,明确与认真【200】地使我们自己决心放弃慢跑,我也将仍然把这种或那种形迹看作慢跑。也就是说,只要一看到这种形迹,我发现我的身体有跑动的欲望,甚至在意识到这种形迹在驱使我跑动之前,看看我的跑鞋在何处。的确,一旦我控制住自己,我将重新调整我的关注点,随后我会进行由另外的刺激所引起的行动的任何实践,逐渐地,我将会失去对跑步形迹的敏感性。但只要我具有慢跑的技能,我将会有意识或无意识地被其本身的更进一步的拓展的趋向所引导。

如何描述这种自主拓展现象?已有相当一批哲学家致力于这一问题。在这一点上最大的差别存在于德里达与海德格尔之间。德里达论证说,自主拓展的趋向通常包含了在实践运用上所产生的新方法,而这些新方法从某种意义上说与旧的方法之间没有连续性。因此,对德里达来说,自主拓展的趋向是一种扩散或播撒。相反,海德格尔论证说,这种复杂化通常产生一种更好的关联在一起的实践硬核。因此,对于这种实践,我们不妨认为它具有一种稳定(尽管不是固定)的本性。而对海德格尔来说,复杂化则是一种关联/表述。他有时把实践的这种关联性/表述性特征说成是聚集,后来又说成是“自在发生”。在发展德里达式观点与海德格尔式观点时,我们将认为对关联性质的一种解释决定着物的稳定性是否是某种强加,这种强加违反了实践的本性或实践的有规律的自主趋向。当人们考虑诸如性别之类的制度化生活形式时,人们能够看到为实践的不稳定性与稳定性辩护具有重大的政治伦理意义。

二、扩散:德里达论实践的一般趋向

把德里达与实践相联系在一起,这看来可能是荒谬的。德里达与具有延异的结构系统的解构联系在一起。但从职业生涯的早期开始,德里达就主张写作,对他来说就是逐渐削弱逻各斯意义的一种范式活动,在功能上与实践是等价的。为颠倒理论与实践哲学之间的对立,在其本体结构中所理解的实践是一个恰当的概念,正如为颠倒演讲与作品之间的对立,在其本体论结构中所理解的写作是一个恰当的概念。(Derrida 1981a: 4)近来,他一直在主张语言系统本身就根植于交流的实践之中,实践在社会实践中具有同样的解构功能,就像写作在解构形而上学思想中的功能一样。(Derrida 1992: 80—81)

因为德里达主张实践趋向于扩散,比海德格尔的相反主张更不为人们所熟悉。对它的讨论将分为两个阶段。不考虑细节,我只讨论德里达的论证。首先,德里达为一种特殊的存在主义的决定论进行辩护,这种决定论挫败了这种维特根斯坦式的信心,即习惯性实践自身对认识稳定类的事情来说,对把旧的意义引入新情境来说是充分的。其次德里达表明实践行为 【201】
的这种存在主义会在我们所有实践的行为中扮演着一种积极的角色,虽然它会使得实践不能充分认识稳定类。这种讨论的第二部分,我们将会看到德里达对扩散类的实践的解释。

在其讨论的第一部分,德里达试图引出某些案例,在其中构成一种语境的习惯性实践不能充分地决定某种看似普通的事情。那就是说,习惯性实践不能独立决定我们如何处理某些熟悉的事情,举一个简单的例子,我们可以举一个门的例子,当我们把一扇门放在板条箱上形成一张桌子时,它还是那种典型的门吗?我们那桌面不再是一扇门的直觉可能并不比它仍然是一扇门的那种直觉更强烈。为理解这一点，通过强调加强这种或那种直觉的越来越多的细节，我们改变了简单的日常语境。例如，通过想象我们生活在一个装满着祖传财产的房子里，我们就能强调我们那确定某物本性的最初解释的感觉。或通过想象这种"桌面一门"出现在有效性就是所有的一切的现代商业环境中，我们能够重视我们那某事的功能决定着其性质的感觉。关键是在于我们总能够给出很好的理由，以强调改变我们对这一"桌面一门"的直觉的思考。〔1〕

在这些例子中，我们有很好的理由去相信为理解诸如门或桌面两种相互矛盾的事例，我们应该同样要理解通过强加接受(imposition)来处理这类例证的途径。当我们发现法庭审判的异议看法就像多数人的观点那样具有强制性，我们自己必须依据非常不情愿的态度来行事时，我们在日常生活中就碰到了这种强加的接受。在这类令人为难的案例中，那些决定一个例子属于哪种类型(或规律)的东西并不是某事或情境的确定细节。相反，一个讲话共同体(或在讲话共同体中具有权威的人)的决定〔2〕能决定某事情将被处理为这类或那类的事情〔3〕。在这些案例中，虽然实践的语境限制了决定的范围，但实践的语境不能独立决定一个给定的例子会属于哪种特殊的类型之中。重新回到我们的简单例子，在简单的日常语境中，

〔1〕 如果"门—桌面"太牵强，就考虑我们不愿意称之为笑话的"笑话"。我想起了一个在公共场所说话者的例子，他告诉某人他说了一个笑话，但不仅没有逗乐人，反而令人不快。这种缺乏幽默感的冒犯仍然是一个笑话吗？在这样的事情发生的情境中——每一种情境——这类事情有一种不确定的特征，就像我在"门—桌面"的例子中所试图主张的那样。但如果说我们是依据说话者的意图来理解事情的，那么我们就能获得说话者的所说是否是一个笑话的较为清晰的直觉。同样，如果我们关注是否成功，我们同样能够对此行为会有一个较为清晰的直觉。再者，如果我们只关注听者的反应，我们也能获得一个相对强的直觉。但在我们的简单的日常世界中，我们通常只会强调这些思考途径的其中一种。但如果我们的共同体提出了处理这种"笑话"的决定性途径，这将很可能更像是一种强迫接受，而不是对这种说话行为的某些新发现的细节。

〔2〕 Derrida 时常在导致固定的语境与决定"政策"意义的权威性立场来命名这些事情(Derrida 1988b：105 and 1988c：134—137)，当他谈论其自己的固定语境时，Samuel Weber 把 Derrida 的术语翻译成英语"impose" (Derrida 1988b：103 and 1988c：137，145，149)，但当 Derrida 谈论在普通的固定语境与意义中的政策时，再次按照 Weber 的说法，他称这一行动为一种"操作性的活动"。(Derrida 1988c：132)

〔3〕 对很符合 Derrida 的社会外在论的一种众所周知的分析，见 Burge (1979：73—121)。Burge 认为诸如关节炎之类的概念的内容是由共同社中的权威专家所确定的。

实践并不能够清晰地决定我们是有一张桌面还是一扇门。但一旦一个讲话共同体或其代表人物决定了此事，那么我们将回溯性地视这种情境在整体上服从于这种决定。

虽然，德里达式到目前的说法仅仅讨论了我们的行动方式可能包括的案例，而且其中习惯性实践并不能够决定我们如何处理某事，但一种决定仍然是需要的。为表明这类案例数量是非常之大，德里达式利用了引用性(citationality)的观念。引用性是存在物的一个特征，即它们可能不仅被视为是无穷大量的语境中相同类型的例子。[1]这种性质能使人们提出这样 【202】
的问题：我们认为在语境 A 中的一个类型 X 的例子的存在物仍然还是如今我们处于语境 B 中的类型 X 的例子吗？[2]在尽可能想象到的语境中，引用性允许的是类型 X 的例子的存在物可以引入恰当的变化。因此，引用性允许门出自我们通常碰到它的实践的语境，即进入住所，也允许我们把门带入诸如桌子、艺术品与哲学家的例子的实践的语境之中。当然，人们可以想象无穷大量的语境。[3]我们只需要想象约翰·塞尔(John Searle)问我们门在某一头鲸的胃里吗？就可以理解引用性可能把我们引向多远，其范围是如何无限制的。

但即使存在着无穷大量的引用性的可能语境，在其中实践不能独立告诉我们如何处理看似普通的事情，如门，但人们可能还会认为德里达式的

〔1〕 Derrida 时常把引用性说成是另一个词“可重复性”(‘iterability’)：“标记的这种引用性，这种重复或重复性，这种可重复性既不是一种偶然，也不是一种反常”。(Derrida 1988b：12 and 1988c：119)但更一般的情形下，他把引用性理解为“常规引用”——在一种语境中取准确的词，使它作为引用的标志出现在另一个语境之中——或依据嫁接(grafting)，两种语境处理的是诸如类型的实体或例证，而不是类型。(Derrida 1988a：12)

〔2〕 我认为这两种特征之间的差异为理解可理解性提供了一种强有力的工具。依据 Merleau-Ponty 的看法，我认为如果有机体不能认识在许多语境中同一类型的例证，它们就没有任何智力。如果它们不能认识可能作为不同语境中的不同类型的一个例证的同样的实体，它们就没有人类或较高级的哺乳动物的智力(这里，人类与动物智力之间的准确界线是进行经验研究的案例)。见 Merleau-Ponty (1983：175)。

〔3〕 人们能够建构无穷数量的的话语，对这种主张，存在着大量利用引用性来进行辩护的途径。因为引用性可使任何事物嫁接进入任何语境，甚至语境中的语境之中，因此，可产生无穷量的语境，就完全像无穷数量的句子通过对语法规则的反复使用而产生一样。此外只要人类持有个体的视角——就是说只要人类的可理解性保持着——那么每一个人的视角可把任何可能是想象中的引用嫁接进入一种新的语境之中。

决定论或强加接受是寄生在情境上的,其中实践毫无疑问地成功决定了如何处理某些事情。我认为一位维特根斯坦的信徒会称如果在这些案例中强加接受出现了,就不存在两种类型之间的清晰选择,那么这些强加接受的情况取决于决定考虑那些类型的毫无疑问的情况。结果是,强加接受的情形在逻辑上依赖于毫无疑问的、清楚的情况。[1]也就是说,如果没有毫无疑问的情况,人们就不能够意识到去要求一种强加接受的有疑问的情况。

然而,德里达的信徒相信,即使存在着某些时刻,习惯性实践无须借助某些外部的强加接受也能决定活动,但他的论点表明我们并没有理由把逻辑的优越性赋予习惯性实践。他认为必须强加处理困难情况的方式,这种说明证明了处理事情的习惯性方式不仅不足以支持可能的未来应用,而且同样不足以决定所有我们看似稳定的过去处理事情的方式。为了理解这一点,我们必须考察强加的回溯性特征。[2]在任何强加接受的事实之后,先前的情形被追溯性地改变以至看似它决定了当前的案例。德里达式的讨论的第二阶段继续考虑这种对过去的重新解释为什么会出现。通过提醒我们自己,当重要规律发生变化时这种修正会时常发生,我们可能会明白它的发生。如在美国,普莱西诉弗格森一案(Plessy v. Ferguson)的司法判决是依据当地的法律,那么种族关系、民权、宪法与几乎所有的社会情境通常被认为是支持隔离但平等的条例。公民的身份充其量大体上被视为支持普莱西。但当布朗诉教育局案(Brown v. Board of Education)的司法判决履行时,那么市民权力、宪法与几乎所有的社会情境,甚至作为一个好市民的标准都几乎支持新型的布朗式的平等。至少这些法律裁决肯定是

---

〔1〕 我利用的"逻辑上依赖",取自 Searle 反对 Derrida 时的用法。在解释严肃话语中的虚构的逻辑上依赖时,Searle 说:"没有严肃话语的概念,人们就不能够有虚构的概念"。见 Searle (1977:207)。

〔2〕 在伴随着与 Derrida 的争论中,很少有人花时间去指出 Derrida 的意义的不充分确定性(我们不能够完全理解我们的所指)出自于不充分决定性的回溯性本性(我们不能够把我们的意义引入所有相关的情境之中)。

一种强加接受。[1]用这样一个例子，我们看到了一种当下的强加接受改变了我们处理过去案例，还有将来案例的意义和蕴涵。我们现在依据我们的 【203】 强加接受来看我们的过去。结果，各种类型的习惯性应用在概念上依赖于这种强加性的应用，就像强加性应用依赖习惯性应用一样。过去与将来的实践同样都依赖于习惯与强加。因此，对于习惯性实践的独立决定来说，并不存在逻辑上的优先性。

德里达式的讨论只是主张在处理事情时，通过习惯性实践与通过强加接受这两种做法在逻辑优先性上是平等的。在德里达式的讨论的第二阶段，德里达的信徒表明为什么强加接受会发生，因此，表明制造强加接受在我们实践组成部分中总是主动的。如果我们有规律地强加类型、种类等等，那么我们处理事情总是解释隐藏在这类强加接受中的不连续性；结果实践的自主拓展将是扩散的而不是清晰的。只要我们没有认识到在我们道德规范或其他地方中的这种不稳定性，我们就是依据我们的实践特征来进行行动与思考的。

在发展这种观点时，德里达以他相信的所有意向性成分的基本趋势为出发点。他说"意向"：

> 尽管(意向)不可避免地指向丰富性，但它必然不能而且不应该达到这种丰富性……不论丰富性是否是一种前话语的经验问题抑或言语行为问题，也不论它是否是意识，它都是那种以意向运动为导向并同时损害这种运动的东西。不可能存在不朝向丰富性的意向，但也不可能存在达到丰富性的意向(Derrida 1988c：136—137)。

〔1〕 在其论法律的著作中，Derrida 详细阐述了一条不确定性出现并被解决的途径。见 Derrida (1990：967)。当然 Derrida 没有声称所有的裁决与实际的判决所制造的是强迫接受，也没有主张判决所作出的所有的强迫接受能在回溯中得到辩护。当所包括的语境与类型暗示着不仅一种应用关键类型的例子时，"不确定性"就发生了。当然，法官可能会非常困惑以至无法依靠过去的判决与想法。但对 Derrida 来说，我们看见的司法过程完全是一种狭窄的强迫接受出现的情形。

也就是说,大约用塞尔的术语来说,任何被导向的人类态度都为寻求满意提供实现满意的条件。[1]因此,如果某人试图打开门,他将会碰到要满足的条件,如果他以一种标准方式打开门,门就被打开了。这就是一种意向性的举止或实践去寻求充分的丰富性的所指。但德里达式看法称实践绝不能获得这种充分的丰富性。无疑,他不能简单地称满足的条件从来不会得到满足。相反,就每一种习惯性实践被采用的情境不同于它先前被采用的情境而言,他主张应满足的条件将不得不被修正以适应情境之间的延异。简言之,德里达开始注意到实践必须在不同的情境中拓展自身。因为意向性态度的应满足条件必须被修正以适应情境间的延异,先前确立的应满足条件不会简单地被满足。但正如海德格尔指出,为什么不说这些满足条件的发展仅是隐藏在实践中的应满足的一般条件的扩展或精致的表述呢?可以公正地说,这类条件的修正至少时常无疑就是这类扩展。但
【204】德里达认为这种分析并不会使我们去严肃对待情境中的延异。

为严肃对待这些延异,我们必须注意到以下情形:首先,当我们介入我们先前介入过的一种实践时,我们不能够描述出我们正在做什么,除非我们能够对不同于以前情境的当前情境作出反应。其次,这种延异要求新情境与其他的过去情境有某种共性。第三,只要这种延异被有意识或无意识地认识到,我们就必须假定引用性的问题会出现。也就是说,在过去情境中做 X 的应满足条件是否能够被解释为在这种情境中的满足条件的问题出现,或者说,满足条件必须被一种强加修改吗?对德里达而言,这种对强加的不断的开放就能足以主张实践趋向于扩散,这就是说,它们趋向于不能从早期的实践状态显现出来的强加。简言之,如果我们不断地准备制造强加,那么存在从一种情境到另一种情境的足以使我们有规律地这样做的延异。下文表明了德里达是如何做到这一点的:

---

〔1〕 当然,意向性的满足条件与满足的心理学条件不同。但如果人们理解意向性为引导我们去关注事物的途径来说,它就是不能陷入各式各样途径中的一种关系或一种物的构成成分。“不能陷入”不仅意味着某些事态不能与某些命题内容相符,同样是指联系世界的途径,或使自身与世界相符的途径被破坏。意向,甚至只是在外表上观察事物,作为一种联系世界的途径,可能总是会出错。基于这一原因,被引导去关注某物就是去寻求满足。

> 我称之为可反复[这里我把可反复性理解为可引用性]……的东西是那种既趋向于丰富性的获得又阻止其实现的东西。它可以把每一个符号重复为同一者并通过这种可能的重复为观念化开辟道路，而观念化提供的似乎是观念对象的完整在场……但这种可重复性本身却肯定使得以这种方式得到重复的完整在场的独特性自在地指向别的东西，因此便撕裂了它所声称的完整在场。这便是反复（iteration）不单纯等于重复（repetition）的原因（Derrida 1988c：129）。

因此，对德里达来说，在实践中的任何稳定性，任何在其自身中通过阐明隐含的可能性来展现自身的实践的意义本身就基于引用性，基于被强加接受的实践的可能性。事实上，解构实际上就是对这种不稳定性的逐渐增加的敏感性。正如德里达所说“最小的可理解性的规范……在本质上是易变的”。(Derrida 1988c：147)

这种立场的结论就是所有理解事情的途径在本质上是不稳定的。正如德里达所强调的那样：“‘解构’首先是……在物自身……中的运动中的去稳定化。”(Derrida 1988c：147)作为一种伦理或政治事务，其结论是人们应该至少去怀疑趋向于事物的稳定性的机构与经验。因为这样的机构或经验容易遮蔽我们自己的可理解性的有效途径，也就是说，趋向于遮蔽实践自主拓展自己的途径。同样，这些认为实践能够使我们具有稳定的，即使不是永恒类的实践的解释，按照德里达式的看法，走向了歧途。稳定的机构，就像稳定的实践一样，是稳定的，因为这是力量，德里达式的看法通常认为是权威的力量使它们如此(Derrida 1988c：137 and 144)。因此逻各斯中心论(我们自己控制着我们的意向的理解)反复地通过法律、学术、新闻事业的其他发挥伦理规范的机构的暴力来强加自身。因为这样的机构 【205】
违反了我们理解事情的方式，它就应该出自对实践的歪曲以促进特殊的利益，从而损害了可理解性。

三、关联：海德格尔论实践的一般趋向

正如德里达注意到，他的观点与海德格尔的观点之间的重要区别在于海德格尔完全赞成诸如有着(owning)、本身(proper)与自在发生(appropriateness)，而德里达完全反对这样的术语，偏爱嫁接(grafting)与扩散(Derrida 1981b: 54)。理解这种关键差异的最简单的方式就是从一位工匠的例子开始。对海德格尔来说，人类可理解性有效的典型方式是由一位工匠使事情得到理解的方式为例证。对海德格尔来说，随着工匠学习其工艺，趋向于一种精致的实践，他们的目的是制造一种工艺产品，使人们不仅利用它，而且同样更好地理解为何这类产品成为其生活的重要组成部分。相反，在考察同一工匠以理解事情的可理解性的本性时，德里达关注的是工匠使他自己的实践对物质的供应商、雇员、税收的估税员、会计、不同的消费者等等来说是可理解的。对德里达来说，逐渐增加的可理解性并不等同于提炼那些将会在使用者生活中提供一种产品的单一的、确定的与关心场所的实践。对德里达来说，逐渐增加的可理解性等同于控制所有的情境，在其中不同的人会把产品与不同的语境联系在一起。不存在海德格尔持有的那种根本的语境。

为了更充分地理解海德格尔如何描述实践趋向于自主拓展的途径的特征，就意味着要更清楚地理解他在20世纪50年代的看法，那时，他把“自在发生”(‘Ereignis’)写成“控制的力量……使所有的……存在各自进入其自身”(Heidegger 1971a: 127)。这种自在发生的意义，我到现在为止是用更为一般的术语“区分”来描述的。使某物进入自身意味着使它进入这些实践的语境其中某物的目的在实现这种目的的过程中被清晰而有价值地呈现出来。那么，某物的目的被清晰地有价值地呈现出来意味着什么？什么才算是某物的目的得以呈现？

回答第二个问题相对容易。几乎在任何时刻，某物(特别是一件工具)被认可充当目的时，就是指它依据目的被创造，或它在那些社会语境中充当目的，在其中，如果没有它，人们就会感到受到了严格的限制。例如，锤

子是用来锤打的工具，小汽车是用来在路面行驶的交通工具，在日常活动期间从一处到另一处。但我们所知道的锤子与小汽车还有许多其他的用处。锤子可用来镇纸与作为武器。小汽车可用来进行越野赛、作卧室等。但对海德格尔来说，我们主要把工具理解为带有其他次要角色的一种主要 【206】 角色。[1]这同样适合其他不是工具的事物，但它们的角色就不是那么显然。因此，对某些偶然在森林中步行的人来说，鹿是注视的目标；而对猎人来说，鹿是捕杀的对象；对农场主来说，鹿是有害动物；等等。因此我们可以看出那些通常被认作目的的物会在历史与相关的人的共同体中发生变化。自行车，对富有的年轻人来说，是用来保持人的健康，从一个咖啡店到另一个咖啡店的比赛工具；而对年轻或较贫穷的人来说，它可能是围绕着城镇找杂活干，去上学或去工作的工具；等等。但目的的变化并没有被隐藏在微观观察鹿这样的微观行动之中。当我们考虑不同的共同体，或从遵循传统者的视角与文化前沿者的视角来观察一只鹿时，就会出现较大看法上的差异。

因而，目的是相当简单的。对于存在于一组实践中的某物，其目的最为明显与最值得产生，这意味着什么？某物的目的被最为明显地呈现，条件是：首先，这物要处于一种情境之中，在其中，它引起这些实践在事实上能够在那时被采用，能够使人们按照公认的规范有效地与熟悉地利用此物。以一瓶酒为例，当我们放松并与朋友一起吃晚饭时，可能会引起尽情享受与慢慢品酒的实践；当我们在商店或驾车时见到它时，可能会引起同样的实践，但我们在这些情境中这样做就是不恰当的实践。[2]其次，当它引起的实践是我们非常熟悉的实践时，某物将显示出自己那最值得出现的目的。在许多场合中与朋友一起饮酒，这是我们熟悉的实践，的确体现出我们生活中的一件愉快的事情。当人们对被显现在其自身之中的事情感

〔1〕 我在这里所说的等同于在《存在与时间》一书中的一种相当含糊的观点。这可能是 Heidegger 严格依据其角色来理解各种器具的。因此，被用来压纸的一把铁锤就是压纸的工具。这样，各种器具是依据其表现的行为来理解的。一般说来，我认为《存在与时间》反对这种解释，但这篇论文的主要观点还继续保留不变，无论人们在这一问题上的立场如何。

〔2〕 这是对一物的物化过程如何聚集的 Heidegger 称之为天空的东西的一种解释。见 Heidegger (1971b:149 and 1971c:178)。

兴趣时，这就是海德格尔心目中所具有的那种亲近性。[1]第三，如果我们通过饮酒表达对朋友的强烈认同时，就清楚、重要地显现出一种目的。也就是说，我们不仅与同伴一见如故，而且会意识到我们作为朋友的这种认同是脆弱的，因为，其他情境不可能使我们进行类似的饮酒活动。[2]第四，当事情能够引起一种适合利用它的实践的一般模式，并能使有关的实践与它所导致的各种差异协调时，一种目的就被清楚地并有价值地显现出来。我们可能处于一种苦恼的或神经的情绪中。但当它出现时，正确的情绪就会降落在我们的身上。[3]总之，物引起的实践在一个共同体中是重要的；使人们很自然地处理这物；能够使人们认识到他们之间的认同实践的脆弱性；为一种情境激起一种正确的情绪，在这些情形中，一物就最为清晰与最有价值地显示出其目的。一物对共同体的重要性、我们介入这物的亲近程
【207】度、在介入情境中我们身份的脆弱、自在发生的情绪，所有这些都保持着相对的稳定。

海德格尔称这种在实践中使事情以这种方式在自身中显现的趋向为自在发生。因此，处理任何带有一种目的的物的实践；它们趋向于以这样一种方式使物与一个共同体的生活的其他部分相联系在一起，以致实践与所包括的个人身份被认为是有价值的，目的是关联的。它取决于共同体中实践的部分、共同体所维持的身份、共同体的人所熟悉的传统、共同体相信有价值的各式各样的用法。同样，这种目的也仅是一种趋向，或用海德格尔的术语来说，一种温驯的规律(gentle law)。(Heidegger 1971a: 128)这种趋向可能会受到所有种类的偶然环境的限制。如在严峻的经济压力下，与朋友共享喝酒的实践，甚至共有实践可能是某种事件或情境导致人们不加考虑地想和他人一起喝酒，或甚至于彼此之间结为朋友。但通常，当实践被视为趋向于由目的所提供的域的稳定性时，人们就能最好地理解实

〔1〕 这是对一物的物化过程如何聚集的 Heidegger 称之为大地的东西的一种解释。见(1971b:149 and 1971c:178)。

〔2〕 这是对一物的物化过程如何聚集的 Heidegger 称之为短暂者的东西的一种解释。见 Heidegger，(1971b:150 and 1971c:1978—9)。

〔3〕 这是对一物的物化过程如何聚集的 Heidegger 称之为神圣者的东西的一种解释。见 Heidegger，(1971b:150 and 1971c:178)。

践。这种思想暗示，随着实践拓展它自身，一种稳定的目的就隐含在其自主的拓展之中。

在海德格尔主义者看来，修补满足条件以适应情境中的差异，这应该依据事情的全部目的而作出。这种稳定的目的将起决定作用，即使就需要采用何种实践而言，一种毫无疑问的决定会被强加。因此，这种稳定的目的表明在情境中的差异通常并不是那些最重要的。当然，重要的偶然变化可能会导致一件引起完全不同的实践的事情。不过，新目的将被设立，温驯的规律将被打破。因此，总体而言，尽管德里达总把一种情境到另一种情境时所发生所有的差异视为重要的，但他又认为它们几乎是微不足道的，尽管并不总是如此。

最后，德里达式的看法要求我们通过解构来达到与扩散的一致，而视实践为趋向于产生地域稳定性的海德格尔式的看法要求我们，本着与人类的可理解性如何有效相一致的名义，保持这些稳定性。正如德里达注意到，这意味着为某些性质与恰当的观念进行辩护。

四、海德格尔的关联优于德里达的扩散

有一个重要的理由来解释我们偏爱关联性解释而不是扩散性解释。为了理解这一点，我们必须回忆那一时刻，即我们已经经历过的使物在其自身中显现的实践。或许我们可以回忆下家庭进餐的经历。在这里，在那一时刻，家庭中的每一个成员都理解这对家庭成员意味着什么。吃晚餐、说出白天所发生的故事，这些使得在白天的结束之时这共享食物的身份与实践显得清楚、重要与有价值。当然，对德里达来说，也能够给我们一种解释，即关键的稳定性——像那些包括核心家庭的稳定性一样——在我们看来是有价值的，即使它们的制造与在实践中朝向扩散的一般趋向相冲突。【208】德里达对霸权力量的大量讨论意味着去解释这类稳定性的表面价值。但德里达的解释暗示我们的边缘、非支配性的实践的经验应该是扩散的而非关联的。但边缘实践很少展现出一种扩散的特征。

举一个边缘例子，即前文提到的与朋友饮酒。德里达式的解释是如何

把它理解为一种有益于今天仍然活跃的饮酒把相识者聚集在一起使他们成为朋友，这种逻各斯中心的、男性中心的(phallocentric)或其他形式的西方中心主义呢？这些与朋友饮酒的聚会看来与使我们确信我们的意向能够清楚地展现给我们，并被充分的满足无关。这类聚会时常支持着男性中心主义的清晰的身份，但常常也会表现出破坏这种身份的感觉。或许，在过去，这类聚会有助于我们去统治动物，但人们如今并不认为与朋友饮酒会包括这类统治。然而，这类场合与一种融合意向与身份的亲近性更为密切，以致所有权与统治会消失，因而不符合德里达所担忧的霸权中心论。作为对海德格尔著作进行过认真解读的读者，德里达同样也担忧亲近性，但那是因为他趋向于视它为一种霸权。虽然，毫无疑问，存在许多形式的亲近性，它们支持着各式各样相互间支持着的霸权统治，但聚在一起饮酒的朋友决不会明显地支持这种或那种流行的霸权。当我们介入边缘实践时，这类稳定性的例子暗示着海德格尔这样的主张的优越性，即实践通常趋向于关联地域的稳定性而不是释放扩散的不连续性。

根据这类边缘的情境，一种海德格尔式的观点将使我们认识到一种围绕着某事或存在物的目的引导着对实践的自主拓展。此外，一种从来没有在我们的文化中占据着中心组织的实践——如友谊——的边缘性暗示着目的不需要成为一般文化实践中的某种中心主义的踪影，这种中心主义使我们进行这种而不是那种强加。但正如我们注意到，海德格尔并不认为使事物出自自身的趋向仅是一种趋向。他承认环境可能凌驾于它之上，但他没有描述这类案例。德里达式的分析能够有效地被认为是对海德格尔的一种重要的与适合的增强，他们能够告诉我们这种压倒一切的强加接受是如何发生的。一种实践介入一种并不容易与目的的考虑(自在发生、亲近性、脆弱性与情绪)相适应的新环境。因此，一种强加接受是必需的，强加接受本身被追溯性地规范化了。以这种方式，把德里达式的解释注入海德格尔式的解释，就能够使海德格尔式的解释去说明许多新的边缘实践的发
【209】展，去说明变化的不连续性。

德里达式的解构可能答复称海德格尔式的解释者所做的一切是揭示出一种新的霸权“中心主义”——自然发生物在其自身中显现的趋向——

这种趋向一直腐蚀着西方实践。但接受这种德里达式的答复要求我们理解扩散性革命的可能性赋予我们能力，能从不带有任何“中心主义”、目的与稳定化的实践中去理解物与人。当我们能够想象到德里达式革命的可能性时，我们能够把它植入艺术家的经验之中，植入诸如我们感到震惊的时刻这样的重要的日常时刻。例如，当我们发现我们自己处于一种简单并令人震惊的场所前面时，我们就有一种强加接受的感觉，就像当我们在一种场所中无法识别一个受精卵或认出一个熟悉人的那种感觉一样。为了对他的解释进行辩护，德里达式的观点肯定会令那些变化的、不寻常的经验变得更为寻常，也肯定会主张我们对世界日常经验的理解，在这里，强加是常见的，稳定是罕见的。基于这些理由，把德里达式的洞察与海德格尔式的解释进行结合，这看来更为合理，想象稳定性来自于我们日常实践的某一方面，稳定性的打破出自对德里达要求我们注意的对极端的不寻常偶然性的强加的反应。 【210】

索　引

参考文献

Agre, P. E. (1994) 'Surveillance and Capture: Two Models of Privacy,' *The Information Society* 10: 101 - 127.

Alexander, J. (1983) *The Modern Reconstruction of Classical Thought: Talcott Parsons*, Berkeley: University of California Press.

Alexander, J. (1988) *Action and its Environments: Towards a New Synthesis*, New York: Columbia University Press.

Alexander, J. (1995) *Fin de Siècle Social Theory: Relativism, Reduction and the Problem of Reason*, London and New York: Verso.

Alexander, J., Giesen, B., Munch, R., and Smelser, N. J. (eds) (1987) *The MicroMacro Link*, Los Angeles: University of California Press.

Alford, C. F. (1991) *The Self in Social Theory*, New Haven: Yale University Press.

Ambrose, A. (1979) *Wittgenstein's Lectures, Cambridge* 1932 - 1935. *From the Notes of Alice Ambrose and Margaret MacDonald*, Chicago: University of Chicago Press.

Anscombe, E. (1976) 'The Question of Linguistic Idealism,' *Acta Philosophica Fennica* 28: 188 - 215.

Anscombe, E. (1981a) 'On Promising and its Justice, and Whether it Need be Respected in *Foro Intemo*,' in E. Anscombe, *Collected Philosophical Papers*, vol. 3, Oxford: Blackwell.

Anscombe, E. (1981b) 'Rules, Rights and Promises,' in E. Anscombe, *Collected Philosophical Papers*, vol. 3, Oxford: Blackwell.

Armstrong, E. (1995) 'Multiplying Identities: Identity Elaboration in San Francisco's Lesbian/Gay Organizations, 1964 - 1994,' paper presented to the American Sociological Association, Washington DC.

Armstrong, E. (forthcoming) *Multiplying Identities: The Transformation of the Lesbian/ Gay Community in San Francisco*, 1960 - 1994, Chicago: University of Chicago Press.

Asaro, P. (2000) 'Transforming Society by Transforming Technology: The Science and Politics of Participatory Design,' to appear in *Accounting, Management and Information Technology*.

Baas, B. (1996) 'Die phänomenologische Ausarbeitung des Objekts a: Lacan mit Kant und Merleau-Ponty,' Riss1: 19 - 60.

Baird, D. (1993) 'Analytical Chemistry and the 'Big' Scientific Instrumentation Revolution,' *Annals of Science* 50:267 – 290.

Baker, G. P. and Hacker, P. M. S. (1984) *Scepticism*, *Rules and Language*, Oxford: Blackwell.

Baldwin, J. M. (1973) *Social and Ethical Interpretations of Mental Development*, New York: Arno Press.

Barad, K. (1996) 'Meeting the Universe Halfway. Realism and Social Constructivism Without Contradiction,' in L. Nelson and J. Nelson (eds) *Feminism*, *Science*, *and the Philosophy of Science*, Dordrecht: Kluwer, 161 – 194.

Barnes, B. (1983) 'Social Life as Bootstrapped Induction,' *Sociology* 4: 524 –545.

Barnes, B. (1988) *The Nature of Power*, Urbana IL: Illinois University Press.

Barnes, B. (1995) *The Elements of Social Theory*, Princeton NJ: Princeton University Press.

Barnes, B. (2000) *Understanding Agency*: *Social Theory and Responsible Action*, Thousand Oaks CA: Sage.

Barnes, B. et al. (1996) *Scientific Knowledge*: *A Sociological Analysis*, Chicago: University of Chicago Press.

Baudrillard, J. (1988a) 'On Seduction,' *in Jean Baudrillard*: *Selected Writings*, ed. M. Poster, Stanford: Stanford University Press, 149 – 165.

Baudrillard, J. (1988b) America, New York: Verso.

Bauman, Z. (1989) *Modernity and the Holocaust*, Cambridge: Polity Press.

Baxandall, M. (1972) *Painting and Experience in Fifteenth Century Italy*, Oxford: Oxford University Press.

Baxandall, M. (1985) *Patterns of Intention*: *On the Historical Explanation of Pictures*, New Haven: Yale University Press.

Beck, U. (1992) *Risk Society*: *Towards a New Modernity*, London: Sage.

Becker, H. S. (1982) *Art Worlds*, Berkeley: University of California Press.

Bell, D. (1973) *The Coming of Post-Industrial Society*: *A Venture in Social Forecasting*, New York: Basic Books.

Bellah, R. N. (1968) 'Civil Religion in America,' in W. G. McLoughlin and R. N. Bellah (eds) *Religion in America*, Boston: Houghton Mifflin.

Bellah, R. N., Madsen, R., Sullivan, W. M, Swidler, A., and Tipton, S. M. (1985) *Habits of the Heart*: *Individualism and Commitment in American Life*, Berkeley: University of California Press.

van den Belt, H. and Rip, A. (1987) The Nelson-Winter-Dosi Model and Synthetic Dye Chemistry,' in Wiebe Bijker, Thomas P. Hughes, and Trevor Pinch (eds) *The Social Construction of Technological Systems*: *New Directions in the Sociology and History of Technology*, Cambridge MA: MIT Press, 135 – 158.

Bénatou I, T. (1999) 'Comparing Sociological Strategies; the Critical and the

Pragmatic Stance in French Contemporary *Sociology*,' *European Journal of Social Theory*, special issue 'Contemporary French Social Theory' 2 (3): 379-396.

Bender, T. (1978) *Community and Social Change in America*, New Brunswick: Rutgers University Press.

Beniger, J. R. (1986) *The Control Revolution*, Cambridge MA: Harvard University Press.

Benjamin, W. (1968) 'The Work of Art in the Age of Mechanical Reproduction,' in *Illuminations*, New York: Harcourt Brace Jovanovich, 217-251.

Berger, P., Berger, B., and Kellner, H. (1974) *The Homeless Mind. Modernization and Consciousness*, New York: Vintage Books.

Bernal, J. D. (1953) 'Science, Industry and Society in the Nineteenth Century,' in S. Lilley (ed.) *Essays on the Social History of Science*, special issue *Centaurus* 3 (1-2): 138-165.

Berque, A. (1986) *Le sauvage et l'artifice. Les Japonais devant la nature*, Paris: Gallimard.

Biernacki, R. (1995) *The Fabrication of Labor: Germany and Britain*, 1640-1914, Berkeley: University of California Press.

Bijker, W. (1995) *Of Bicycles, Bakelites, and Bulbs: Toward a Theory of Sociotechnical Change*, Cambridge MA: MIT Press.

Bittner, E. (1965) 'The Concept of Organization,' *Social Research* 32: 239-255.

Blattner, W. D. (1994) 'Is Heidegger a Kantian Idealist?,' *Inquiry* 37: 185-201.

Blattner, W. D. (1995) 'Decontextualization, Standardization, and Deweyian Science,' *Man and World* 28: 321-339.

Bloor, D. (1983) *Wittgenstein. A Social Theory of Knowledge*, New York: Columbia University Press; London: Macmillan.

Bloor, D. (1991) *Knowledge and Social Imagery*, 2nd edn, Chicago: University of Chicago Press.

Bloor, D. (1996a) 'Idealism and the Sociology of Knowledge,' *Social Studies of Science* 26: 834-855.

Bloor, D. (1996b) 'The Question of Linguistic Idealism Revisited,' in H. Sluga and D.

Stern (eds) *The Cambridge Companion to Wittgenstein*, Cambridge: Cambridge University Press.

Bloor, D. (1997) *Wittgenstein: Rules and Institutions*, London: Routledge.

Blumenberg, H. (1983) *The Legitimacy of the Modern World*, trans. Robert M. Wallace, Cambridge MA: MIT Press.

Blumer, H. (1969) *Symbolic Interactionism: Perspective and Method*, Englewood Cliffs NJ: Prentice Hall.

Boli-Bennett, J. (1979) 'The Ideology of Expanding State Authority in National

Constitutions, 1870 - 1970,' in J. Meyer and M. Hannan (eds) *National Development and the World System*, Chicago: University of Chicago Press.

Boltanski, L. (1990) *L'amour et la justice comme competences*, Paris: Métailié.

Boltanski, L. (1999) *Distant Suffering: Morality, Medias and Politics*, trans. Graham Burdell, Cambridge: Cambridge University Press.

Boltanski, L. and Th venot, L. (1991) *De la justification*, Paris: Gallimard.

Boltanski, L. and Th venot, L. (1999) 'The Sociology of Critical Capacity,' *European Journal of Social Theory*, special issue 'Contemporary French Social Theory' 2(3): 359 - 377.

Borck, C. (1997) 'Herzstrom,' in V. Hess (ed.) *Die Normierung von Gesundheit. Messende Verfahren der Medizin als kulturelle Praxis*, Wulfsfurt: Matthiesen.

Bourdieu, P. (1972) *Esquisse d'une th orie de la pratique*, Paris and Geneva: Droz.

Bourdieu, P. (1977) *Outline of a Theory of Practice*, trans. Richard Nice, Cambridge: Cambridge University Press.

Bourdieu, P. (1984) *Distinction: A Social Critique of the Judgement of Taste*, trans.

Richard Nice, Cambridge MA: Harvard University Press.

Bourdieu, P. (1990) *The Logic of Practice*, trans. Richard Nice, Stanford: Stanford University Press.

Bowker, G. (1994) *Science on the Run: Information Management and Industrial Geophysics at Schlumbeiger*, 1920 - 1940, Cambridge MA: MIT Press.

Bowker, G., Star, S. L., Turner, B., and Gasser, L. (1996) *Social Science, Technical Systems, and Cooperative Work*, Princeton NJ: L. J. Erlbaum.

Brandom, R. (1979) 'Freedom and Constraint by Norms,' *American Philosophical Quarterly* 16: 187 - 196.

Brandom, R. (1994) *Making it Explicit: Reasoning, Representing, and Discursive Commitment*, Cambridge MA: Harvard University Press.

Bréviglieri, M. (1997) 'La cooperation spontanée. Entraides techniques autour d'un automate public,' in B. Conein and L. Thevenot (eds) *Cognition et information en société*, Paris: Ed. de l'Ecole des Hautes Etudes en Sciences Sociales (Raisons pratiques 8), 123 - 148.

Bréviglieri, M. (1998) 'L'usage et l'habiter,' sociology dissertation, Ecole des Hautes Etudes en Sciences Sociales, Paris.

Buck, P. (1985) 'Adjusting to Military Life: The Social Sciences Go to War, 1941 - 1950,' in M. R. Smith (ed.) *Military Enterprise and Technological Change: Perspectives on the American Experience*, Cambridge MA: MIT Press, 203 - 252.

Burge, T. (1979) 'Individualism and the Mental,' *Midwest Studies in Philosophy* 4: 73 - 121.

Callon, M. (1986) 'Some Elements of a Sociology of Translation: Domestication of the Scallops and Fishermen of St. Brieuc Bay,' in J. Law (ed.) *Power, Action and Belief: A New Sociology of Knowledge?*, London: Routledge.

Callon, M. and Latour, B. (1981) 'Unscrewing the Big Leviathan,' in K. Knorr Cetina and A. Cicourel (eds) *Advances in Social Theory and Methodology*, Boston: Routledge and Kegan Paul, 277-303.

Callon, M. and Latour, B. (1992) 'Don't Throw the Baby Out with the Bath School,' in A. Pickering (ed.) *Science as Practice and Culture*, Chicago: University of Chicago Press.

Callon, M. and Law, J. (1989) 'On the Construction of Sociotechnical Networks: Content and Context Revisited,' in L. Hargens, R. A. Jones, and A. Pickering (eds) *Knowledge and Society: Studies in the Sociology of Science, Past and Present*, vol. 8, Greenwich CT: JM Press, 57-83.

Cambrosio, A. and Keating, P. (1988) 'Going Monoclonal: Art, Science, and Magic in the Day-to-Day Use of Hybridoma Technology,' *Social Problems* 35: 244-260.

Cancian, F. M. (1975) *What are Norms? A Study of Beliefs and Action in a Maya Community*, Cambridge: Cambridge University Press.

Cartwright, N. (1983) *How the Laws of Physics Lie*, Oxford: Oxford University Press.

Cawelti, J. G. (1976) *Adventure, Mystery, and Romance: Formula Stories as Art and Popular Culture*, Chicago: University of Chicago Press.

Cerbone, D. R. (1995) 'World, World-entry, and Realism in Early Heidegger,' *Inquiry* 38: 401-421.

de Certeau, M. (1990) *L'invention du quotidien*, vol. 1: *Arts de faire*, new edn, ed. and intro. Luce Giard (1st edn 1980), Paris: Gallimard.

Cerulo, K. A. (1995) *Identity Designs: The Sights and Sounds of a Nation*, New Brunswick: Rutgers University Press.

Cicourel, A. (1968) *The Social Organization of Juvenile Justice*, New York: Wiley.

Cicourel, A. (1974a) *Cognitive Sociology: Language and Learning in Social Interaction*, Harmondsworth: Penguin.

Cicourel, A. (1974b) *Theory and Method in a Study of Argentine Fertility*, New York: Wiley.

Collier, J. F. (1997) *From Duty to Desire: Remaking Families in a Spanish Village*, Princeton NJ: Princeton University Press.

Collins, H. M. (1974) 'The TEA Set: Tacit Knowledge and Scientific Networks,' *Science Studies* 4: 165-186; reprinted (1999) in M. Bagioli (ed.) *The Science Studies Reader*, New York and London: Routledge, 95-109.

Collins, H. M. (1990) *Artificial Experts: Social Knowledge and Intelligent Machines*, Cambridge MA: MIT Press.

Collins, H. M. (1992) *Changing Order: Replication and Induction in Scientific*

Practice, Chicago: University of Chicago Press; 1st edn 1985, Beverly Hills and London: sage

Collins, H. M. (1998) 'Socialness and the Undersocialised Conception of Society,' *Science, Technology and Human Values* 23 (4):494 - 516.

Collins, H. M. and Kusch, M. (1995a) 'Automating Airpumps: An Empirical and Conceptual Analysis,' *Technology and Culture* 36 (4):802 - 829.

Collins, H. M. and Kusch, M. (1995b) 'Two Kinds of Actions: A Phenomenological Study,' *Philosophy and Phenomenological Research* 55 (4): 799 - 819.

Collins, H. M. and Kusch, M. (1998) *The Shape of Actions: What Humans and Machines Can Do*, Cambridge MA: MIT Press.

Collins, H. M. and Pinch, T. J. (1993) *The Golem: What Everyone Needs to Know About Science*, Cambridge and New York: Cambridge University Press.

Collins, H. M. and Yearley, S. (1992) 'Epistemological Chicken,' in A. Pickering (ed.) *Science as Practice and Culture*, Chicago: University of Chicago Press, 301 - 326.

Collins, R. (1981) 'On the Microfoundations of Macrosociology,' *American Journal of Sociology* 86:984 - 1014.

Conein, B. (1997) 'L'action avec les objets. Un autre visage de l'action située?,' in B.

Conein and L. Thévenot (eds) *Cognition et information en société*, Paris: Ed. de l'Ecole des Hautes Etudes en Sciences Sociales (Raisons pratiques 8), 25 - 45.

Conein, B. and Jacopin, E. (1993) 'Les objets dans l'espace; la planification dans l'action,' in B. Conein, N. Dodier, and L. Thévenot (eds) *Les objets dans l'action*, Paris: Ed. de l'Ecole des Hautes Etudes en Sciences Sociales (Raisons pratiques 4), 59 - 84.

Conein, B. and Thévenot, L. (eds) (1997) *Cognition et information en société*, Paris: Ed. de l'Ecole des Hautes Etudes en Sciences Sociales (Raisons pratiques 8).

Conein, B., Dodier, N., and Thévenot, L. (eds) (1993) *Les objets dans l'action*, Paris: Ed. de l'Ecole des Hautes Etudes en Sciences Sociales (Raisons pratiques 4).

Cooper, C. L. and Mumford, E. (eds) (1979) *The Quality of Working Life in Western and Eastern Europe*, Westport CT: Greenwood Press.

Coulter, J. (1982) 'Remarks on the Conceptualization of Social Structure,' *Philosophy of the Social Sciences* 12(1): 33 - 46.

Coulter, J. (1989) *Mind in Action*, Atlantic Highlands NJ: Humanities Press International.

Coulter, J. (1991) 'Logic: Ethnomethodology and the Logic of Language,' in G. Button (ed.) *Ethnomethodology and the Human Sciences*, Cambridge: Cambridge University Press, 20 - 50.

Crothers, D. (1987) 'How to Pot Black with some Angular Momentum and a Touch of Gravity,' *The Guardian*, August 27, 4.

D'Andrade, R. G. (1984) 'Cultural Meaning Systems,' in R. A. Shweder and R. A. LeVine (eds) *Culture Theory: Essays on Mind, Self and Emotion*, Cambridge: Cambridge University Press.

Danto, A. (1965) 'Basic Actions,' *American Philosophical Quarterly* 2 (2): 141-148.

Daston, L. (1994) 'Enlightenment Calculations,' *Critical Inquiry* 21:182-202.

Davidson, D. (1977) 'The Method of Truth in Metaphysics,' *Midwest Studies in Philosophy* 2:244-254.

Davidson, D. (1984) 'On the Very Idea of a Conceptual Scheme', 'The Inscrutability of Reference,' and 'What Metaphors Mean,' in *Inquiries into Truth and Interpretation*, Oxford: Clarendon Press, 183-198, 227-241, and 245-264.

Davidson, D. (1986) 'A Nice Derangement of Epitaphs,' in E. Lepore (ed.) *Truth and Interpretation: Essays on the Philosophy of Donald Davidson*, Oxford: Blackwell, 433-446.

Davidson, D. (1991) 'Three Varieties of Knowledge,' in A. P. Griffiths (ed.) *A. J. Ayer, Memorial Essays*, Royal Institute of Philosophy, supplement 30, Cambridge: Cambridge University Press, 153-166.

De Landa, M. (1991) *War in the Age of Intelligent Machines*, New York: Swerve Editions.

Deleuze, G. and Guattari, F. (1987) *A Thousand Plateaus: Capitalism and Schizophrenia*, Minneapolis: University of Minnesota Press.

Dennett, D. (1987) *The Intentional Stance*, Cambridge MA: MIT Press.

Derrida, J. (1981a) *Dissemination*, trans. Barbara Johnson, Chicago: University of Chicago Press.

Derrida, J. (1981b) *Positions*, trans. Alan Bass, Chicago: University of Chicago Press.

Derrida, J. (1988a) 'Signature Event Context,' trans. Samuel Weber and Jeffrey Mehlman, *in Limited Inc.*, Evanston IL: Northwestern University Press.

Derrida, J. (1988b) 'Limited Inc a b c,' trans. Samuel Weber, in *Limited Inc.*, Evanston IL: Northwestern University Press.

Derrida, J. (1988c) 'Afterword,' trans. Samuel Weber, in *Limited Inc.*, Evanston IL: Northwestern University Press.

Derrida, J. (1990) 'Force of Law: The Mystical Foundation of Authority,' *Cardozo Law Review* 11:919-1045.

Derrida, J. (1992) *Given Time*, trans. Peggy Kamuf, Chicago: University of Chicago Press.

Desrosi res, A. (1998) *The Politics of Large Numbers. A History of Statistical Reasoning*, Cambridge MA: Harvard University Press.

Dewey, J. (1960) 'Need for a Recovery of Philosophy,' in R. J. Bernstein (ed.) *On Experience, Nature, and Freedom: Representative Selections*, New York: BobbsMerrill, 19 – 69.

Dodier, N. (1993a) *L'expertise médicale. Essai de sociologie sur l'exercise du jugement*, Paris: Métailié.

Dodier, N. (1993b) 'Action as a Combination of "Common Worlds,"' *Sociological Review* 41 (3): 556 – 571.

Dodier, N. (1995) *Les Hommes et les machines*, Paris: Métailié.

Dosse, F. (1998) *Empire of Meaning: The Humanization of the Social Sciences*, Minneapolis: University of Minnesota Press.

Dreeben, R. (1968) *On What is Learned in School*, Reading MA: Addison Wesley.

Dreyfus, H. (1972) *What Computers Can't Do*, New York: Harper and Row.

Dreyfus, H. (1991) *Being-in-the-World: A Commentary on Heidegger's Being and Time, Division One*, Cambridge MA: MIT Press; new edn 1995.

Dreyfus, H. (1993) *What Computers Still Can't Do*, Cambridge MA: MIT Press.

Dreyfus, H. and Dreyfus, S. E. (1986) *Mind over Machine: The Power of Human Intuition*, Oxford: Blackwell.

Drucker, P. G. (1993) *Post-Capitalist Society*, New York: HarperCollins.

Easterbrook, S. (ed.) (1993) *CSCW: Cooperation or Conflict?*, London: SpringerVerlag.

Eglin, P. and Hester, S. (1992) 'Category, Predicate and Task: The Pragmatics of Practical Action,' *Semiotica* 88 (34): 243 – 268.

Eliasoph, N. (1998) *Avoiding Politics: How Americans Produce Apathy in Everyday Life*, Cambridge: Cambridge University Press.

Elichirigoity, I. (1999) *Planet Management: Limits to Growth, Computer Simulation, and the Emergence of Global Spaces*, Evanston IL: Northwestern University Press.

Fell, J. P. (1992) 'The Familiar and the Strange: On the Limits of Praxis in Early Heidegger,' in H. L. Dreyfus and H. Hall (eds) *Heidegger: A Critical Reader*, Oxford: Blackwell.

Fine, A. (1986) *The Shaky Game*, Chicago: University of Chicago Press.

Fleck, L. (1979) *Genesis and Development of a Scientific Fact*, Chicago: University of Chicago Press.

Fϕllesdal, D. (1986) 'Essentialism and Reference,' in *The Library of Living Philosophers*, vol. 18: *The Philosophy of W. V. Quine*, La Salle IL: Open Court.

Fϕllesdal, D. (1996) 'Conceptual Change and Reference,' *Cognitio humana-Dynamik des Wissens und der Werte*, XVII Deutscher Kongreβ' für Philosophie, Leipzig, September 23 – 27, 1996, lectures and colloquiums, ed. Christoph Hubig.

Foucault, M. (1965) *Madness and Civilization: A History of Insanity in the Age of Reason*, trans. R. Howard, New York: Random House.

Foucault, M. (1975) *Surveiller et punir*, Paris: Gallimard.

Foucault, M. (1976) *The Archaeology of Knowledge*, trans. A. M. Sheridan Smith, New York: Harper and Row.

Foucault, M. (1978) *The History of Sexuality*, vol. 1, trans. R. Hurley, New York: Pantheon.

Foucault, M. (1979) *Discipline and Punish*, trans. Alan Sheridan, New York: Vintage.

Foucault, M. (1980) *Power/Knowledge*, ed. Colin Gordon, New York: Pantheon.

Foucault, M. (1983) 'Afterword: The Subject and Power,' in H. Dreyfus and P. Rabinow (eds) *Michel Foucault: Beyond Structuralism and Hermeneutics*, 2nd edn, Chicago: University of Chicago Press.

Frisby, D. and Sayer, D. (1986) *Society*, New York: Tavistock-Horwood-Methuen.

Fujimura, J. (1992) 'Crafting Science: Standardized Packages, Boundary Objects, and "Translations,"' in A. Pickering (ed.) *Science as Practice and Culture*, Chicago: University of Chicago Press, 168 - 211.

Fulbrook, M. (1983) *Piety and Politics: Religion and the Rise of Absolutism in England, W rttemberg, and Prussia*, Cambridge: Cambridge University Press.

Fuller, S. (1989) *Philosophy of Science and its Discontents*, Boulder CO: Westview Press.

Fuller, S. (1992) 'Social Epistemology and the Research Agenda of Science Studies,' in A. Pickering (ed.) *Science as Practice and Culture*, Chicago: University of Chicago Press, 390 - 428.

Garfinkel, H. (1960) 'Parsons' Primer: Ad Hoc Uses,' unpublished manuscript, Department of Sociology, University of California, Los Angeles.

Garfinkel, H. (1964) 'A Conception of, and Experiments with, "Trust" as a Condition of Stable Concerted Actions,' in O. J. Harvey (ed.) *Motivation and Social Interaction*, New York: Ronald Press, 187 - 238.

Garfinkel, H. (1967) *Studies in Ethnomethodology*, Englewood Cliffs NJ: Prentice Hall.

Garfinkel, H. (1991) 'Respecification: Evidence for Locally Produced, Naturally Accountable Phenomena of Order, Logic, Reason, Meaning, Method, etc. in and as of the Essential Haecceity of Immortal Ordinary Society (I)-An Announcement of Studies,' in G. Button (ed.) *Ethnomethodology and the Human Sciences*, Cambridge: Cambridge University Press, 10 - 19.

Garfinkel, H. and Sacks, H. (1970) 'On Formal Structures of Practical Actions,' in J. C. McKinney and E. A. Tiryakian (eds) *Theoretical Sociology: Perspectives and Development*, New York: Appleton-Century-Crofts, 337 - 366.

Geertz, C. (1973) *The Interpretation of Cultures*, New York: Basic Books.

Geertz, C. (1976) 'Art as a Cultural System,' *Modern Language Notes* 91: 1473-1499.

Geison, G. (1995) *The Private Science of Louis Pasteur*, Princeton NJ: Princeton University Press.

Geison, G. (1996) 'Pasteur and the Culture Wars: A Critical Exchange,' *New York Review of Books* 43 (April 4): 68-69.

Gibbard, A. (1990) *Wise Choices, Apt Feelings: A Theory of Normative Judgment*, Oxford: Clarendon Press.

Giddens, A. (1979) *Central Problems in Social Theory*, Berkeley: University of California Press.

Giddens, A. (1981) *A Contemporary Critique of Historical Materialism*, vol. 1, *Power, Property and the State*, London: Macmillan.

Giddens, A. (1984) *The Constitution of Society*, Berkeley: University of California Press; Cambridge: Polity Press.

Giddens, A. (1990) *The Consequences of Modernity*, Stanford: Stanford University Press.

Giddens, A. (1991) *Modernity and Self-Identity*, Stanford: Stanford University Press.

Goodman, N. (1983) 'The Problem of Counterfactual Conditionals,' Chapter 1 of N.

Goodman, *Fact, Fiction, and Forecast*, 4th edn, Cambridge MA: Harvard University Press.

Goffman, E. (1967) *Interaction Ritual: Essays on Face-to-Face Behavior*, Garden City NY: Doubleday.

Goffman, E. (1971) *Relations in Public: Microstudies of the Public Order*, New York: Basic Books.

Greenberg, J.R. and Mitchell, S. A. (1983) *Object Relations in Psychoanalytic Theory*, Cambridge MA: Harvard University Press.

Greenstone, J. D. (1993) *The Lincoln Persuasion: Remaking American Liberalism*, Princeton NJ: Princeton University Press.

Habermas, J. (1981) *Theorie des kommunikativen Handelns*, Frankfurt/M.: Suhrkamp.

Habermas, J. (1984) *The Theory of Communicative Reason*, vol. 1, trans. Thomas McCarthy, Boston: Beacon Press.

Habermas, J. (1987) *The Theory of Communicative Reason*, vol. 2, trans. Thomas McCarthy, Boston: Beacon Press.

Hacking, I. (1983) *Representing and Intervening*, Cambridge: Cambridge University Press.

Haraway, D. (1991) 'A Cyborg Manifesto: Science, Technology, and SocialistFeminism in the Late Twentieth Century,' in D. Haraway, *Simians*,

Cyborgs, *and Women*, London: Free Association Books, 149 - 181.

Hartz, L. (1955) *The Liberal Tradition in America*, New York: Harcourt Brace and World.

Haudricourt, A.-G. (1987) *La technologie science humaine*, preface F. Sigaut, Paris: Ed. de la Maison des Sciences de l'Homme.

Haugeland, J. (1990) The Intentionality All-Stars,' in J. E. Tomberlin (ed.) *Philosophical Perspectives*, vol. 4: *Action Theory and Philosophy of Mind*, Ataxadero CA: Ridgeview.

Heal, J. (1995) 'Replication and Functionalism,' in M. Davies and T. Stone (eds) *Folk Psychology: The Theory of Mind Debate*, Oxford: Blackwell.

Hegel, G. (1977) *Phenomenology of Spirit*, trans. A. V. Miller, Oxford: Oxford University Press.

Heidegger, M. (1959) *Introduction to Metaphysics*, New Haven: Yale University Press.

Heidegger, M. (1971a) 'The Way to Language,' trans. Peter D. Hertz, in *On the Way to Language*, San Francisco: Harper and Row.

Heidegger, M. (1971b) 'Building Dwelling Thinking,' trans. A. Hofstadter, in *Poetry*, *Language*, *Thought*, New York: Harper and Row.

Heidegger, M. (1971c) 'The Thing,' trans. A. Hofstadter, in *Poetry*, *Language*, *Thought*, New York: Harper and Row.

Heidegger, M. (1977a) 'What is Metaphysics,' in *Basic Writings*, trans. D. Farrel Krell, New York: Harper.

Heidegger, M. (1977b) 'The Age of the World Picture,' in *The Question Concerning Technology and Other Essays*, trans. W. Lovitt, New York: Harper Torchbooks.

Heidegger, M. (1977c) 'Science and Reflection,' in *The Question Concerning Technology and Other Essays*, trans. W. Lovitt, New York: Harper Torchbooks.

Heidegger, M. (1978) *Being and Time*, trans. J. Macquarie and E. Robinson, Oxford: Blackwell; 1962 edn New York: Harper and Row; 1996 edn, trans. J. Stambaugh, Albany: State University of New York.

Heidegger, M. (1982) *The Basic Problems of Phenomenology*, trans. A. Hofstadter, Bloomington: Indiana University Press.

Heidegger, M. (1984) *Metaphysical Foundations of Logic*, Bloomington: Indiana University Press.

Heidegger, M. (1985a) *The History of the Concept of Time*, Bloomington: Indiana University Press.

Heidegger, M. (1985b) *Gesamtausgabe*, *Band* 61, *Ph nomenologische Interpretationen zu Aristoteles*, Frankfurt: Vittorio Klostermann.

Hempel, C. (1966) *Philosophy of Natural Science*, Englewood Cliffs NJ: Prentice Hall.

Héran, F. (1987) 'La seconde nature de l'habitus. Tradition philosophique et sens commun dans le langage sociologique,' *Revue Française de Sociologie* XXVIII: 385 - 416.

Heritage, J. (1984) *Garfinkel and Ethnomethodology*, Cambridge: Polity Press.

Heritage, J. and Atkinson, J.M. (1984) 'Introduction,' in J.M. Atkinson and J. Heritage (eds) *Structures of Social Action: Studies in Conversation Analysis*, Cambridge: Cambridge University Press, 1 - 15.

Hessen, B. (1971) *The Social and Economic Roots of Newton's* Principia,' New York: Howard Fertig.

Hewitt, J. P. (1989) *Dilemmas of the American Self*, Philadelphia: Temple University Press.

Hilbert, R.A. (1990) 'Ethnomethodology and the Micro-Macro Order,' *American Sociological Review* 55:794 - 808.

Hilbert, R. A. (1992) *The Classical Roots of Ethnomethodology: Durkheim, Weber and Garfinkel*, Chapel Hill NC: University of North Carolina Press.

Hill, R.J. (1981) 'Attitudes and Behavior,' in M. Rosenberg and R. Turner (eds) *Social Psychology: Sociological Perspectives*, New York: Basic Books.

Horwitz, R.H. (ed.) (1979) *The Moral Foundations of the American Republic*, 2nd edn, Charlottesville: University Press of Virginia.

Inglehart, R. (1977) *The Silent Revolution: Changing Values and Political Styles*, Princeton NJ: Princeton University Press.

Jameson, F. (1991) *Postmodernism, Or, The Cultural Logic of Late Capitalism*, Durham NC: Duke University Press.

Jayyusi, L. (1984) *Categorization and the Moral Order*, Boston: Routledge and Kegan Paul.

Jenkins, S.P.R. (1994) 'Conscious and Unconscious Control in Highly Learned Motor Actions,' Ph. D. dissertation, Department of Experimental Psychology, University of Oxford.

Jepperson, R. L. (1992) 'National Scripts: The Varying Construction of Individualism and Opinion across the Modern Nation-States,' doctoral dissertation, Yale University.

Jirotha, M. and Gognen, J. (eds) (1994) *Requirements Engineering: Social and Technical Issues*, London: Academic Press.

Joas, H. (1993) *Pragmatism and Social Theory*, Chicago: University of Chicago Press.

Jordan, K. and Lynch, M. (1993) 'The Mainstreaming of a Molecular Biological Tool: A Case Study of a New Technique,' in G. Button (ed.) *Technology in Working Order: Studies in Work, Interaction and Technology*, London and New York: Routledge, 160 - 80.

Kalberg, S. (1994) *Max Weber's Comparative Historical Sociology*, Chicago: University of Chicago Press.

Keesing, R. M. (1974) 'Theories of Culture,' *Annual Review of Anthropology* 3: 73-97, Palo Alto: Annual Reviews Inc.

Knorr Cetina, K. (1981) *The Manufacture of Knowledge. An Essay on the Constructivist and Contextual Nature of Science*, Oxford and New York: Pergamon Press.

Knorr Cetina, K. (1992) 'The Couch, the Cathedral, and the Laboratory: On the Relationship between Experiment and Laboratory in Science,' in A. Pickering (ed.) *Science as Practice and Culture*, Chicago: University of Chicago Press, 113-38.

Knorr Cetina, K. (1993) *Epistemic Cultures: How Scientists Make Sense*, Chicago: University of Chicago Press.

Knorr Cetina, K. (1997) 'Sociality with Objects. Social Relations in Postsocial Knowledge Societies,' *Theory, Culture and Society* 14 (4): 1-30.

Knorr Cetina, K. (1999) *Epistemic Cultures. How the Sciences Make Knowledge*, Cambridge MA: Harvard University Press.

Knorr Cetina, K. and Cicourel, A. V. (eds) (1981) *Advances in Social Theory and Methodology: Toward an Integration of Micro- and Macro-Sociologies*, Boston: Routledge and Kegan Paul.

Knorr Cetina, K. and Mulkay, M. (eds) (1983) *Science Observed: Perspectives on the Social Study of Science*, London and Beverly Hills: Sage.

Krechevsky, I. (1932) 'Hypothesis in Rats,' *Psychological Review* 39: 516-532.

Kripke, S. (1980) *Naming and Necessity*, Cambridge MA: Harvard University Press.

Kripke, S. (1982) *Wittgenstein on Rules and Private Language*, Oxford: Blackwell.

Krohn, W. and Weyer, J. (1994) 'Society as a Laboratory: The Social Risks of Experimental Research,' *Science and Public Policy* 21(3): 173-183.

Kuhn, T. (1970) *The Structure of Scien tific Revolutions*, 2nd edn, Chicago: University of Chicago Press.

Kuhn, T. (1977) 'Second Thoughts on Paradigms,' in T. Kuhn, *The Essential Tension*, Chicago: University of Chicago Press.

Lacan, J. (1975) *The Language of the Self*, New York: Dell.

Lacan, J. and Wilden, A. (1968) *Speech and Language in Psychoanalysis*, Baltimore: Johns Hopkins University Press.

Laclau, E. and Mouffe, C. (1985) *Hegemony and Socialist Strategy*, London: Verso.

Lamont, M. (1992) *Money, Morals, and Manners: The Culture of the French and American Upper-Middle Class*, Chicago: University of Chicago Press.

Lash, S. and Urry, J. (1994) *Economies of Signs and Space*, London: Sage.

Latour, B. (1987) *Science in Action: How to Follow Scientists and Engineers through Society*, Cambridge MA: Harvard University Press; Milton Keynes:

Open University Press.

Latour, B. (1988) 'Mixing Humans and Nonhumans Together: The Sociology of a Door Closer,' *Social Problems* 35:298 - 310.

Latour, B. (1993) *We Have Never Been Modern*, Cambridge MA: Harvard University Press.

Lave, J. (1988) *Cognition in Practice: Mind, Mathematics, and Culture in Everyday Life*, Cambridge: Cambridge University Press.

Law, J. (1998) 'Political Philosophy and Disabled Specificities,' submitted, and at http:// www. comp. lancs/ac. uk/sociology/soc026jl. html Law, J. and Mol, A. (1995) 'Notes on Materiality and Sociality,' *Sociological Review* 43: 274 - 294.

Lenat, D., Prakash, M., and Shepherd, M. (1986) 'CYC: Using Common Sense Knowledge to Overcome Brittleness and Knowledge Acquisition Bottlenecks,' *AI Magazine* 6 (4):65 - 85.

Lenoir, T. (1997) *Instituting Science: The Cultural Production of Scientific Disciplines*, Stanford: Stanford University Press.

Leroi-Gourhan, A. (1964) *Le geste et la parole. Technique et langage*, Paris: AlbinMichel.

Lipset, S. M. (1990) *Continental Divide: The Values and Institutions of the United States and Canada*, New York: Routledge.

Lynch, M. (1985) 'La rétine extériorisé,' *Culture Technique* 14:109 - 122.

Lynch, M. (1993) *Scientific Practice and Ordinary Action: Ethnomethodology and Social Studies of Science*, New York and Cambridge: Cambridge University Press.

Lynch, M. (1996) 'Detoxifying the 'Poison Pen' Effect,' in A. Ross (ed.) *Science Wars*, Durham NC: Duke University Press, 238 - 258.

Lynch, M. and Bogen, D. (1994) 'Harvey Sacks's Primitive Natural Science,' *Theory, Culture and Society* 11:65 - 104.

Lyotard, J.-F. (1984) *The Postmodern Condition: A Report on Knowledge*, trans. Geoff Bennington and Brian Massumi, Minneapolis: University of Minnesota Press.

Lyotard, J.-F. (1988) *The Differend: Phrases in Dispute*, trans. Georges Van Den Abbeele, Minneapolis: University of Minnesota Press.

Macbeth, D. (1992) 'Classroom 'Floors': Material Organizations as a Course of Affairs,' *Qualitative Sociology* 15:123 - 150.

McGinn, C. (1984) *Wittgenstein on Meaning: An Interpretation and Evaluation*, Oxford: Blackwell.

MacIntyre, A. (1981) *After Virtue*, Notre Dame IN: University of Notre Dame Press; London: Duckworth.

MacKenzie, D. and Spinardi, G. (1995) 'Tacit Knowledge, Weapons Design and the Uninvention of Nuclear Weapons,' American Journal of Sociology 101:44 - 99.

McNeely, C. L. (1995) *Constructing the Nation State: International Organization and Prescriptive Action*, Westport, CN: Garland Press.

Malpas, J. E. (1992) *Donald Davidson and the Mirror of Meaning*, Cambridge: Cambridge University Press.

Mannheim, K. (1953) 'Conservative Thought,' in K. Mannheim, *Essays on Sociology and Social Psychology*, London: Routledge and Kegan Paul.

Maturana, H. R. and Varela, F. J. (1992) *The Tree of Knowledge: The Biological Roots of Human Understanding*, rev. edn, Boston: Shambala.

Mauss, M. (1927) 'Divisions et proportions des divisions de la sociologie,' *Année Sociologique*, new series 2; republished as 'Division concrète de la sociologie,' in M. Mauss (1971) *Essais de sociologie*, Paris: Editions de Minuit, Col. Points, 42-80.

Mauss, M. (1934) 'Les techniques du corps,' *Journal de Psychologie* XXXII (3-4); republished in M. Mauss (1950) *Sociologie et anthropologie*, intro. C. Lévi-Strauss, Paris: PUF, 365-386.

Mead, G. H. (1934) *Mind, Self and Society*, ed. Ch. W. Morris, Chicago: University of Chicago Press.

Merleau-Ponty, M. (1964) *Le Visible et l'invisible*, followed by *Notes de travail*, ed. Claude Lefort with a note and preface, Paris: Gallimard.

Merleau-Ponty, M. (1983) *The Structure of Behavior*, trans. Alden L. Fisher, Pittsburgh: Duquesne University Press.

Merleau-Ponty, M. (1989) *Le primat de la perception et ses conséquences philosophiques*, Grenoble: Cynara.

Merz, M. (1997) 'Multiplex and Unfolding: Computer Simulation in Particle Physics,' paper presented at the Annual Meeting of the Society for Social Studies of Science, Tucson.

Merz, M. and Knorr Cetina, K. (1997) 'Deconstruction in a Thinking' Science,' *Social Studies of Science* 27 (1): 73-111.

Metz, M. H. (1978) *Classrooms and Corridors: The Crisis of Authority in Desegregated Secondary Schools*, Berkeley: University of California Press.

Meyer, J. W. (1987) 'The World Polity and the Authority of the Nation State,' in G.

M. Thomas, J. W. Meyer, F. O. Ramirez, and J. Boli, *Constituting State, Society, and the Individual*, Beverly Hills: Sage.

Meyer, J. W. and Rowan, B. (1983) 'Institutionalized Organizations: Formal Structure as Myth and Ceremony,' in J. W. Meyer and W. R. Scott, *Organizational Environments: Ritual and Rationality*, Beverly Hills: Sage.

Meyers, P. (1989) *A Theory of Power: Political not Metaphysical*, Ann Arbor: University of Michigan Press.

Meyers, P. (1991) 'A Partial Answer to the Question 'Why is the Private/Public Distinction Important for Politics?',' paper presented to the Annual Meeting of

the American Political Science Association.
Meyers, P. (1995) 'Theses on the Genealogy of the Will,' paper presented to the Annual Meeting of the American Political Science Association.
Meyers, P. (1998) 'The 'Ethic of Care' and the Problem of Power,' *Journal of Political Philosophy* 6 (2): 142 - 170.
Miller, P. and Rose, N. (1995) 'Production, Identity and Democracy,' *Theory and Society* 24: 427 - 467.
Mitchell, T. (1991) 'The Limits of the State: Beyond Statist Approaches and their Critics,' *American Political Science Review* 85 (1): 77 - 96.
Noble, D. F. (1986) *Forces of Production: A Social History of Industrial Automation*, Oxford: Oxford University Press.
Norman, D. (1989) *The Design of Everyday Things*, New York: Doubleday.
Nyiri, J. (1976) 'Wittgenstein's New Traditionalism,' *Acta Philosophica Fennica* 28: 503 - 512.
Nyiri, J. (1982) 'Wittgenstein's Later Work in Relation to Conservatism,' in M. McGuinness (ed.) *Wittgenstein and his Times*, Oxford: Blackwell.
Oakeshott, M. (1975) *Human Conduct*, Oxford: Clarendon Press.
Oakeshott, M. (1991) *Rationalism in Politics and Other Essays*, Indianapolis: Liberty Press.
Oakeshott, M. (1992) 'The Tower of Babel,' in M. Oakeshott, *Rationalism in Politics and Other Essays*, new and expanded edn, Indianapolis: Liberty Press.
Ortner, S. (1984) 'Theory in Anthropology since the Sixties,' *Comparative Study of Society and History* 16: 126 - 166.
Oteri, J. S., Weinberg, M. G., and Pinales, M. S. (1982) 'Cross-examination in Drug Cases,' in B. Barnes and D. Edge (eds) *Science in Context: Readings in the Sociology of Science*, Milton Keynes: Open University Press, 250 - 259.
Parsons, T. (1949) *The Structure of Social Action*, New York: Free Press.
Parsons, T. (1965) 'An Outline of the Social System,' in T. Parsons, E. Shils, K. D.
Naegele, and J. R. Pitts (eds) *Theories of Society: Foundations of Modern Sociological Theory*, New York: Free Press, 30 - 79.
Parsons, T. (1966) *Societies: Evolutionary and Comparative Perspectives*, Englewood Cliffs NJ: Prentice Hall.
Perutz, M. (1995) 'The Pioneer Defended,' *New York Review of Books* 42 (December 21): 54 - 58.
Pickering, A. (ed.) (1992a) *Science as Practice and Culture*, Chicago: University of Chicago Press.
Pickering, A. (1992b) 'The Rad Lab and the World,' essay review of J. L. Heilbron and R. W. Seidel, *Lawrence and his Laboratory: A History of the Lawrence Berkeley Laboratory*, vol. I (Berkeley: University of California Press,

1989), *British Journal for the History of Science* 25:247 - 251.

Pickering, A. (1993) 'The Mangle of Practice: Agency and Emergence in the Sociology of Science,' *American Journal of Sociology* 99:559 - 589.

Pickering A. (1995a) *The Mangle of Practice: Time, Agency, and Science*, Chicago: University of Chicago Press.

Pickering, A. (1995b) 'Cyborg History and the World War II Regime,' *Perspectives on Science* 3:1 - 48.

Pickering, A. (1997a) 'Time and a Theory of the Visible,' *Human Studies* 20:325 - 333.

Pickering, A. (1997b) 'History of Economics and the History of Agency,' in J. Henderson (ed.) *The State of the History of Economics: Proceedings of the History of Economics Society*, London: Routledge, 6 - 18.

Pickering, A. (1998) 'A Gallery of Monsters: Cybernetics and Self-Organisation, 1940 - 1970,' talk presented at the weekly seminar of the Dibner Institute for the History of Science and Technology, MIT, December 1, 1998.

Pickering, A. (forthcoming a) 'Units of Analysis: Notes on World War II as a Discontinuity in the Social and Cyborg Sciences,' to appear in Esther-Mirjam Sent and Albert Jolink (eds) *Economists at War: The Influence of the Practice of World War II and the Cold War in the Culture of Economics*.

Pickering, A. (forthcoming b) 'On Becoming: Imagination, Metaphysics and the Mangle,' to appear in Niels Viggo Hansen (ed.) *Time, Heat and Order*.

Pickering, A. (in prep.) 'Synthetic Dyes and Social Theory.'

Pleasants, N. (1996) 'Nothing is Concealed: De-centering Tacit Knowledge and Rules from Social Theory,' *Journal for the Theory of Social Behavior* 26:233 -255.

Polanyi, M. (1958) *Personal Knowledge*, London: Routledge and Kegan Paul; Chicago: University of Chicago Press.

Powell, W. and DiMaggio, P. (1991) *The New Institutionalism in Organizational Analysis*, Chicago: University of Chicago Press.

Rheinberger, H.-J. (1992) 'Experiment, Difference, and Writing: I. Tracing Protein Synthesis,' *Studies in the History and Philosophy of Science* 23 (2):305 - 441.

Rheinberger, H.-J. (1994) 'Experimental Systems: Historiality, Deconstruction, and the "Epistemic Thing,"' *Science in Context* 7:65 - 81.

Rheinberger, H.-J. (1997) *Towards a History of Epistemic Things: Synthesizing Proteins in the Test Tube*, Stanford: Stanford University Press.

Rheingold, H. (1991) *Virtual Reality*, New York: Simon and Schuster.

Roberts, S. (1981) *Don't Cry, Big Bird*, New York: Random House/Children's Television Workshop.

Rokeach, M. (1973) *The Nature of Human Values*, New York: Free Press.

Rouse, J. (1987) *Knowledge and Power: Toward a Political Philosophy of*

Science, Ithaca: Cornell University Press.
Rouse, J. (1991) 'Indeterminacy, Empirical Evidence, and Methodological Pluralism,' *Synthèse* 86:443 – 465.
Rouse, J. (1993) 'Foucault and the Natural Sciences,' in J. Caputo and M. Yount (eds) *Foucault and the Critique of Institutions*, State College: Pennsylvania State University Press, 137 – 162.
Rouse, J. (1994) 'Power/Knowledge,' in G. Gutting (ed.) *The Cambridge Companion to Foucault*, Cambridge: Cambridge University Press, 92 – 114.
Rouse, J. (1996a) 'Beyond Epistemic Sovereignty,' in P. Galison and D. Stump (eds) *The Disunity of Science: Boundaries, Contexts, and Power*, Stanford: Stanford University Press.
Rouse, J. (1996b) *Engaging Science: How to Understand its Practices Philosophically*, Ithaca: Cornell University Press.
Sacks, H. (1963) 'Sociological Description,' *Berkeley Journal of Sociology* 8:1 – 16.
Sacks, H. (1972) 'An Initial Investigation of the Usability of Conversational Data for Doing Sociology,' in D. Sudnow (ed.) *Studies in Social Interaction*, New York: Free Press.
Sacks, H. (1974) 'On the Analyzability of Stories by Children,' in R. Turner (ed.) *Ethnomethodology*, Harmondsworth: Penguin.
Sacks, H. (1979) 'Hotrodder: A Revolutionary Category,' in G. Psathas (ed.) *Everyday Language*, New York: Irvington.
Sacks, H. (1992) *Lectures on Conversation*, vol. 1, ed. Gail Jefferson, Oxford: Blackwell.
Sacks, H. and Schegloff, E. A. (1979) 'Two Preferences in the Organization of Reference to Persons and their Interaction,' in G. Psathas (ed.) *Everyday Language*, New York: Irvington.
Sacks, H., Schegloff, E. A., and Jefferson, G. (1974) 'A Simplest Systematics for the Organization of Turn-Taking in Conversation,' *Language* 50:696 – 735.
Sartre, J.-P. (1962) *Sketch for a Theory of the Emotions*, trans. Philip Mairet, London: Methuen.
Savigny, E. von (1988) *The Social Foundations of Meaning*, Berlin: Springer-Verlag.
Schaffer, S. (1994) 'Babbage's Intelligence: Calculating Engines and the Factory System,' *Critical Inquiry* 21:203 – 227.
Schatzki, T. (1987) 'Overdue Analysis of Bourdieu's Theory of Practice,' *Inquiry* 30 – 31: 113 – 135.
Schatzki, T. (1996) *Social Practices: A Wittgensteinian Approach to Human Activity and the Social*, New York and Cambridge: Cambridge University Press.
Schatzki, T. (1997) 'Practices and Actions: A Wittgensteinian Critique of

Bourdieu and Giddens,' *Philosophy and the Social Science* 27 (3):283 - 308.

Schatzki, T. and Natter, W. (1996) 'Sociocultural Bodies, Bodies Sociopolitical,' in T.

Schatzki and W. Natter (eds) *The Social and Political Body*, New York: Guilford Press.

Schegloff, E. A. (1987) 'Between Micro and Macro: Contexts and other Connections,' in J. Alexander, B. Giesen, R. M nch, and N. Smelser (eds) *The Micro-Macro Link*, Berkeley: University of California Press, 207 - 234.

Schivelbusch, W. (1986) *The Railway Journey: The Industrialization of Time and Space in the 19th Century*, Berkeley: University of California Press.

Schuman, H. and Johnson, M. P. (1976) 'Attitudes and Behavior,' *Annual Review of Sociology* 2:161 - 207.

Searle, J. (1969) *Speech Acts: An Essay in the Philosophy of Language*, Cambridge: Cambridge University Press.

Searle, J. (1995) *The Construction of Social Reality*, New York: Free Press; London: Allan Lane.

Searle, J. (1997) 'Reiterating the Differences: A Reply to Derrida,' *Glyph* 1 (1): 198 - 208.

Sewell, W.H. Jr (1985) 'Ideologies and Social Revolutions: Reflections on the French Case,' *Journal of Modern History* 57:57 - 85.

Sewell, W. H. Jr (1992) 'A Theory of Structure: Duality, Agency, and Transformation,' *American Journal of Sociology* 98:1 - 29.

Sewell, W. H. Jr (1996) 'Historical Events as Transformations of Structures: Inventing Revolution at the Bastille,' *Theory and Society* 25:841 - 881.

Skocpol, T. (1985) 'Cultural Idioms and Political Ideologies in the Revolutionary Reconstruction of State Power: A Rejoinder to Sewell,' *Journal of Modern History* 57:86 - 96.

Smolensky, P., Legendre, G., and Miyata, Y. (1993) 'An Integrating Connectionist and Symbolic Computation for the Theory of Language,' *Current Science* 64:381 - 391.

Spinosa, C., Flores, F., and Dreyfus, H. (1996) *Disclosing New Worlds: Entrepreneurship, Democratic Action, and the Cultivation of Solidarity*, Cambridge MA: MIT Press.

Start, S. and Griesemer, J. (1989) 'Institutional Ecology, 'Translations', and Boundary Objects: Amateurs and Professionals in Berkeley's Museum of Vertebrate Zoology, 1907 - 1939,' *Social Studies of Science* 19:387 - 420.

Stehr, N. (1994) *Arbeit, Eigentum und Wissen. Zur Theorie von Wissengesellschaften*, Frankfurt/M.: Suhrkamp.

Stephenson, P. H. (1989) 'Going to McDonald's in Leiden: Reflections on the Concept of Self and Society in the Netherlands,' *Ethos* 17:226 - 247. Stern, D. (1994) *Wittgenstein on Mind and Language*, Oxford: Oxford University

Press.

Stinchcombe, A. L. (1959) 'Bureaucratic and Craft Administration of Production: A Comparative Study,' *Administrative Science Quarterly* 4: 168 - 187.

Sudnow, D. (1978) *Ways of the Hand: The Organization of Improvised Conduct*, Cambridge MA: Harvard University Press.

Swidler, A. (1986) 'Culture in Action: Symbols and Strategies,' *American Sociological Review* 51: 273 - 286.

Swidler, A. (1992) 'Inequality in American Culture: The Persistence of Voluntarism,' *American Behavioral Scientist* 35: 606 - 629.

Swidler, A. and Jepperson, R. L. (1994) 'Interpretation, Explanation, and Theories of Meaning,' paper presented to the American Sociological Association, Los Angeles.

Taylor, C. (1985) *Philosophy and the Human Sciences. Collected Papers*, vol. 2, Cambridge: Cambridge University Press.

Thévenot, L. (1984) 'Rules and Implements: Investment in Forms,' *Social Science Information* 23 (1): 1 - 45.

Thévenot, L. (1989) 'Economie et politique de l'entreprise; économies de lé efficacit éet de la confiance,' in L. Boltanski and L. Thévenot (eds) *Justesse et justice dans le travail*, Paris: Presses Universitaires de France et Centre d'Etudes de l'Emploi, 135 - 207.

Thévenot, L. (1990a) 'L'action qui convient,' in P. Pharo and L. Quér (eds) *Les formes de l'action*, Paris: Ed. de l'Ecole des Hautes Etudes en Sciences Sociales (Raisons pratiques 1), 39 - 69.

Thévenot, L. (1990b) 'On Propriety. Conventions and Objects in a Theory of Action,' paper presented at the 'Conventions' conference, Ecole Polytechnique (CREA) and Stanford University, Paris, March 26 - 28, 1990.

Thévenot, L. (1993) 'Essai sur les objets usuels: propriétés, fonctions, usages,' in B. Conein, N. Dodier, and L. Thévenot (eds) *Les objets dans l'action*, Paris: Ed. de l'Ecole des Hautes Etudes en Sciences Sociales (Raisons pratiques 4), 85 - 111.

Thévenot, L. (1994a) 'Statistique et politique: la normalité 'du collectif,' *Politix* 25: 5 - 20.

Thévenot, L. (1994b) 'Le regime de familiarité; des choses en personnes,' *Genèses* 17: 72 - 101.

Thévenot, L. (1995a) 'New Trends in French Social Sciences,' *Culture* 9 (2): 17.

Thévenot, L. (1995b) 'Rationalité ou normes sociales: une opposition dépassé?,' in L. - A. Gérard-Varet and J. -C. Passeron (eds) *Le Modèle et l'Enquête. Les usages du principe de rationalité dans les sciences sociales*, Paris: Ed. de l'Ecole des Hautes Etudes en Sciences Sociales, 149 - 189.

Thévenot, L. (1997) 'Le savoir au travail. Attribution et distribution des compétences selon les régimes pragmatiques,' in B. Reynaud (ed.) *Les limites de la rationalité*, vol. 2: *Les Figures du collectif*, Paris: La Découverte, 299-321.

Thévenot, L. (1998) 'Pragmatiques de la connaissance,' in A. Borzeix, A. Bouvier, and P. Pharo (eds) *Sociologie et connaissance. Nouvelles approches cognitives*, Paris: Ed.

du CNRS, 101-139.

Thévenot, L. (2001a) 'Which Road to Follow? The Moral Complexity of an 'Equipped' Humanity,' in J. Law and A. Mol (eds) *Complexities in Science, Technology and Medicine*, Durham NC: Duke University Press.

Thévenot, L. (2001b) *Sociologie pragmatique: les régimes d'engagement*, forthcoming.

Thévenot, L., Moody, M., and Lafaye, C. (2000) 'Forms of Valuing Nature: Arguments and Modes of Justification in Environmental Disputes,' forthcoming in M. Lamont and L. Thévenot (eds) *Rethinking Comparative Cultural Sociology: Repertoires of Evaluation in France and the United States*, Cambridge: Cambridge University Press.

Tobin, J. J., Wu, D. Y. H., and Davidson, D. H. (1989) *Preschool in Three Cultures: Japan, China, and the United States*, New Haven: Yale University Press.

Toulmin, S. (1958) *The Uses of Argument*, Cambridge: Cambridge University Press.

Toulmin, S. (1972) *Human Understanding: The Collective Use and Evolution of Concepts*, Princeton NJ: Princeton University Press.

Traweek, S. (1988) *Beamtimes and Lifetimes: The World of High Energy Physicists*, Cambridge, MA and London: Harvard University Press.

Turkle, S. (1984) *The Second Self. Computers and the Human Spirit*, New York: Simon and Schuster.

Turkle, S. (1995) *Life on the Screen*, New York: Simon and Schuster.

Turner, S. (1989) 'Depoliticizing Power,' *Social Studies of Science* 19:533-560.

Turner, S. (1994) *The Social Theory of Practices: Tradition, Tacit Knowledge, and Presuppositions*, Cambridge: Polity Press; Chicago: University of Chicago Press.

Varenne, H. (1977) *Americans Together: Structured Diversity in a Midwestern Town*, New York: Teacher's College Press.

Varenne, H. (1984) 'Collective Representation in American Anthropological Conversations: Individual and Culture,' *Current Anthropology* 25:281-299.

Varenne, H. (1987) 'Talk and Real Talk: The Voices of Silence and the Voices of Power in American Family Life,' *Cultural Anthropology* 2:369-394.

Verba, S. and Orren, G. R. (1985) *Equality in America: The View from the Top*, Cambridge MA: Harvard University Press.

Virilio, P. (1993) 'The Third Interval: A Critical Transition,' in V. A. Conley (ed.) *Rethinking Technologies*, Minneapolis: University of Minnesota Press, 3-12.

Wagner, P. (1994a) *A Sociology of Modernity, Liberty and Discipline*, London: Routledge.

Wagner, P. (1994b) 'Action, Coordination, and Institution in Recent French Debates,' *Journal of Political Philosophy* 2 (3):270-289.

Wagner, P. (1998) 'Certainty and Order, Liberty and Contingency. The Birth of Social Science as Empirical Political Philosophy,' in J. Heilbron, L. Magnusson, and B. Wittrock (eds) *The Rise of the Social Sciences and the Formation of Modernity: Conceptual Change in Context*, 1750-1850, Dordrecht: Kluwer, 241-263.

Wagner, P. (1999) 'After Justification. Repertoires of Evaluation and the Sociology of Modernity,' *European Journal of Social Theory*, special issue 'Contemporary French Social Theory' 2 (3):341-57.

Warner, R. S. (1978) 'Towards a Redefinition of Action Theory: Paying the Cognitive Element its Due,' *American Journal of Sociology* 83:1317-49.

Wartenburg, T. (1990) *The Forms of Power*, Philadelphia: Temple University Press.

Webb, J. (1988) *The Guardian*, March 12, 15.

Weber, M. (1946) The Social Psychology of the World Religions,' in H. H. Gerth and C. W. Mills (eds) *From Max Weber*, New York: Oxford University Press.

Weber, M. (1978) *Economy and Society*, trans. E. Fischoff, ed. G. Roth and C. Wittich, Berkeley: University of California Press.

Welsch, W. (1996) 'Aestheticization Processes: Phenomena, Distinction and Prospects,' *Theory, Culture and Society* 13 (1):1-25.

Wheeler, S. (1991) 'True Figures: Metaphor, Social Relations, and the Sorites,' in D. Hiley, J. Bohman, and R. Shusterman (eds) *The Interpretive Turn*, Ithaca: Cornell University Press, 197-217.

Wiley, N. (1994) *The Semiotic Self*, Chicago: University of Chicago Press.

Wilkinson, J. (1997) 'A New Paradigm for Economic Analysis?,' *Economy and Society* 26 (3):305-339.

Williams, R. (1973) 'Base and Superstructure in Marxist Cultural Theory,' *New Left Review* 82:3-16.

Williams, R. (1981) *The Sociology of Culture*, New York: Schoken Books.

Winch, P. (1958) *The Idea of a Social Science and its Relation to Philosophy*, London: Routledge and Kegan Paul; (1965) 4th impression.

Winch, P. (1977) 'Understanding a Primitive Culture,' in F. Dallmayr and T. McCarthy (eds) *Understanding and Social Inquiry*, Notre Dame IN: University of Notre Dame Press.

Wise, N. (1993) 'Mediations: Enlightenment Balancing Acts, or the Technologies of Rationalization,' in P. Horwich (ed.) *World Changes. Thomas Kuhn and the Nature of Science*, Cambridge MA: MIT Press.

Wittgenstein, L. (1953) *Philosophical Investigations*, trans. G. E. M. Anscombe, Oxford: Blackwell; (1958) 3rd edn, New York: Macmillan and Oxford: Blackwell; (1967) Oxford: Blackwell.

Wittgenstein, L. (1967) *Zettel*, trans. G. E. M. Anscombe, ed. G. E. M. Anscombe and G. H. von Wright, Berkeley: University of California Press.

Wittgenstein, L. (1969) *On Certainty*, New York: Harper and Row.

Wittgenstein, L. (1978) *Remarks on the Foundations of Mathematics*, 3rd edn, trans. G. E. M. Anscombe, ed. G. H. von Wright, R. Rhees, and G. E. M. Anscombe, Oxford: Blackwell.

Wittgenstein, L. (1980a) *Remarks on the Philosophy of Psychology*, vol. 1, trans. G. E. M. Anscombe, ed. G. E. M. Anscombe and G. H. von Wright, Oxford: Blackwell.

Wittgenstein, L. (1980b) *Culture and Value*, trans. P. Winch, ed. G. H. von Wright, Oxford: Blackwell.

Wright, W. (1975) *Sixguns and Society: A Structural Analysis of the Western*, Berkeley: University of California Press.

Wrong, D. (1994) *The Problem of Order*, New York: Free Press.

Wuthnow, R. (1987) *Meaning and Moral Order: Explorations in Cultural Analysis*, Berkeley: University of California Press.

Zelitzer, V. (1994) *The Social Meaning of Money*, New York: Basic Books.

Zimmerman, D. H. (1988) 'On Conversation: The Conversation Analytic Perspective,' in J. Anderson (ed.) *Communication Yearbook II*, London: Sage, 406 - 432.

Zimmerman, D.H. and West, C. (1975) 'Sex Roles, Interruptions and Silences in Conversation,' in B. Thorne and N. Henley (eds) *Language and Sex: Differences and Dominance*, Rowley MA: Newbury House, 105 - 129.

Zinchenko, V. and Munipov, V. (1989) *Fundamentals of Ergonomics*, Moscow: Progress Publishers.

Zuckerman, M. (ed.) (1982) *Friends and Neighbors: Group Life in America's First Plural Society*, Philadelphia: Temple University Press.